iCourse·教材

中国茶道

ZHONGGUO CHADAO

朱海燕　主编

U0320003

高等教育出版社·北京

内容提要

作为一本高校的通识教材和广大茶文化爱好者的科普读物，本书顺应时代需求，秉着尊重中国茶道历史逻辑的原则，综合运用古今中外茶学、诗学、史学、美学的科学知识和研究成果，从茶道的基础知识、发展与传播历程娓娓道来，到研习茶道的具体形式，包括泡茶的基本技能、茶事的礼仪规范和对茶艺术作品的精彩解读，再回到对茶道养生功效的科学与人文剖析，进而将视野投向广阔的茶产业领域，兼顾中国茶道在物质与精神、思想与艺术、科学与审美、宏观与微观层面的传统文化遗产和新近科技发现；理论阐释、技艺操作、作品赏析交相辉映，相得益彰，力求系统梳理从古到今不断传承和弘扬的经典中国茶道理论和实践成果；行文深入浅出，弃繁就简，使学习者既能窥探中国茶道的博大精深，又能把握其中的要点和精髓。

图书在版编目（CIP）数据

中国茶道／朱海燕编. -- 北京 ： 高等教育出版社，2015.10（2022.1重印）

iCourse·教材

ISBN 978-7-04-043843-7

Ⅰ. ①中… Ⅱ. ①朱… Ⅲ. ①茶叶-文化-中国-高等学校-教材 Ⅳ. ①TS971

中国版本图书馆 CIP 数据核字（2015）第 214281 号

策划编辑	张婧涵	责任编辑	张 林 张婧涵		封面设计	李卫青	版式设计	马 云
插图绘制	于 博	责任校对	刘春萍		责任印制	刘思涵		

出版发行	高等教育出版社		咨询电话	400-810-0598
社　　址	北京市西城区德外大街 4 号		网　　址	http://www.hep.edu.cn
邮政编码	100120			http://www.hep.com.cn
印　　刷	佳兴达印刷（天津）有限公司		网上订购	http://www.landraco.com
开　　本	787 mm×960 mm　1/16			http://www.landraco.com.cn
印　　张	14.5		版　　次	2015年10月第 1 版
字　　数	260 千字		印　　次	2022年1月第3次印刷
购书热线	010-58581118		定　　价	24.50 元

本书如有缺页、倒页、脱页等质量问题，请到所购图书销售部门联系调换

中国茶道
编委会名单

主　　编　朱海燕

副主编　刘仲华

参编人员　周　玲　孙　云　黄晓琴

目 录

绪　论

爱课程网—视频公开课—中国茶道—中国茶道导读

　　饮茶习俗遍布于全球 160 多个国家与地区。中国作为饮茶习俗的发源地和主要产茶大国，茶产业正处于空前的蓬勃发展态势。随着全球生活水平的提高，越来越多的人关注精神与文化享受。浸淫着中国优秀传统文化精髓的中国茶文化，伴随着中国文化受到世界广泛关注而日益繁荣兴盛。本课程的开设，正是为了弘扬中国茶道文化、传播茶科学知识、倡导饮茶健康理念，让广大民众领略到"中国茶道"的物质之美和精神之美。

一、学习目的与意义

　　茶是一种能给人带来物质和精神双重享受的天然饮料。在现代人的生活中，茶代表一种俭朴而积极的人生态度，一种健康而优雅的生活方式。茶道作为中华民族优秀文化载体之一，兼具智育、美育与德育的功能，是一门综合性很强的生活艺术，它重在发现美、展示美、享受美、感悟美，而美的境界是人类摆脱了世俗功利之心的最高境界。黑格尔曾断言说，审美带有令人解放的性质。著名的美学家马尔库塞进一步解释说，审美发展是一条通向主体解放的道路，这就为主体准备了一个新的客体世界，解放了人的身心并使之具有新感性。修习茶道追求真、善、美的过程正是使人从社会强加的工具理性中解放出来的途径。越来越多的人热爱茶艺，是因为茶艺能激发人的情感和想象力，学会以美学的精神看待日常生活，改变平庸、刻板、枯燥、乏味的生活状态，从而构建诗意的生活方式。越来越多的人迷恋上了茶艺，是因为茶艺修习引导人们用美学的眼光和茶道的精神来内省自我，认识自我，倾听自我，塑造自我。

近年来，由于茶文化知识的普及与传播，茶产品从包装到口感不断创新，饮茶生活已不仅是传统的，同时也是时尚浪漫的，吸引了越来越多的青年群体。更令人欣喜的是，青少年通过茶道修习及茶文化知识的学习，能深刻体会有着典雅意蕴的茶文化中所承载的中华民族优秀文化精髓，在潜移默化中激发爱国情怀，平和浮躁心态，增强动手能力，促进创新激情，提高审美情趣，陶冶高雅情操，培养乐感精神，提升适应能力，树立求真、求美，积极向上的人生观。因此，本课程的开设担负着弘扬中国传统茶文化，普及现代茶科技知识的重任，力求达到以下目标：

1. 修德。历代文人为了修德悟道，把茶道丰富而深邃的思想内容，用精炼的哲学语言概括成"五德""八德"乃至"十德"，使人易于理解和践行，如"清、和、俭、怡、健""廉、美、和、敬"等。本课程的开设首在倡导以茶修德，以茶表德，熏陶淡泊、博爱、谦和、善美和刚强的襟怀，提高道德情操，规范做人准则。

2. 启智。茶道根植于华夏文化，与中国传统文化中的儒、释、道思想有着千丝万缕的联系，汲取了古代哲学、美学、伦理学、文学和艺术精华，渗透于茶诗、茶词、茶画、茶书等文学艺术作品与学术著作中。与此同时，中国茶道又是一个具有丰富内容和深刻内涵的动态文化体系，不仅蕴含着千百年来中国人深刻而朴实的生存智慧，还承载着现代人类科技进步与发展的重任。掌握和了解茶道文化与知识，既可开拓知识层面，积淀文化底蕴，又可获取生存智慧，提高人文和科学素养。

3. 健体。茶具有健脑提神、健体利身、明目健齿等功能，且男女老少皆可饮用，这是得到古今中外广大人士一致认同的。通过茶道修习，引导学习者正确认识茶的养生健身功效，掌握科学饮茶的方法，树立以茶健身的观念，培养健康、高雅、文明的生活方式，助推"多喝茶，少喝酒，不抽烟"的社会风习，提高国民的身体素质，促进青少年健康成长。

4. 立美。茶道集大爱与大美于一体。茶之色或绿或红，茶之香或清或幽，茶之味或浓或淡，在茶的物质之美带给品饮者生理享受的同时，引领人们感悟天人合一的茶道境界，从而在短暂中获得永恒的快乐，紧张的神经得以放松，烦情琐事抛弃脑后，在轻松闲适中，获得宁静和谐。本课程将引导学生从一杯茶水的滴水微香中感知自然美、塑造心灵美、创造生活美，如通过茶文学艺术作品的赏析提升美学素养，通过茶道实践培养进退有度、言谈有礼的风范。

5. 促劳。劳动是世界上一切美好与快乐的源泉，人类在劳动中不断进步，不断认识和改造自然与社会。通过种茶、采茶、制茶、泡茶、敬茶的学习，锻炼学生的动手能力，提高学生的劳动实践技能，养成热爱劳动的良好风气，更通过茶事实践提升个人的动手、动脑、自我创新能力。

事实上，修习茶道的最高乐趣，也正是修习茶道的高级功效，就是在体验茶之美、创造茶之美的过程中获得健康的人生、快乐的人生、圆满的人生。正如周宪先生在《思想的碎片》一书中所言，艺术和美学可以使人"多一点率真和童趣，少一些暮气和世故；多一些游戏精神和'业余'态度，少一些专业功利和实用主义；多一些感性世界的自我关怀，少一些工具理性的压抑和依从。学会审美地看待自己的生存环境，多动手艺术实践，将自己的日常环境变得更具美学意味；学会欣赏各种事物，不但是优美的事物，而且是崇高的、悲壮的、幽默的甚至是怪诞的事物。总之，诗意的生存是未完成的，是开放的，是需要不断更新的"。茶道是仍然在现实生活中生存发展的中国农业文化遗产、活化石，人们在茶道研习中不断以茶养身，以道养心，澡雪心性，诗意栖居，自然可以心灵愉悦，健体益寿。

二、学习内容与安排

作为一本高校的通识教材和广大茶文化爱好者的科普读物，本书内容既包括茶文化的基础知识、泡茶的基本技能，又有对中国茶道精神的诠释与解读，还涉及茶道养生健康理念的传播，力求做到理论与实践、思想与艺术、科学与审美的结合。在纳百家之长的基础上，对中国茶道理论与实践成果进行系统的梳理：从茶与茶道的概念入手，先总览中国茶道的起源、发展与传播历程，再介绍茶叶冲泡的相关技巧和茶事活动的礼仪规范，继而借助茶文学艺术作品解读中国茶道蕴含的审美情趣，再总结归纳茶道有益人类身心健康的功效及其科学和人文缘由所在，最后在阐述中国茶产业发展现状的基础上，展望了中国茶道的光明前景。各章节的主要内容与教学安排思路如下：

1. 第一章"茶道基础"：秉着科学的态度，从中国"茶道"一词的来源、"道"的理解入手，综合各家之言及中国历代对"道"的理解与运用，对"茶道"的内涵进行详细解读，从物质属性与文化属性两方面深入浅出地剖析茶的本质，为系统学习中国茶道奠定基础。

2. 第二章"茶道之源"：回眸中国茶道的起源、发展历史与演变轨迹，探讨茶道普及的过程中茶与各民族、各地域的生活习惯和文化相融，茶叶种类不断丰富，饮茶方式不断变革的历程。重点剖析陆羽在《茶经》所倡导的以"精"为核心的茶道技术标准，以"和"为精髓、"礼"为中心、"俭"为根本的茶道精神，引导学生了解和探索中国茶道发展的客观规律，正确认识茶道发展的趋势。

3. 第三章"茶道之技"：介绍茶树的形态、宜茶的生长环境，辨识茶叶的基本常识，以及名茶鉴赏、茶具选配、用水讲究和茶叶冲泡的方法与技巧，旨在让茶饮爱好者掌握选择茶具、科学冲泡等基本技能。

4. 第四章"茶道礼仪"：介绍茶事活动中的仪容、仪表、仪态等基本礼仪规范以及常用的礼节，旨在从理论到实践引导学生体会茶道礼仪中的文化意味，真正做到"内外兼修"。

5. 第五章"茶道之美"：在介绍美、茶道审美等美学基本概念的基础上，精心挑选经典的有关茶的诗词、散文、小说等文学艺术作品，解读其中所蕴含的茶道精神，让学习者在经典茶艺术作品的熏陶下，提高审美认识和鉴赏能力。

6. 第六章"茶道与养生"：从茶养生健身的物质基础到怡情悦志的文化内涵诠释了茶道养生之功，具体介绍了茶中所含有的茶多酚、茶黄素、咖啡碱等功能成分；茶具有的解渴生津、提神醒脑、防辐射、减肥等多种养生功效，茶文化对于身心健康所起的引导作用，揭示了饮茶健康的机理，旨在让学习者将所学知识运用于生活中，树立以茶强身健体、以茶修养身性的观念。

7. 第七章"茶道与产业"：阐述中国茶产业发展现状，包括茶叶生产栽培、加工制作技术的进步，茶产品的多姿多态，茶的多元化利用等内容，展望中国茶道发展前景，旨在鼓励当代人为中国茶道的发展和进步作出应有贡献。

三、学习方法与原则

中国茶道是一门源于生活，综合多学科理论精华，以茶事实践为主要途径，以提升个人综合素质和精神境界、改善生活质量为目的的交叉学科。因此，如果不广泛涉猎历史、宗教、艺术、美学、哲学、文学、医学、养生等多方面的知识，就无法深刻理解茶道理论；如果不用心参与茶事实践，就不可能真正领悟茶道对生活的意义。因此，在学习的过程中，务必要遵循以下方法和原则。

1. 内外兼修

"质胜文则野，文胜质则史。文质彬彬，然后君子。"孔子的这段话，一语道出了中国人心中理想的君子形象：言行举止进退有度，合乎礼仪，内心坚定，具有较高的人文修养，这也是修习中国茶道的宗旨所在。例如对茶品的选择，不仅要看外在形态美，更要看内在品质优；鉴赏茶具时，不仅要讲究造型色泽之美，更要注重茶性的发挥……在学习过程中，还强调参加茶事活动的人努力做到"内外兼修"。"内"是指通过茶道知识的积累，拓展视野，丰富人生，颐养出"淡泊、清雅、高洁"的茶人胸怀；"外"是引导人们在茶事活动中努力践行优雅文明、彬彬有礼的举止言谈，久而久之，自然展现出"清白可爱"的翩翩风度。

2. 知行并重

纸上得来终觉浅，要知此事须躬行。品饮者能从茶道中获得身心的愉悦，一定是基于对茶中所蕴含的文化以及对人生哲理的深刻感悟；能"随心所欲"地泡好一杯茶的巧手，一定是基于对茶性的理解练就了娴熟技艺。缺少实践的理论是空洞的，而没有理论的实践是苍白的，尤其对于修习茶道而言，"知行并重"即理论与实践的结合才是持续可行的根本研习方法，"知"即是指用心灵去领悟茶道中厚积薄发的理论，广泛阅读，积少成多；"行"是指潜心参加茶事实践，通过亲身体验，达到格物致知、修身养性的目的。

3. 循序渐进

"冰冻三尺，非一日之寒。"无论是恬淡的心境，还是优雅的举止，乃至提壶注水的技巧，都需要长时间的修习。茶叶的识别、杯具的选用、泡茶的手法、流程的设计等知识相对简单，可能通过一个月、一年即可掌握，但博大精深的茶道精神是千百年来中华文化不断进化的历史凝练的结晶，需要日积月累的学习与体悟，那种从内而外散发的茶人气质与情怀远非一年半载可以养成。因此，在中国茶道学习的过程中，一定要戒骄戒躁，谦虚好问，坚持不懈，才能修成正果。

4. 学贯中西

茶既是平民百姓不可或缺的日用品，又是文人墨客风雅吟咏的艺术品；它既传承着中华民族的优秀文化，又焕发着现代文明的光华。中国茶道发源于古代中国而不局限于古代中国，经历了从古到今的衍变和从中国到异域的传播过程，日积月累，水滴石穿，在茶身上汇集了自然之真、人文之善、礼仪之诚、艺术之美。因此，研习中国茶道是既古老又现代，既沿袭传统气息又放眼异域风情的纵横交错的知识与体验并存的漫漫长路，只有博览群书，游历天下，兼收并蓄，才能深刻领悟茶道之道，坚定传承的信念和获得创新的灵感。

第一章　茶道基础

知识提要

　　茶所具有的深沉而隽永的文化，已是华夏文明的一个组成部分，她是流淌在这个古老民族躯体里的悠久而青春的血液。中国茶道，就是中国人的仁爱及普遍的人性。学习和了解中国茶道，首先要了解茶与茶道两个最基本的概念。本章将围绕"茶""茶道"的概念内涵进行讲述，开启研习《中国茶道》的第一扇门。

学习目标

　　1. 深刻体会茶所具有的物质属性和文化属性。
　　2. 理解茶道的概念。

　　众所周知，中国是茶的故乡，茶是中华民族的举国之饮。它发乎神农氏，闻于鲁周公，兴于唐，盛于宋，至明清时期散茶盛行，当瀹饮法成为主流后，饮茶很快在世界范围内广泛传播，而今已成为世界三大无酒精饮料的佼佼者。几千年来，广传于世界各地的茶以其感官享受之美、养生保健之功，以及因茶而生的文化内涵给世界人们带来了福祉、健康和文化享受。英国人将茶奉为"健康之液，灵魂之饮"，法国人则誉茶为"最温柔、最浪漫、最富有诗意的饮品"，日本更有一批科学家曾不止一次地倡导"全民饮茶运动"。世界著名科学史家李约瑟博士在他所撰写的《中国科学技术史》中，将茶叶列为中国继四大发明（火药、造纸术、指南针和活字印刷术）之后对人类的第五个重大贡献。据不完全统计，全世界有超过三分之一的人在饮茶，且这一数量在不断增长，随着人们对茶的养生功能的认识不断深入，茶在医学界被列为 21 世纪的健康之饮。

第一节　茶的本质

爱课程网—视频公开课—中国茶道—茶的本质

　　茶，是茶道之本，伴随着人类走过漫长的岁月，历久弥新，尤其在各种饮料充斥我们生活的今天，它却以苦而回甘、淡而隽永的风味，焕发着新时代的光芒，成为广泛度仅次于水的饮料，究其原因，是由茶的本质所决定的。生活中，人们常将解渴饮茶称为"喝茶"，而将带有文化意味的饮茶称为"品茶"，多少透露出茶道的多面性。茶道不仅与茶特有的物质属性相关，更与其文化支撑点有着千丝万缕的联系，下面从物质层面和文化层面来探讨茶的本质。

一、物质层面的茶

1. 顺应人体基本的生理要求

　　水是满足人体生命需要最主要的物质。人体内的水分，大约占到体重的 60%～70%。人体缺水 1%～2%，感到渴；缺水 5%，口干舌燥，皮肤起皱，意识不清，甚至产生幻视；如果有水，没有食物，人可以活较长时间（两个月左右），但如果没有水，最多能活一周左右。生理学家建议：成年人一天摄水量应不低于 1 500～2 000 ml，虽然部分可通过食物获得，但每天还必须饮用一定量自然水予以补充，否则不利于机体正常运行。

　　然而，由于水淡而无味，让人们自觉保证足够的饮水量并非易事，茶饮的出现无疑给饮水增添了强大的动力。自茶被人们正确应用以来，茶与水交融所产生的自然之香味和散发出的独特魅力，不断激励无数人养成饮用茶水的生活习惯。一杯在手，不离左右，有意无意，轻轻一口，她不唯是满足了人的生理需求，更重要的是让人们得到了心理满足，身心两悦，共享健康。

2. 有益于人类健康长寿

　　茶，在植物分类上为山茶属茶组，学名 *Camellia sinensis*（L.） O. Kuntze。

茶树原产于中国，中国是发现和利用茶树资源最早的国家，无论是"神农尝百草，日遇七十二毒，得荼而解之"的古老传说，还是李时珍《本草纲目》、陈藏器《本草拾遗》等中医名典的记载，乃至现代的科学研究都说明茶叶是一种内含生物活性成分的天然饮品，具有独特的养生保健功能，有益于人类健康长寿。

"茶"字本身也蕴藏了长寿之意：上面草字头为二十，再与底下的八十八相加，即为一百零八岁，故民间称茶寿为108，即寓意饮茶可健康长寿，这种观念早在我国唐代文献中已有宣扬，《旧唐书·宣宗纪》载："大中三年（849），东都进一僧，年一百三十岁，宣宗问服何药而至此，僧对曰：'臣少也贱，素不知药，性唯嗜茶。'"

在茶向世界传播的过程中，饮茶可以延年益寿也得到世界的广泛认同。日本荣西禅师曾在其著作《吃茶养生记》中称茶是"养生之仙药，延龄之妙术"。美国学者马歇尔于1903年在美国的《药》杂志上写道："茶无不良后果，在此情形下，茶之作用犹如整理一紊乱之房屋，使之有秩序。"德国医生路易·莱墨里博士在《食品论》中认为："茶为补身饮料，因其产生良好效果多，而不良影响少……于神经纷扰时饮茶一杯，可恢复元气，无论何时，任何年龄及环境无不合适。"

3. 无可替代的自然风味

茶的风味，天地养成，为人所用，造福万世。她的风韵不但能让你为之成瘾，更引导你成就君子之美。茶的芳香令人神清气爽却无法一语道尽，但大至可划出清香、嫩香、栗香、甜香、花香、果香、陈香等类别；茶的滋味更是丰富多类，众口不一，但鲜爽、醇和、浓酽、回甘等是为共识，既不会苦得让人难以下咽，也不会甜得令人腻烦，更不像碳酸饮料那样过于刺激，鲜爽醇和的茶味让人清心怡神，也许有些茶入口时略带苦涩，但继而回甘，让人满口生津，故可以令人回味绵长，百喝不厌。（图1-1）

图1-1　与茗相对两不厌

二、文化层面的茶

1. 洁性不可污

洁，意为干净，指人的高尚品德。中国人常用"冰清玉洁"来赞美情操高尚的女子，用"洁身自好"来比喻品行端正的君子。

茶之洁雅之性与生俱来，孕育生长期：爱青山秀水，喜清风明月。杜育称茶"承丰壤之滋润，受甘露之霄降"。宋徽宗言茶"擅瓯闽之秀气，钟山川之灵禀"，皆是表达天地灵气赋予茶的洁雅灵性。落为杯中物，茶是"洁性不可污，为饮涤尘烦"的甘露灵液；而在茶事活动中，人们有感于茶的洁雅之性，称茶是"肌骨清灵，冰雪心肠"的"佳人"，"风味恬淡，清白可爱"的"君子"，也是"苦口森严，风骨清明"的"大丈夫"。将茶人格化，成为高尚品格的象征，南宋诗人杨万里以"故人气味茶样清，故人风骨茶样明"赞友人的气节风骨。如是，饮茶从解渴的日常层面，超越了茶叶经济的物质范畴，上升至精神寄托的高度，与中国的哲学、政治、文学、艺术、伦理等领域联系起来，形成博大深厚的茶文化，更因"洁雅"之美彰显独有的魅力。当代茶圣吴觉农先生称："君子爱茶，因为茶性无邪。"文学大师林语堂亦言："茶象征尘世的纯洁。"

 拓展阅读

中唐以来，茶饮与文人生活结合日趋紧密，人们以茶会友、以茶兴艺、以茶雅志，并创作了不少名篇佳作。茶的洁雅之性得到诸多文人雅士的吟咏，其中诗人韦应物所作的《喜园中茶生》，以茶喻德，高度赞扬茶的高洁品性。

喜园中茶生

唐·韦应物

洁性不可污，为饮涤尘烦。

此物信灵味，本自出山原。

聊因理郡余，率尔植荒园。

喜随众草长，得与幽人言。

赏析：

韦应物（737—792），著名山水田园派诗人，因曾在苏州任刺史，世称"韦苏州"。这首诗写的是作者利用空余时间在荒园里种了一些茶树，今见到茶树长势郁郁葱葱，只想邀请几位隐士饮茶畅谈，分享这份无言的喜悦。诗中赞茶树甘心幽居在寂静的山谷，独具洁性与灵味，饮之可以涤除尘烦。作者用平实的语言勾画茶的高洁气质，虽然是不经意地栽植荒园，可喜的是与周围的春草一起萌发生长，又不因为自己的高洁而鄙弃"众草"，呈现出作者隐逸坦然的人生态度。

"洁性不可污，为饮涤尘烦"之句堪为经典，被后人广为引用，比喻那些洁身自好，人品高洁、高雅和不随波逐流的人。此诗借茶喻志，说茶言人，期望通过饮茶、种茶，洗涤灵魂，以获得淡泊明志、宁静致远的高雅情趣。

2. 俭德可行道

《说文解字》注释："俭，约也。"即约束自己，不要放纵。茶之俭德在《茶经》中有最准确的阐述，"茶性俭"，"最宜精行俭德之人"。"茶性俭"是指茶具有"俭"的自然属性，"最宜精行俭德之人"则是陆羽将"俭"上升为对人的品质道德要求，即通过饮茶活动修养俭德。

从古至今，凡文人雅士、僧侣道士，莫不与茶为伍，以茶修身怡情。在不可胜数的文人高士中，唐代刘贞亮堪称倡导以茶修德的典范，他将饮茶的功德归纳为《饮茶十德》："以茶散郁气，以茶驱睡气，以茶养生气，以茶除病气，以茶利礼仁，以茶表敬意，以茶尝滋味，以茶养身体，以茶可行道，以茶可雅志。"其中"散郁气""养生气"表达出饮茶能消散集结在人心中的忧郁之气，增加人的生气，即茶对人的精神状态有调节作用；"利礼仁""表敬意""可行道""可雅志"则直言饮茶是一种修身悟道的方式。

 拓展阅读

在魏晋南北朝，饮茶之风逐渐兴起，一些励志清廉之士为与当时社会的奢侈之风对抗，便用以茶待客的行为来表达清廉的志向，陆纳和桓温就是其中颇有影响的倡导者。《茶经·七之事》中载录了陆纳及桓温以茶示俭的典故。

据《晋中兴书》记载：陆纳为吴兴太守时，卫将军谢安尝欲诣纳，纳兄子俶怪纳无所备，不敢问之，乃私蓄十数人馔。安既至，纳所设唯茶果而已，俶遂陈盛馔，珍羞毕具。及安去，纳杖俶四十，称："汝既不能光叔父，奈何秽吾素业？"说的是陆纳任吴兴太守时，谢安将军来访，陆纳按他待客的方式用茶果招待，但他的侄子陆俶并没有体会叔父的真正意图，摆出私下准备的美味佳肴设宴款待将军。侄子以为会得到叔叔的夸奖，谁知陆纳十分生气，不仅责罚侄子杖四十棒，还斥责他玷污了自己一贯坚持的朴素作风。这一典故说明陆纳以茶待客的真正用意在于倡导俭朴风尚。《晋书》中也叙述了桓温生活俭朴，他守扬州时，"每宴惟下七奠，拌茶果而已"。招待客人时，常以茶果代替酒与山珍海味。陆纳与桓温逆奢靡的社会风气，以茶待客，并以茶代酒，都是认为茶有俭德，代表清廉的情操。这些典故反映了在南北朝已出现将饮茶与品德修养相结合的思潮，士人们试图通过茶来展示俭朴的生活态度。位居将相，身处喧嚣，堆金积银，如果不以节俭自律，焉能以俭德行事。陆羽所言"茶性俭""最宜精行俭德之人"与陆纳、桓温倡导茶的"俭朴之德"一脉相承。可见，在茶与中华文化开始融合之时，饮茶之风就已经烙上了"俭"的文化标记。

3. 示礼致和乐

茶的俭朴、清淡、和静、健身的秉性，恰与中国人崇尚先苦后甜、温和谦逊、宁静尚俭、淡泊和乐等思想相吻合，因而广受人们的喜爱。翻开中国饮茶史，茶渗透于百姓生活的方方面面，无论是以茶待客还是以茶馈赠；无论是婚嫁还是祭祀，茶都是礼仪的使者，传递着真挚的情意，构建着人与人、人与神灵、人与天地的和谐。例如，明清以来在中国不少地方有"吃讲茶"的社交风俗。遇上两家有纠纷，谁都不让步，但上衙门打官司又不值，怎么办呢？那就请上当地有威望的长者作仲裁，双双来到茶馆，一边喝茶，一边评理，直到化解矛盾，理亏者出茶资，两家握手言和，这可以说是世俗生活对文人雅士"以茶致和乐"的活学活用。

今天，不管是亲友相聚，商务会谈，甚至是国际交往，一杯茶平和清廉而不失高雅。中国人的待客之道、亲朋好友间的深情厚谊，对宾客的无比敬重，对礼乐文明的追求，都可以浓缩、融化在一杯清淡的茶水里。在饮茶中谈天论地，沉浸于轻松快乐的融洽氛围，友好之情怎能不油然而生？

毫无疑问，在人类社会的进化历程中，一片小小的茶叶，不仅被制作成可以解渴的饮料，还被塑造为可以感悟沧桑历史和深厚文化的载体，终而凝聚成中华民族一个特定的文化符号。

第二节　茶道的内涵

爱课程网—视频公开课—中国茶道—茶道的内涵

　　当下，不少人对茶道概念不清，甚至认为只有日本才有茶道，中国没有茶道，因此，一提起"茶道"，很多人都会不由自主联想到"日本茶道"。事实上，"日本茶道"是日本茶人在不断学习唐宋时期中国茶文化的基础上，融入日本的民族精神与审美理念创造出的具有日本民族特色的茶文化，属于中国茶文化的次生文化。在中国，"茶道"一词的出现最晚始自中唐，之后，在历朝历代的一些文献中陆续记载了人们对"茶道"的不同理解。要理解茶道的内涵，首先要了解什么是"道"。

一、"道"的概念

1. 儒家对"道"的理解

　　儒家关于"道"的最原始的理解是：天道、地道是道的最原始含义，天地之道最终落实到人道，人道又以政为大。所谓"天下无道也久矣"、"朝闻道，夕死可矣"指的就是道的这个含义。因为此道难求也难坚守，所以孔子才说若是早上悟得了道，就是晚上离世也无所遗憾了，同时也表明"道"的含义不会一成不变，而是随时代的变迁有所衍变和拓展。归纳起来，随后发展出以下几种含义：

　　其一，指事物的常理，这是"道"通常的含义。儒家所谓"道不远人""士志于道，而耻恶衣恶食者，未足与议也"，提到的"道"都是指事物的常理，即是说道就在眼前不远；有志求于道的士人厌恶粗衣粗食，这样的士人不足以与他谈论道。

　　其二，"道"也指为人处世的方式。曾子说："三年无改于父之道，可谓孝矣。"此外，"道"又特指六艺。先秦之时，以礼、乐、射（箭）、御（车）、书（字）、数（算）为六艺而称道艺，也叫道术。冉求说："非不说子之道，力不足也。"（《论语·雍也》）这里的"道"就是指孔子所教授的诗、书、礼等道艺。

总之，"道"的通常含义就是指做事的方式方法，包括国家大政和个人修身以及一般事物。正确的方式方法被称为有道，也叫正道；错误的方式方法被称为无道，也叫歪道。

2. 道家对"道"的理解

道家对"道"的理解与儒家有着本质的不同。老子所提出的"道"是一个抽象的形而上的玄而又玄的概念。《老子》二十五章曰："有物混成，先天地生。寂兮寥兮，独立而不改，周行而不殆，可以为天地母。吾不知其名，强字之曰道，强为之名曰大。"这里的"道"是指天地之母，先天地而生，人类是不可能见到的。老子又进一步将"道"描述为"惚惚恍恍"的"无状之状，无物之象"，"迎之不见其首，随之不见其后"之物，并感叹"古之善为道者，微妙玄通，深不可识"，显然，这与儒家的"道"是能看得见、摸得着并照之而行的观点截然不同。

3. 国学大师南怀瑾对"道"的总结

南怀瑾（1918—2012），谱名南常泰，浙江乐清人，著名学者、诗人，中国传统文化的积极传播者。他把传统古书中"道"的理解和用法归纳为五种：一是形而上的本体观念；二是一切有规律而不可变易的法则；三是人事社会，共同遵守的伦理规范；四是神秘不可思议的事；五是共同行走的径路。因为古代名词简单，词汇不够用，在普通观念中，大约都是习惯了而了解，后世人来读古人的书便容易混淆。因此，对于不同语言环境下"道"字的内涵，不可视同一例来理解。今人在译注《老子》一书时，对于道字的解释各抒己见，正如我们对事物的观察，观点不同，立场相异，故自成别见。

4. 现代汉语词典中"道"的注解

"道"字在现代汉语大词典如《辞海》中注解为途径、道路、方法，也可以解释为法则、规律、人生观、世界观、思想体系以及宇宙万物的本原、本体；既囊括了儒道两家对"道"的理解，又肯定了"道"在形而下和形而上不同层面上存在不同的表现形式。

二、"茶道"之说

唐代诗僧皎然的《饮茶歌·诮崔石使君》一诗是最早出现"茶道"之词的文献，诗云："越人遗我剡溪茗，采得金芽爨金鼎。素瓷雪色缥沫香，何似诸仙琼蕊浆。一饮涤昏寐，情思爽朗满天地。再饮清我神，忽如飞雨洒轻尘。

三饮便得道，何须苦心破烦恼。此物清高世莫知，世人饮酒多自欺。愁看毕卓瓮间夜，笑向陶潜篱下时。崔侯啜之意不已，狂歌一曲惊人耳。孰知茶道全尔真，唯有丹丘得如此。"这里所指的茶道，是指通过饮茶获得精神上的愉悦，茶道即修身之道。

如前所述，因"道"的意思并非固定不变，所以后人使用"茶道"一词未必沿袭此意，如唐中期《封氏闻见记》卷六"饮茶"载："楚人陆鸿渐为茶论，言茶之功效并煎茶炙茶之法，造茶具二十四事，……有常伯熊者，又因鸿渐之论广润色之。于是茶道大行，王公朝士无不饮者。"这里的"茶道"主要指茶的煎煮技术。再如明朝中期的茶人张源在其《茶录》一书中，首次单列"茶道"一条，曰："造时精，藏时燥，泡时洁，精、燥、洁，茶道尽矣。"这里的"茶道"也偏指茶叶生产和消费的技术规则，明确规定茶道包括造茶、藏茶、泡茶等方面的法则。

到了茶文化高度成熟和兴盛的近现代，诸多茶人、专家、学者对"茶道"概念的理解都偏重于精神文明层面。无论是"忙里偷闲、苦中作乐，在不完全现实中享受一点美与和谐，在刹那间体会永久"（周作人），"茶道是把茶视为珍贵的、高尚的饮料，饮茶是道德修养的一种仪式"（吴觉农），还是"茶道即饮茶修道"（丁以寿），"茶道是人类品茗活动的根本规律，是从回甘体验、茶事审美升华到生命体悟的必由之路"（吴远之），抑或是"茶道，是在一定的环境气氛中，以饮茶、制茶、烹茶、点茶为核心，通过一定的语言、身体动作、器具、装饰表达一定思想感情，具有一定时代性和民族性的综合文化活动形式"（梁子），都异口同声表达出一种感悟："中国茶道"不局限于包括种茶、采茶、制茶、藏茶、泡茶在内的一系列技术法则，它更是超越物欲，展示中国传统"礼""乐"文化内涵的道德规范。中国茶道是一种以茶为媒介的生活礼仪，一种以茶修身的生活方式，是一种有益身心的和美仪式，它所具有的修身养性和道德教化功能一直以来都为有识之士所赞赏和践行着。

综上所述，中国茶道是从土地到茶杯的全程规范之道，包括事茶活动中的技术之道、礼仪之道、修身之道。"茶道"以茶为载体，以"礼乐"为追求，让人们通过修身体悟，从而达到"和"的境界，由此派生出诸多形式或境界。

三、"茶道"之解

1. 技术之道。指茶园生产、茶叶加工、储藏保管、饮用方法等技术规则，这是从茶园到茶杯的茶品形成和体验的基本物质保障。没有茶叶生产和消费方式方法的传播，就不可能有中国茶文化的形成、传播和变异，也就不会形成中国茶道的多元化面貌。

2. 礼仪之道。包括仪容仪表、言谈举止、敬茶答谢等，如鞠躬礼、点头礼、注目礼、奉茶礼等，长久修习，则有益于养成举止得体、言谈有礼、恬淡宽容的美好风度。礼仪之道是提高个人素养，以"礼乐"文明构建人与人、人与社会和谐的桥梁。

3. 修身之道。指在茶事活动中，融入道、释、儒的"内省修行"思想，陶冶情操，怡养品德，感悟生命的真谛，升华到"和"之境界，如"静、净、敬、和"的修身之道。

静，何谓静？清除内心不必要的争扰就是静。品茶需要静逸的外部环境和宁静的心理环境，只有在静中，才能排除干扰，品出茶的真香，洞悉世间万物，明了人生真谛。

净，再次用水洗去内心的纷争。净至清，清至明，在水浑浊不清时，无法看清水底，只有当尘埃下沉，水澄清了后才能清楚地看清水底的一切。因此，茶事活动中，茶人们往往将烫洗茶具的过程，当成是澡雪心灵的修炼，眼睛所看到的是茶具的纤尘不染，在内心是将烦忧与琐事去除，让心灵因纯净而贴近本我自然。日常生活中，全身心地投入茶事活动，是一种简单而快乐的由静入净的方式。

敬，如果你认为茶道所倡导的"静、净"是让人清心无欲，那么，久而久之就会让人失去上进心？实则不然。茶道中的"敬"，就是时时告诫人们对天地、对自然、对生命，心怀敬畏，如果浪费时光，荒废生命，苟且度日，就是对自己、对亲人、对社会的不负责任。因此，人人皆应以"三省吾身"的精神，承担责任，拼搏奋斗，以实现人生的价值。

和，指人与自然、人与社会、人与人、个体身与心的调和圆融。茶事活动中，汤入口，香入鼻，味入舌，意入心，心悟道，化浮躁为宁静，化繁复为简单，去烦忧而怡情，不仅可以促进人与自然界的和谐，让人际关系更融洽，也将为那些奋力搏击而备感心灵疲惫、终日忙碌而空虚迷茫的人们，开辟一片清新自然、充满着诗意的家园！

拓展阅读：茶道与人道

喝茶只有两个动作——拿起和放下。（图1-2）

我心里一震，忽然感悟了些东西：喝茶就是这么简单，拿起，然后放下，而人生，看起来一切繁杂，其实又何尝不是这么简单？有些事何必纠结于心？有些人何必纠缠不清？很多时候，看淡一些、看轻一些，世事原本可以像喝茶一样，不过拿起和放下罢了。

图1-2　拿与放

茶不过两种姿态：浮、沉；喝茶人不过两种姿势：拿起、放下。浮沉时才能氤氲出茶叶清香；举放间方能凸显出喝茶人的风姿；懂得浮沉与举放的时机则成就茶艺。茶若人生，沉时坦然，浮时淡然，拿得起放得下。待这茶尽具净之后，自有人会记得你是如何的真香满溢。

低调的人，一辈子像喝茶，水是沸的，心是静的。一几、一壶、一人、一幽谷，浅酌慢品，任尘世浮华，似眼前不绝升腾的水雾，氤氲、缭绕、飘散。茶罢，一敛裾，绝尘而去，只留下，大地上让人欣赏不尽的优雅背影。安静一点，淡然一点，沉稳一点，随意一点。品茶，品人生百态。在一杯茶面前，世界安静了下来，喧嚣、浮华如潮水般退去，人在草木间，只剩下最纯净的自己，在这一刻，茶与禅是如此的默契。

茶，融水之润、木之萃、土之灵、金之性、火之光；禅——冥思、纯厚、枯寂、洞彻，解茶之旷达随心，释茶之圆融自在。金木水火土乃茶之五性，茶与禅，乃至真、至拙、至天然……

懂不懂茶并不重要，喝什么茶也不重要，适合自己的茶才是好茶。喝茶就是"忙里偷闲，苦中作乐"。每个喝茶人心中都有一方清雅净土，可容花木，可纳雅音。日日在此间醒来，不问凡尘，静心享受其中！

喜欢茶，无可否认的理由，那就是健康。

维生素C：茶叶维生素C含量很高，只需25克就可满足一日的需要。谁不想青春永驻呢？

茶多酚：它最吸引人的功效就是抗衰老。

维生素B族：它对皮肤有好处。

无机盐和矿物质：人体必需这些元素。

陶冶情操：饮茶，就是品味一种文化。

月色朦胧，将尘世喧嚣冲泡成手中的一杯茶，任汤色一点点淡去，慢慢读懂茶的品格与韵味。当你用心品茶时，茶叶绽放出的美丽、茶香亦是不同。茶之道，茶知道，守一抔净土，盈一眸恬淡，因为懂得，所以慈悲。

愿每个人，在纷呈世相中不会迷失荒径，可以端坐磐石上，陶醉茶香中。

复习思考题

1. 茶的本质体现在哪些方面？
2. 请谈一谈你对"道"的理解。
3. 如何理解"中国茶道"？

主要参考文献

[1] 吴觉农. 茶经述评 [M]. 第2版. 北京：中国农业出版社，2005.

[2] 吴远之. 大学茶道教程 [M]. 第2版. 北京：知识产权出版社，2013.

[3] 梁子. 中国唐宋茶道 [M]. 西安：陕西人民出版社，1994.

[4] 南怀瑾. 禅宗与道家 [M]. 上海：复旦大学出版社，2007.

[5] 王玲. 中国茶文化 [M]. 北京：九州出版社，2009.

[6] 刘伟华. 且品诗文将饮茶：经典茶诗文选读 [M]. 昆明：云南人民出版社，2011.

[7] 佚名. 茶道与人道 [N]. 城市快报，2013-10-29（第11版：映像·文摘）.

第二章　茶道之源

知识提要

中国是茶之祖国，茶文化的摇篮，也是茶道的创始国。曾几何时，"茶道"之说在高人雅士的诗词著述中俯拾皆是。而今却有人直呼为何中国没有茶道，实是对历史真相的浅薄无知。为正本澄源，本章从"茶道萌芽""茶道出世""茶道大行""茶道衍变"的顺序来解读中国茶道的起源与衍变。

学习目标

1. 了解中国茶道的发展历程。
2. 理解茶的功用衍变与中国茶道发展的内在联系。

第一节　茶道萌芽

爱课程网—视频公开课—中国茶道—茶道萌芽

要论茶道的萌芽，先得追溯饮茶的起源，根据陆羽《茶经》记载，"茶之为饮，发乎神农氏，闻于鲁周公"。虽然不能确定饮茶起源的具体年代，但可以肯定的是，早在远古时期，先民们就已发现了茶，但遗留下来的关于茶的记载甚少，而且中唐以前"荼"字与"茶"字往往是混用的。我国第一部诗歌总集《诗经》收录了自西周初年至春秋中叶五百多年的诗歌305篇，其中7篇"荼"字出现了9次。虽然无法确切肯定诗中所言的"荼"与现代的"茶"意义一样，但其字源学上的意义是不可否认的。事实上，据种种资料考证，中唐（756—824）以前约一千多年间，茶在某些地区日常生活中的应用就已日渐旺盛，更有道家视它为能助成仙的灵物。如西周时期被作为祭品使用，春秋时期被人们作为菜食，战国时期茶还作为治病的药物。秦汉时期，茶已作为主要的商品之一出现在市场上。进入唐代，饮茶之习在西安、洛阳两个都城和江陵、重庆等地竟是家家户户普及。通常我们把这段时期称为茶道萌芽阶段。

一、茶叶应用多元而有限

1. 治病之药。"神农尝百草，日遇七十二毒，得荼而解之"，即茶在发现之时，就是当成解毒的药物。继后，东汉有名的神医华佗《食论》载，"苦茶久食，益意思"，医学家张仲景著《伤寒杂病论》说"茶治便脓血甚效"等，都表明这一时期人们已认识到茶的药用价值，并将其应用于治病救人。到了唐中期，茶疗理论基本形成，其时问世的《新修本草》对茶叶的功效记载更为丰富："（茶叶）主瘘疮，利小便，去痰热，消宿食。"

齐景公的国相晏婴（前578—前500）平日经常食用茗菜："晏相齐景公时，食脱粟之饭，炙三弋、五卵、茗菜而已。"而后，三国时期吴国吴郡（今江苏）学者陆玑所著、专释盛行于东汉以后的《诗经》中动物、植物名称的《毛诗草木鸟兽虫鱼疏》中亦载："椒树似茱萸，有针刺，叶坚而滑泽。蜀人作茶，吴人作茗，皆合煮其叶以为香。"由此可推测，春秋时期就有的将茶用作下饭菜的饮食习惯在三国时代仍有流传。

2. 初试之饮。西汉辞赋家王褒所著《僮约》有"烹茶尽具""武都买茶"的记述，由此推断，西汉时期在一些地区烹饮茶叶的习俗已经形成，制作茶叶在市场进行交易已经司空见惯。到了魏晋南北朝时期，人们已学会制作"饼茶"，并懂得了完整的煮茶、饮茶方法。茶饮已受到文人雅士的欢迎，饮茶之习还开始被引入佛门。

3. 成仙之药。以"养生"为本的道教，视茶为修行的"仙药"。晋代道教理论家、医学家、炼丹家葛洪（281—341），自号抱朴子，曾在杭州西湖葛岭炼丹，他曾把茶树的叶子蒸熟研末，再掺入有药料的矿物质，和草药一起炼成有助延年益寿的"仙丹"。南朝齐梁道教思想家、医学家陶弘景（456—536）所著《新录》亦云："苦茶轻身换骨，昔丹丘子、黄山君服之。"意即茶可作为助羽化成仙之饮。

二、茶文化初现端倪

1. 客来敬茶的礼仪开始推行。在两晋时代，上层贵族中的一些有识之士对当时社会存在的奢靡之风痛心疾首，于是出现了陆纳"以茶为素业"、孙皓"以茶代酒"、南齐世祖武皇帝"以茶祭逝者"等事例。这些有识之士借用素朴的茶彰显节俭、简朴的生活理念，倡导廉洁自律，反对劳民伤财，纠正不良风气，引领社会风尚，使以茶待客的习俗在某些地区逐成气候。

2. 咏茶文赋渐现于世。魏晋之前，茶饮虽不普及，但已开始在文人士大夫生活中出现，咏茶文赋渐渐出现，写作涉及茶事诗文的作者，汉代有文学家司马相如、扬雄、王褒；晋有哲学家张载，文学家左思、杜育；南北朝有鲍令晖、陶弘景等。其中，杜育创作的《荈赋》（内容详见本书第五章茶道之美第三节）是中国最早以茶为题材的诗赋。

《荈赋》先《茶经》四百年提出饮茶要择地、择时、择水、择器、择烹、择礼，同时还详细说明茶去疾治病的适用范围。按现代的观点，《荈赋》简直就是一套茶叶质量体系提纲，无怪乎陆羽在《茶经》一书里三次提到《荈赋》，皆因《荈赋》可谓是中国茶学技艺的滥觞，具有不可磨灭的历史地位。唐代皮日休甚至在《茶中杂咏序》中说《茶经》是《荈赋》之注释。宋代文人苏东坡亦认为《荈赋》有赞美茶的首创之功："赋咏谁最先，厥传惟杜育。唐人未知好，论著始于陆。"宋代文人吴俶更是肯定《荈赋》的贡献："清文既传于杜育，精思亦闻于陆羽。"

将《荈赋》与描述"六芝"的文献《神农本草经》进行观照，会发现"荈"与"芝"在生长环境、健身功效等方面有着惊人的相似。

芝，神草也（《说文》），《神农本草经·上经（上品）》载，六芝为赤芝、黑芝、青芝、白芝、黄芝、紫芝六种芝草，其中"赤芝，味苦平。主胸中结，益心气，补中，增慧智，不忘。久食，轻身不老，延年神仙。一名丹芝；黑芝，味咸平。主癃，利水道，益肾气，通九窍，聪察。久食，轻身不老，延年神仙。一名元芝；青芝，味酸平。主明目，补肝气，安精魂，仁恕，久食，轻身不老，延年神仙。一名龙芝；白芝，味辛平。主咳逆上气，益肺气，通利口鼻，强志意，勇悍，安魄。久食，轻身不老，延年神仙。一名玉芝；黄芝，味甘平。主心腹五邪，益脾气，安神，忠信和乐，久食，轻身不老，延年神仙。一名金芝；紫芝，味甘温。主耳聋，利关节，保神，益精气，坚筋骨，好颜色。久服，轻身不老延年。一名木芝。……《名医》曰：赤芝生霍山，黑芝生恒山，青芝生太山，白芝生华山，黄芝生嵩山，紫芝生高夏地上，色紫，形如桑，六芝皆无毒，六月八月采"。

如此看来，《荈赋》一文开创性地将"茶"与仙草"六芝"相提并论，同时又融入儒家"礼仪"的文化内涵，堪称茶道萌芽的典型文学作品。

3. 咏茶诗歌粉墨登场。初唐时，文人之间以茶相赠、以茶会友，茶助文思，相得益彰。如诗仙李白（701—762）为答谢侄子赠茶之情，作《答族侄中孚赠玉泉仙人掌茶》，赞茶"采服润肌骨"；诗圣杜甫（712—770）曾作茶诗《重过何氏五首》表达难得的"落日平台上，春风啜茗时"的闲情逸致。盛唐时期，文人们更加热衷于赋诗作文，歌咏茶事之美，茶以不同的身影出现在达官贵人的盛宴上，在文人雅士的清谈中，在下里巴人的说笑中，或珍贵，或高雅，或入俗，茶的实用伴随着优美越来越成为文人雅士乃至普通百姓生活中不可或缺的回味。

三、饮茶方式良莠不齐

唐中期以前，茶叶的加工技术尚处于起步阶段，茶品及茶的烹饮方式也因人、因地方习俗而有所区别。储光羲（707—760）《吃茗粥作》"淹留膳茶粥，共我饭蕨薇"所描述的是将茶饮煮成粥来食用，而烹茶技艺高超的道人却可以烹煮出一碗香甜的茶汤，《宋录》："新安王子鸾（刘子鸾）、豫章王子尚（刘子尚）诣昙济道人于八公山。道人设茶茗，子尚味之，曰：'此甘露也，何言茶茗？'"足见，由于烹饮的方法缺乏规范，有的似茶粥，有的为茶汤。相应地，人们对茶品质的评价也是天差地别，有人喝来如甘露，有人却觉得苦不堪言，如"沟渠间弃水"。对此，陆羽在《茶经》中有较全面而中肯的评述："饮有粗茶、散茶、末茶、饼茶者。乃斫、乃熬、乃炀、乃舂，贮于瓶缶之中，以汤沃焉，谓之痷茶。或用葱、姜、枣、桔皮、茱萸、薄荷之等，煮之百沸，或扬令滑，或煮去沫，斯沟渠间弃水耳，而习俗不已。"

综上所言，茶在逐渐融入人类生活的过程中，人们对茶的认识也在逐步提高，虽然还没有形成技术的规范，但在利用茶的过程中不断赋予了一些文化与精神内涵，从而为唐代茶道的出世奠定了坚实的基础。

 拓展阅读：茶的多种称呼

今天普遍将茶称为"茶"或"茗"，在唐代以前的古书中并没有统一，茶有"荼""槚""蔎""诧""茗""荈""荂""荂萌"等多种称呼。

（1）"茶"。在唐代以前，"荼"是茶的常用文字称呼，读音一般仍读茶（chá）音。有一个例子可以说明，湖南省有个茶陵县，是公元前202年汉高祖五年于古长沙国设置的县，当时称"荼陵县"（因产茶多而名之，"荼"字汉时就音茶）。当时"荼"是一个多义字，"荼"有时是指苦菜，有时是指茶。

（2）槚。因荼为多义字，为了区分苦菜和茶，将指茶的"荼"字加一个"木"字旁，因此就有了"槚"。中国古代最重要的字书《尔雅》中，有"槚，苦荼"之说。另外，长沙马王堆出土的西汉文物上有"槚一笥"的字样。

（3）蔎。西汉语言学家扬雄在《方言》中说："蜀西南人谓茶曰蔎。"这便是称茶为蔎的由来。

（4）茗或荈。东晋文学家郭璞在注解《尔雅》的时候说："早取为茶，晚取为茗，或一曰荈耳。"司马相如的《凡将篇》中称茶为"荈诧"。"茗"字在很多古书中，有的是指茶的嫩芽，有的是指晚采的茶，即"早采者称茶，晚采者称茗"。但现代语言中，往往将茗作为茶的雅称，似乎"品茗"比"饮茶"更雅致些。

（5）葭萌。也是古代茶的称呼，明代杨慎《郡国外夷考》称"《汉志》：'葭萌，蜀郡名。'萌，音'芒'。《方言》：'蜀之谓茶曰葭萌，盖以茶氏郡也。'"可见，在茶陵县之前早已有以茶命名的县城——"葭萌县"。

茶文字的规范，自隋代的一本字典性质的书《广韵》开始，它同时收有"荼""茶"字，并说明"茶"是"荼"的俗称，因此唐代开元年间官修《开元文字音义》中就正式收入了"茶"字，专指茶树和茶叶，这本书由唐玄宗作序，对当时文字的统一规范起到了重要作用。其实，关于茶的称呼，直到陆羽《茶经》出现，才真正结束混乱局面，统称为茶。

第二节　茶道出世

爱课程网—视频公开课—中国茶道—茶道出世

茶道起源于中国，为世界学者所公认，但在何时由何人所确立？这一问题的答案似有分歧，有人提出应是皎然，因为是他最早提出"茶道"一词，但更多学者还是认为茶道的最初倡导者是陆羽，他编撰的《茶经》虽无"茶道"之名，却不乏"茶道"之实，严格地说，是《茶经》为当时的"茶为饮"确立了技艺规范和审美价值。此后一千多年来，即或今日来看，《茶经》中仍含有颠扑不破的真理。可以说，陆羽《茶经》的问世标志着中国茶道的出世，《茶经》是茶道之本，或者就是一部饮茶之道的开山经典之作，继后凡此种种"茶道"之说皆是基于《茶经》的次生作品而已。

一、中唐茶道出世之因

1. 社会大环境

第一，社会繁荣富强，百业俱兴。

唐朝（618—907）是我国历史上最为兴旺发达的封建王朝之一。618 年，唐高祖李渊建都长安。626 年，唐太宗李世民登基后开创了"贞观之治"，后经过高宗、中宗、睿宗的传承和武则天的发展，到唐玄宗李隆基统治时期，社会发展达到了巅峰。这个时期，疆域辽阔，国富民丰，军事强盛，经济文化空前繁荣，史家称为"开元（天宝）盛世"。杜甫的《忆昔》诗云："忆昔开元全盛日，小邑犹藏万家室。稻米流脂粟米白，公私仓廪俱丰实……宫中圣人奏云门，天下朋友皆胶漆。"这种盛世气象下各行各业都在突飞猛进，交通发达，商贸繁荣，文化生活空前鼎盛。学子士儒纷纷撰书立说，且农工商杂无一不涉。茶作为一种药物也在此阶段正式入编我国首部也是世界第一部国家统一制定的药典《新修本草》："茗，苦茶。茗味甘苦，微寒无毒。主瘘疮，利小便，去痰热渴，令人少眠，春采之。"对茶的生物特性、应用方法以及采摘时间作出了详细说明和明确规范。

第二，茶叶生产普遍，消费增长。

唐代茶叶生产扩大，种植面积与日俱增。据陆羽《茶经》中所载，唐时茶区共 8 个，产地包括 1 个郡和 42 个州，而当代的考证认为，中唐时期茶产区远不止这些州县。有研究者认为除此之外还有 33 个州，也有人认为当时茶叶产地至少已分布于 8 道 98 州，实际产茶地恐怕还会超出此数。尽管确切的数据无法肯定，但唐代茶业之盛可窥一斑。综诸位研究者所论，推测唐代时凡气候条件适宜茶树生长的各个地区都有可能开展茶叶生产，而当时茶叶产区在大体上相当于今天南方各省的茶区分布格局。由于生产的迅速发展，茶叶的品类增多，品质明显提高，"茶为饮"也有了越来越广泛的社会基础，据《膳夫经手录》所载："今关西、山东、闾阎村落皆吃之，累日不食犹得，不得一日无茶。"由此可见，唐代茶风炽盛，从嗜茶者到研茶者自然不乏其人。

2. 陆羽的个人成长经历

陆羽（733—804），复州竟陵（今湖北天门市）人。字鸿渐，一名疾，又字季疵，自称桑苎翁，号竟陵子、东冈子，又号"茶山御史"。陆羽是一疾儿，从小为竟陵寺智积禅师所收养，学得一手煮茶技艺。十一岁时，因不愿继承智积衣钵，逃离寺院，成为一名伶人。在辗转漂泊的演艺生活中，因其聪慧过人，表演出色，得到竟陵太守李齐物的赏识，被推荐在火门山（今天门市佛子山）研读诗书数年。756 年，年轻的陆羽为避安史之乱，背井离乡，流落江南，其间到过不少产

图 2-1　陆羽煮茶

茶地区，最后定居浙江湖州，潜心研究茶事，并在皎然等友人的帮助下，前后用了近 30 年时间，反复修改，著成世界上第一本茶学专著——《茶经》，因此被誉为"茶仙"，尊为"茶圣"，祀为"茶神"。（图 2-1）

一位相貌丑陋、说话结巴的弃婴，最终竟成为一位万世景仰的"茶圣"，不能不令后人无限敬佩。纵观陆羽一生，他的成就不仅得益于时势环境，以及在这条艰辛而漫长的追求茶道之路上得到众人的提携相助，更因其一生对茶道的孜孜不倦的钻研。《茶经》的撰成是历史必然和诸多巧合相互作用的结晶，否则不可能成就千古。

第一，师徒对茶性的偏痴与悟性。

传说陆羽的恩师智积禅师嗜茶至深，陆羽耳濡目染，从小就练得一手煮茶的好手艺，深得智积禅师的喜爱，甚至到了"非陆羽所烹之茶不饮"的地步。自陆羽逃离寺院后，智积常常怀念不已。有一日，皇上（代宗）召智积进宫，命宫中名手煮茶，敬奉智积品饮，希望得到他的赞美，但智积只是尝上一口，便默默放下不再饮用，问其原因，智积解释说所饮之茶不及徒儿陆羽所煮。代宗不服，密召陆羽进宫，命他烹茶，再由宫女敬奉茶汤给智积品尝，智积照例只喝了一小口，立即惊讶地说："渐儿何时归来？"代宗惊问何出此言，智积笑道："方才饮的是渐儿茶。"从这个典故中，我们可以想象陆羽煮茶技艺是何等高超，茶汤香味是何等独一无二，令人经久不忘，回味无穷，也可见智积禅师评茶之道细致入微，高妙无比。

第二，丰富的阅历与实地考察。

陆羽一生经历过多次游历。天宝十一年（752），礼部员外郎、中书舍人、集贤殿直学士崔国辅被贬到竟陵任司马，不久，便与陆羽结为忘年之

交。陆羽得到崔国辅等人的捐赠和资助后，便开始了他第一次的外出考察活动。他考察的区域一是鄂北、二是豫南，考察的重点是访名山、游名水、拜名士、品名茶，了解风土人情和民间疾苦。在豫南，他先后考察了信阳、罗山、光山、商城、固始等县，这些风景秀丽、河渠纵横的鱼米之乡，特别是放眼满山坡的茶园给陆羽留下了深刻的印象。天宝十四年（755），安史之乱爆发，唐朝由盛世而进入了一个动乱不安的时期，百姓们纷纷逃往他乡避难，陆羽也随着流亡的百姓离乡外逃流落，却因此先后游历了多个主产茶区，如四川、湖南、湖北等。通过对诸多产茶地的实地体验与考察，陆羽不断累积和提升了有关茶的培育、加工、制作以及饮用方法的知识和经验，还留心起茶具、茶器的制作。

第三，战乱时势下的成才之路。

若没有安史之乱，陆羽也许可以走科举入仕之路。但当陆羽意气风华的年纪，安史之乱爆发了，战乱搅乱了陆羽的仕途征程，于是心怀报国之志的他，便转向了专心编写《茶经》之类的著作，期待有朝一日能参加朝廷的"野无遗贤"式考核。因为天宝六年（747），唐玄宗曾诏令天下"通一艺者诣京应试"，想达到"野无遗贤"的目的。虽然在奸相李林甫的操纵下，无一人被录取，但这种举措无疑为战乱中的寒门学子指明了另一条成才的途径。因此，陆羽基于对茶的痴爱，在战乱动荡年间，专心著作《茶经》，也是他有朝一日能为国效力的期待。

总之，在当时的社会背景下，茶道的出世是必然的，就是没有陆羽也会有其他研究者担其重任，但由于陆羽一生的种种经历以及他对茶的专注钻研，终使其成为茶道旗手。

 拓展阅读：野无遗贤

语出中国现存最早的史书《尚书·大禹谟》："野无遗贤，万邦咸宁。"意为"任人唯贤，人尽其才"，有才能的人都受到任用。物不尽其用，人未尽其才，是天下不稳的原因，"野无遗贤"往往被认为是盛世的表征。

大唐天宝六年（747），玄宗李隆基为广纳贤才，下旨诏告天下："通一艺者诣京应试。"按皇帝的设计，这应是中国历史上公平、公正的考试：不作弊，无黑幕，不漏题，无代考。三年一度的科举，给所有读书人一条光明的出路。但主考官李林甫口蜜腹剑，居心叵测，唯恐新进人才威胁自己的地位，致使大唐盛世，寒窗苦读十余载的有志青年，竟无一录取，诗圣杜甫也在其列。李林甫领衔上了一道贺表称："野无遗贤！"意谓"天下所有能人都在陛下彀中了，再无遗漏，陛下英明！"唐玄宗的举措与用意皆是为天下有才之人搭建报效国家的平台，虽因种种历史原因，其实施的结果不尽如人意，但终究是为天下寒门学子提供了机会。科举制度起自于隋朝，其进步意义是不论门第，让任何参加者都有成为官吏的机会。明清时期科举考试逐渐僵化，被称为八股文，后于20世纪初废除。

二、陆羽对茶道的贡献

1. 总结茶道技术法则

茶性俭，为饮最宜精，一个"精"字始终贯穿《茶经》全部，从栽培环境到饮用方法，从种茶、采茶、制茶到煮茶、饮茶、藏茶，所有的茶事环节都从细节上加以辨析或解释，遣词造句亦形象生动，无怪乎成为茶书的典范之作。陆羽《茶经》中总结的事茶技术法则如表2-1所示。

表2-1 《茶经》中的技术法则

序号	技术环节	技术法则
1	茶园环境	土壤：上者生烂石，中者生栎壤，下者生黄土。（见《茶经·一之源》） 光照：阳崖阴林，紫者上，绿者次；笋者上，芽者次；叶卷上，叶舒次。（见《茶经·一之源》）
2	茶叶采摘	时间：凡采茶，在二月，三月，四月之间。（见《茶经·三之造》） 天气：其日有雨不采，晴有云不采。（见《茶经·三之造》） 工具：籝，一曰篮，一曰笼，一曰筥。以竹织之，受五升，或一斗、二斗、三斗者，茶人负以采茶也。（见《茶经·二之具》）
3	饼茶制作	制作要求：采不时，造不精，杂以卉莽，饮之成疾。（见《茶经·一之源》） 工艺流程：蒸之，捣之，拍之，焙之，穿之，封之，茶之干矣。（见《茶经·三之造》）
4	饼茶藏养	育，以木制之，以竹编之，以纸糊之。中有隔，上有覆，下有床，旁有门，掩一扇，中置一器，贮塘煨火，令煴煴然，江南梅雨时，焚之以火。[原注：育者，以其藏养为名。]（见《茶经·二之具》）

序号	技术环节	技术法则
5	茶汤煎煮	器：茶器二十四事。（见《茶经·四之器》） 火：其火，用炭，次用劲薪。（见《茶经·五之煮》） 水：山水上，江水中，井水下。（见《茶经·五之煮》） 炙：凡炙茶，慎勿于风烬间炙……既而，承热用纸囊贮之，精华之气无所散越，候寒末之。（见《茶经·五之煮》） 末：末之上者，其屑如细米；末之下者，其屑如菱角。（见《茶经·五之煮》） 煮：初沸调盐，二沸出水，环激汤心，投茶，育华……（见《茶经·五之煮》）
6	茶汤饮用	凡煮水一升，酌分五碗，乘热连饮之。以重浊凝其下，精英浮其上。如冷，则精英随气而竭，饮啜不消亦然矣。（见《茶经·五之煮》）

（1）环境要求：对于茶树生长环境，主要对种茶土壤、种植位置作出规范，土壤好坏直接关系茶树营养是否充足，位置又决定光照条件是否合理。

（2）采集要求：对于采茶时间和工具也作出规范。茶叶采摘的时间应选择二、三、四月的晴天。采茶工具主要是竹编的篮子。

（3）制作要求：关于茶饼制作，特别强调加工要精细。另外，把茶饼的制作步骤归结为"七经目"，即采、蒸、捣、拍、焙、穿、封。

（4）储藏要求：为储藏制作好的饼茶，陆羽特地设计了一个藏养茶饼的工具，称为育。育主要是竹木结构，上部可以放茶，下部可以放糖煨火。江南梅雨时节，便可以生火慢烤，以保证茶饼干燥。

（5）煎煮要求：对于茶的煎煮，陆羽不但亲自设计了二十四器，而且对生火、用水、炙茶、茶末、煮茶依次作出规范。

（6）品饮要求：陆羽对茶汤分盛的碗数，饮用时的冷热，也做了论述。大概煮水一升，可分作五碗，须趁热连饮，因为茶汤中味道次的重浊物质沉淀在下面，精华沫则浮在上面。如果茶汤冷了才喝，精华也就随热气散发掉，饮用起来自然就不怎么好。

《茶经·六之饮》云：茶有九难，一曰造，二曰别，三曰器，四曰火，五曰水，六曰炙，七曰末，八曰煮，九曰饮。意在告知人们要喝到好茶有诸多讲究，绝非轻易之事，必须注意每一个环节正确而恰当的操作才行。

若将《茶经》之技术法则对照"绿色食品产品标准"（包括产地环境质量标准、生产技术标准、产品标准、包装标签标准、储藏运输标准、其他相关标准），除农药、化肥、标签等项外，其他项目的对比更加体现出《茶经》所总结的技术要求和管理规则所涵盖的内容的全面而精细，真正做到了"从土地到餐桌的管理"。《茶经》的问世要比 1959 年美国提出"食品质量管理体系"标准早出一千四百年，实为国人的骄傲，更是后人取之不尽用之不竭的源泉。

2. 创立茶道精神

中华民族堪称是"礼仪之邦"，"礼之用，和为贵"是中华民族的传统美德。"非礼勿视，非礼勿听，非礼勿言，非礼勿动"是人们的行为准则。《礼记·礼运篇》说："夫礼之初，始诸饮食，其燔黍捭豚，污尊而抔饮，蒉桴而土鼓，犹若可以致其敬于鬼神。"按礼制的规定，饮食不单是满足口腹之欲的个人行为，也是礼制精神的具体实践，对活人的饭食、宴请和死人的祭祀品，供什么、吃什么、怎样吃，都有详细规定。在陆羽之前的几千年里，所有饮食礼典几乎是应有尽有，独缺茶礼，因此，陆羽著《茶经》的一个神圣任务是编制品茶礼典。另一方面，陆羽创造的茶道必须合乎礼的规范，才有可能适应那个时代的要求，也才有可能推向社会并得到各阶层的认可。那么，他是如何赋予饮茶生活以"礼"的精神呢？

其一，茶器藏礼。陆羽为何要制茶器呢？原因很简单，因为自古以来"器以藏礼"，这种器具下蕴含着深刻的礼义，礼义依存于礼器的朴素思想，是中国古代哲人对于道器关系的辩证法。在具体的礼典仪式中，礼器是构成践礼活动必不可少的要素。它以实物的形式，既构造了礼仪活动中的神圣氛围，也呈现出了行礼主体的身份地位，以及他们与之交往的对象（无论是人还是神）的特定感情。

在先秦礼学中，人们将世间的器物划分为祭器与养器（或用器）两个部分。此外，礼器与非礼器有严格的区分。这种区分，既是由礼器的象征作用及其神圣性决定的，同时，也是由礼器所具有的原始性与非功用性决定的。如"鼎"是用以烹煮肉和盛储肉类的器具，在古代，鼎一直是最常见和最神秘的礼器，是政权的象征，视为立国之重器。生活中，"鼎"食有严格的级别制度，天子是九个鼎，诸侯是七个，大夫五个，其余官员三个，若有违规，就视为失礼或谋逆。

陆羽深谙礼法，遵循观象制器准则"见乃谓之象，形乃谓之器，制而用之谓之法"，在《茶经》中巧妙地将涉茶所用工具分成两大类进行描述，即《茶经·二之具》和《茶经·四之器》，前者是与饮茶间接相关的工具概览，后者介绍与饮茶直接相关的工具，只有这些工具才能称为"器"，哪怕小至竹夹、巾（抹布），大至风炉、碗瓢都能列为器，而同是竹制的如籝、篮、笼、筥，因为它们不出现在品茶环境中，只能算作茶"具"。陆羽正是借助这些独具匠心的器具，很自然地将饮茶的平常生活纳入了礼的范畴。

为更清晰明了地表达茶器与礼的关系，《茶经》中的煮茶风炉被陆羽设计成鼎型。直到今天，在人们心中"鼎与礼"也是合二为一的象征。再者，二十四茶器的组合，使得人们在器上所看到的已不再是纯粹的器具，而是一种礼仪程式的象征，在此条件下的品茗就变成了一种社会文化符号。时至今日，进门一杯茶，仍是大中华民族圈内的共同待客礼仪。

其二，茶器载道。器何以载道？《易经》曰："形而上者谓之道，形而下者谓之器。"《易经》注疏解释为："道是无体之名，形是有质之称。凡有从无而生，形由道而立，是先道而后形，是道在形之上，形在道之下。故自形外已上者谓之道也，自形内而下者谓之器也。形虽处道器两畔之际，形在器，不在道也。既有形质，可为器用，故云'形而下者谓之器'也。"因此，明末著名哲学家王夫之（1619—1692）提出"道不离器"说，认为"无其器则无其道"。因为道虽然能生器，无道不成器，但是无器也就没有道的存身之处，所以道和器虽有形上和形下之分，两者却密不可分。简言之：道是器的内涵，器是道的外在形式，器有粗细之别，道也有深浅之分，两者相依共存。

然而这器中之道是隐形的，并非一般人所能感知。《论语·泰伯》篇曰："民可使由之，不可使知之。"对此，《论语注疏·序》作了权威性的解释："由，用也。可使用而不可使知者，百姓能日用而不能知。"换句话说，百姓往往对日用器物的认识只停留在有形的表面，只有君子才懂得其中无形的道理，因此让平民百姓认识日用器物蕴含之道，是君子教化百姓的使命。历来儒家所提倡的"以礼化俗""导德齐礼"等都不外乎是阐明这一真谛。

陆羽《茶经》列茶"器"就是将茶中"道"物化成器皿，使茶"道"成为一个明确的精神理念，并通过茶"器"这一载体实现茶道的教化，从而履行了作为君子的使命。

陆羽通过设计"茶器"所要传达的"茶道"是最为朴素的"和""饮茶健康"等理念。以他精心设计的煮水风炉为例，其鼎足上书有"坎上巽下离于中""体均五行去百疾"之言，还在三个格上分别标记以"坎""巽""离"的卦象和象征风兽的彪、象征火兽的翟、象征水兽的鱼，这正是陆羽通"五行八卦"之要义而悟出的饮茶煮水之道。按卦的含义：坎主水，巽主风，离主火，"坎上巽下离于中"即是说煮水的时候要有风吹入炉下，中间的火焰才会燃烧，上面的水才能煮沸。"坎"卦与"离"卦结合而成"既济"卦（坎上离下），意味着水火交融才可能成功。如何让直接不相容的水与火变为相容，使不相容的对立面趋于"和"，即变相克为相生？这个调剂的中介物就是置于水火之间的鼎（锅），而加速调和的物质正是风。陆羽正是通过这些独具匠心的设计，展现了煮水过程中风、水、火三者相生相和的原理，从而寄寓了"和"的中国茶道核心精神。

至于"体均五行去百疾"之言，意指风炉煮水时五行俱备（五行为"金、木、水、火、土"。风炉以铜铁铸之，为金；上有水；中有炭，为木；以木生火；炉置于地，为土），烹茶过程即是均衡五行，谐调阴阳，故饮茶可以去病强身，这是陆羽在深刻理解古人养生之道基础上对饮茶功效的创造性阐释。

 拓展阅读："五行"之说

五行是中国古代的一种物质观，意味着万物之宗。五行，即木、火、水、金、土，这五种元素充盈在天地之间，无所不在，它们相互作用、相互发展，维系着自然的平衡。木代表生长的物质；火代表可以散发热能的物质；土代表自然本身；水代表流动的物质，可以循环；金代表坚固的物质。木和火在土的上面，水和金在土的下面，所以木、火属阳，水、金属阴，土是中性。

顺着循环来，五行便会互相生发，即"五行相生"，如木生火、火生土……若逆着循环走，五行便会互相克制，如木克土、土克水……古人用阴阳与五行这种相生相克的关系，来阐释一切事物之间的相互联系，即自然界阴阳相互作用，产生五行；五行相互作用，则产生万事万物的无穷变化。

五行学说将古代哲学理论中以木、火、土、金、水五类物质的特性及其生克制化规律来认识、解释自然的系统结构和方法论，用在天文上，说明天体太阳系五星的代号；用在地理上，说明方位；用来气象上，说明四季变化；运用到中医学而建立的中医基本理论，用以解释人体内脏之间的相互关系、脏腑组织器官的属性、运动变化及人体与外界环境的关系。"五行"与"五脏""五志"之间存在着相互滋生相互制约的密切关系。当五行不能维持相生相克生理平衡状态时，生克关系即转为乘（乘虚侵袭，克制太过）侮（被克强势，反欺侮主）关系，产生相应的关联性病变。将"五行学说"运用于心身疾病的治疗，通过调理用药，可促进心身疾病的康复。

其三，俭德为本。"行俭德之人"是陆羽倡导的茶道精神之根本要求。在《茶经·四之器》中涉及茶器的选用时，陆羽认为"用银为之，至洁，但涉于侈丽"，而主张多用竹木之类器，一则可益茶香，二则可免奢华，极力推崇"行俭德"。在此，"俭"已上升为对一个精神品质的要求，而不仅仅是行为而已。

另外在《茶经·茶之略》中，专章说明了在具体不同的时间、地点、条件下，对采制茶的工具和煮茶饮茶的器具，不必机械地全部搬用，而可以根据特定环境适当省略。因为虽然"城邑之中，王公之门，二十四器阙一，则茶废矣"，但"庶民百姓"不是所有人都有经济能力和条件拥有齐备茶器，于是陆羽依"行俭德"却又"尚礼"之道，说明在特定情况下可"略"去不必要的器物。如此一来，陆羽将王公贵族的茶礼仪与"庶民百姓"的礼节分割开来，继后茶礼仪最终简化为"茶即礼"，但也正得益于此，才有可能开创出日后"茶道大行"的盛况。

茶的发展和饮用，古已有之，非陆羽之功，但是中国茶道的创立，陆羽功不可没。简而言之，他有集大成之功，也有开山之功，因为《茶经》是在总结众人经验基础上而成，但陆羽首次规范了茶道技术标准并确立了中国茶道精神，即在"精"的技术规范基础上，倡导以"和"为精髓、以"礼"为中心、以"俭"为根本的茶道思想，从而让品饮者获得身体上的康健和品德上的修炼。从此以后，中国茶道历经衍变而始终不改这最初的道义、宗旨，直到今天，"茶"依然是"礼"的代言，"廉俭"的象征，"和"的媒介。

第三节　茶道大行

爱课程网—视频公开课—中国茶道—茶道大行

陆羽之前，虽饮茶早已有之，但正如《茶经》所言："滂时浸俗，盛于国朝，两都并荆、渝间，以为比屋之饮……必浑以烹之，与夫瀹蔬而啜者无异。"即由于缺乏必要的技术规范和深刻的茶道精神，即使在饮茶兴盛的地区，对茶的食用也如同蔬菜，不得其法，不知其意，使饮茶难以向外广泛传播开来。只是在陆羽顺应时代需求，吸收诸多优良经验，并通过实践查证确立了茶道，发表了《茶经》之后，才使人们的习茶研茶有了可靠的航标灯，从而很快出现了"茶道大行"的盛况，对此《封氏闻见记》记载："有常伯熊者因鸿渐之论，广润色之，于是茶道大行。"社会各阶层都依此道逐渐演绎出适合自己身份的饮茶礼仪，如宫廷茶仪、文士茶仪、道家茶仪、释家茶仪等，随之饮茶之风日益炽盛，宋代陈师道曾言："上自宫省，下迨邑里，外及戎夷蛮狄，宾祀宴享，预陈于前；山泽以城市，商贾以起家。"而且这种风俗不断伸延到各阶层、各地域、各民族、各领域的各种活动中，茶之芬芳不仅在中华大地迅速播散，而且逐渐漂洋过海，惠泽世界。

一、茶道在国内的传播

1. 向各阶层的渗透

第一，深入底层。唐代杨晔《膳夫经手录》记载："茶，古不闻食之，近晋宋以降，吴人采其叶煮，是为茗粥，至开元、天宝之间，稍稍有茶，至德大历遂多，建中已后盛矣。"唐人斐汶亦云："茶，起於东晋，盛于今朝，……人人服之，永永不厌，得之则安，不得则病。……人嗜之若此者，西晋以前无闻焉。"

的确，《茶经》问世以前，饮茶风俗仅限于江南数地。从 8 世纪中叶起，随茶商的足迹踏入北方，饮茶风习逐渐向北方传播，并为皇宫、贵族、达官、文人骚客、寺院僧侣所接受，但在下层社会中的传播速度较缓。780 年后，饮茶风习也在乡村僻野中弥漫开来。正如唐人李珏所言："茶为食物，无异米盐，于人所资，远近同俗，既祛渴乏，难舍斯须，田间之间，嗜好尤切。"逐渐地，人们已是"累日不食犹得，不得一日无茶也"。相应地，日常生活中的待客、婚嫁、祭祀、交友等都有着特定的茶礼。这些饮茶礼俗一直被沿袭到宋代乃至当代，所以宋人黄裳说："茶之为物，祛积也灵，寐昏也清，宾客相见，以行爱恭之情者也。天下之人不能废茶，犹其不能废酒，非特适人之情也，礼之所在焉。"

茶道深入到社会底层，产生了深远的社会意义。人们借助饮茶，加强了相互了解和沟通，有利于社会和谐，对于社会经济文化的发展起到了积极作用。如宋代吴自牧《梦粱录》记载的临安民间的茶俗："或有新搬移来居止之人，则邻人争借动事，遗献茶汤，指引买卖之类，则见睦邻之义，又率钱物，安排酒食以为之贺，谓之暖房。朔望茶水往来，至于吉凶等事，不特庆吊之礼不废，甚至出力与之扶持，亦睦邻之道，不可不知。"

《茶经》从器具和技艺层面对王公贵族的茶礼设置了不可逾越的秩序规范，而对庶民百姓则采取顺其自然的态度，因此以茶为礼的民风民俗层出不穷。今天，那些王公贵族奢侈繁华的茶礼成为历史的印迹早已随风飘逝，普及性的民间茶礼茶俗仍代代相沿，生生不息。

　　第二，皇家认可。法国学者谢和耐认为，在唐代尤其是其末期，"某些新生事物出现并深刻地改变了中国社会的面貌"。唐中期的社会动荡，加深了社会各阶层间的矛盾激化，统治阶级亟需有效的办法来维持社会秩序，而茶道所蕴含的"礼仪、俭德、健康"理念顺应了时代的需求，旋即被最高统治者用来协调统治阶级的内部关系，维护封建社会的等级秩序。因此，唐代首开赏赐茶叶的宫廷之风，皇帝每年举办"清明宴"，用上等的贡茶赏赐有功之臣。宋代宫廷茶礼更为完善，到了明清时期，茶礼、茶宴已成为承载帝王恩典不可或缺的重要组成部分。

　　清代，宫廷的许多大型礼仪活动如万寿礼、大燕之礼、大婚之礼、命将之礼、太和殿筵宴、保和殿殿试、重华宫茶宴等都有赐茶环节。如大燕之礼："……礼部堂官奏请御太和殿，皇帝礼服出宫，前引后扈，午门鸣钟鼓，中和韶乐作，升座，乐止，鸣鞭。……尚膳、内管领、护军参领升，逐御筵降，乃进茶丹陛。清乐奏海宇升平日之章，尚茶正率尚茶、待卫、执事等举茶案，以次由中道进至檐下进茶，大臣奉茶入殿中门，群臣咸就本位跪。进茶大臣由中陛升至御前跪，进茶，退立于西旁，皇帝饮茶，群臣均行一叩礼。进茶大臣跪受茶碗，由右陛降，出中门，群臣咸坐。侍卫分赐王公大臣茶，内府护军、执事等分赐幕下大臣官员茶，尚茶正等撤茶案、乐止。"

　　从乾隆朝起就成为定规的重华宫茶宴，一般于元旦后三日举行，与会者以内直词臣为主。开宴时，乾隆帝升宝座，群臣每二人一几，边饮茶，边看戏，边吟诗作对，既文雅又有趣，既庄重又轻松。据《国朝宫史续编》记载："乾隆圣制《三清茶》诗，以松实、梅花、佛手为三清，每岁重华宫茶宴联句。近臣得拜茗碗之赐。"有清一代，在重华宫举行的茶宴多达 60 多次。此外，在康、乾两朝还举行过数次规模巨大的"千叟宴"。如康熙五十二年（1713），皇帝六十大寿，在畅春园举行盛宴，有 65 岁以上的退休文武大臣、官员及士庶 1 000 余人参加，开宴时也有向皇帝及王公大臣献茶的隆重"进茶之仪"。总之，通过茶这种既朴素又珍贵的礼物，君臣之间相辅相成、同甘共苦的生死情谊得到了升华，相处自然和乐融洽。

　　与此同时，历代皇帝对茶文化在与边疆少数民族地区友好往来、和睦相处方面的作用也都寄予厚望。早在贞观十五年（641），文成公主远嫁吐蕃松赞干布时，就随身带去了茶叶，开创了西藏饮茶之风。随着汉族地区茶业的兴盛和各民族间政治经济交往的不断加深，尤其是始于唐代的"茶马互市"与"以茶治边"的茶政茶法的实施，以汉族为主体的茶饮与茶文化不断向各民族区域传播扩散，而由于各民族自然社会环境、饮食结构等的不同，最终形成了多彩多姿、各具特色的饮茶习俗。

　　此外，茶道还是皇帝阐释和谐治国方略的良好载体，臣民们懂得好茶的调和之妙，自然也就理解皇帝希求上下和谐的治国理念。当年，雍正帝因病去世，乾隆皇帝登基即位，朝野上下都在议论康熙帝晚年施政失于过宽，包庇了一批过去有功的元老巨贪，而雍正帝施政失之过严，大开杀戒，这新皇帝究竟是宽是严？大臣们忐忑不安，畏首畏尾，踯躅不前，怎么办呢？于是，乾隆皇帝把大臣们召集到当时中堂大臣张廷玉家中品茶。他先是亲自动手泡茶分赐给众臣，而后悠然自得地"手把茗盏论宽严"。他以茶道主中和之理告诫在场的亲信大臣："治国如沏茶，要取中庸之道，太宽太猛都不宜。……于今形势而言，要想政通人和，创极盛之世，必须以宽纠猛。这和皇阿玛以猛纠宽的道理一样，都是刚柔并用，阴阳相济，因时因地制宜。朕以皇祖之法为法，皇父之心为心，纵有小人造作非议也在所不惜。"一场君臣品茗会，乾隆借茶道之理喻治国之道、君臣相处之道，把他治国的大政方针讲了个透透彻彻，品茶之意不在茶味和美，而在君臣和谐。当然，这场易主之初的危机就在这个茶话会后烟消云散了。

　　第三，文人雅事。通常的印象中，不少古代的文人都是酒痴，成天醉醺醺、恍悠悠，仿佛也只有这样，方显才华卓著，尤其是唐代诗仙李白，酒量与诗情一样令人惊奇，诗圣杜甫《饮中八仙歌》曾赞叹"李白斗酒诗百篇"。自茶道问世，文人雅士的日常生活又添新趣，他们如获至宝，既是茶道的最先受益者，也是推波助澜者。据统计，唐以前，诗坛中饮酒占绝对的上风，至宋代时，文人饮茶取得了与饮酒平分秋色的地位。多情敏感的才子们也从饮茶生活中捕获了细致入微的审美世界，采茶择器、鉴水烹煮、茶香茶色、环境意境都成为文人创作的新题材（见表2-2）。涉茶的诗赋书画纷至沓来，虽然有的只是描述茶道片断，但依然不难从中窥探茶道情趣以及文化氛围，这些作品大多优美精良，尤其是唐宋时期的作品，至今仍是空前绝后的茶文化精品。

表 2-2   体现茶道题材的优美诗句

诗句	作者与出处	题材
碾声通一室，烹色带残阳。	齐己《谢湑湖茶》	碾茶
摘花浸酒春愁尽，烧竹煎茶夜卧迟。	姚合《送别友人》	取火
屋雪凌高烛，山茶称远泉。	周贺《同朱庆馀宿翊西上房》	择水
小石冷泉留早味，紫泥新品泛春华。	梅尧臣《依韵和杜相公谢蔡君谟寄茶》	择器

诗句	作者与出处	题材
香泉一合乳，煎作连珠沸。 时有蟹目溅，乍见鱼鳞起。 声疑松带雨，饽恐生烟翠。 倘把沥中山，必无千日醉。	皮日休《煮茶》	育汤花
角开满香室，炉动绿凝铛。 晚忆凉泉对，闲思异果平。 松黄干旋泛，云母滑随倾。	齐己《咏茶十二咏》	品茶：观色、闻香、品味
落日平台上，春风啜茗时。 石阑斜点笔，桐叶坐题诗。 翡翠鸣衣桁，蜻蜓立钓丝。	杜甫《重过何氏五首》	环境：春风，落日，题诗，垂钓
茶映盏毫新乳上，琴横荐石细泉鸣。	陆游《雨晴》	环境：琴茶相辉
晦夜不生月，琴轩犹为开。 墙东隐者在，淇上逸僧来。 茗爱传花饮，诗看卷素裁。 风流高此会，晓景屡裴回。	皎然《晦夜李侍御萼宅集招潘述、汤衡、海上人饮茶赋》	环境：琴、棋、诗、花
石鼎沸蟹眼，玉瓯浮乳花。 诗思一坐爽，睡魔千里退。	刘挚《煎茶》	茶功：助文益思
竹下忘言对紫茶，全胜羽客醉流霞。 尘心洗尽兴难尽，一树蝉声片影斜。	钱起《与赵莒茶宴》	心境：空灵无邪
香芽嫩叶清心骨，醉中襟量与天阔。	黄庭坚《一斛珠》	精神升华

　　文人多趣事，在宋代众多的文人茶话中，苏东坡与司马光斗茶一事尤为醒目，成就了"茶墨俱香"之美谈，流传广泛，影响深远。

　　司马光好斗茶。一日，邀友斗茶品茗，苏东坡与司马光带的都是上等好茶——白茶。苏东坡用了隔年好雪泡茶，水质好，茶味纯，得了第一，流露出得意之色。司马光内心不服，遂出题难之曰："茶欲白，墨欲黑；茶欲新，墨欲陈；茶俗重，墨欲轻。君何以同爱两物？"苏答曰："奇茶妙墨俱香，是其德同也；皆坚，是其操同也；譬如贤人君子，黔皙美恶不同，其德操一也。公以为然否？"

　　大学士苏东坡以"茶墨俱香"之语，表达了他对茶之品德与情操的赞美。

自此以后，"茶"凭借着"香之德"与"坚之操"被列为文人七件宝之中（琴、棋、书、画、诗、酒、茶）。茶益人思，墨兴茶风，"起尝一瓯茗，行读一卷书"，"夜茶一两杓，秋吟三数声"，"或饮茶一盏，或吟诗一章"，"诗魔"白居易（772—846）以茶激发文思的"乐天式"生活也很快成为中国文人生活的理想榜样。

文人的介入极大地推动了茶道的发展，也丰富了茶道的精神内涵。唐诗宋词中，茶是味胜醍醐的琼浆，美如佳人的瑞草，恬淡风轻的君子，轻身换骨的仙药；明清小说中，茶是红楼的馨香，聊斋的真情。遍观中唐以后的诗词、曲赋、楹联、散文、小说、戏曲、绘画、书法、篆刻，处处皆有茶的倩影，这些不可胜数的文学艺术作品记录了精细微妙的茗香韵事，饱含着各时代中国文人的审美情趣，把中国茶道精神渲染得更加饱满丰盈，美不胜收。

第四，僧道灵饮。其一，道教是中国的本土宗教，终极追求是得道成仙，"清静无为，清心寡欲"是道教的戒律。茶以其特有的品性自然地成为道家外修的仙草。早在142年，道教"祖天师"张道陵（34—156或178）于四川鹤鸣山首倡道教时，就开始遍栽茶树。此后，品茶不仅成为道士们日常的乐事，更因有"丹丘子喝茶羽化成仙"的传说而使世人竞相仿之。

至唐代，因道教之祖老子姓李，与唐皇室同姓，唐高祖封道教为国教，下诏全国各州建道观，道教大兴。而陆羽创设煮茶风炉，言"五行相生相克，阴阳调和"之理，更加激发了道士们对茶的嗜好。随着唐宋茶业的飞速发展，道教徒种茶饮茶之风愈演愈烈，道观里专门设有"茶头"，茶成为悟道的必备之饮。正如此，品味历代广博的茶文化诗书词画，满眼尽是品茶得道、羽化成仙的精神向往就不足为奇了。

如"疏香皓齿有余味，更觉鹤心通杳冥"（温庭筠《西陵道士茶歌》）；"神草延年出道家，是谁披露记三桠"（皮日休《友人以人参见惠因以诗谢之》）；"爽得心神便骑鹤，何须烧得白朱砂"（郑谷《宗人惠四药》）；"茶爽添诗句，天清莹道心"（司空图《即事二首》）等诗句，不胜枚举。

总之，道教开辟茶园，创制名茶，以茶为礼，以茶为供，以茶修练，以茶养生，品茗议道，以茶达悟，到清代还从事茶业贸易，对发展茶叶生产以及促进茶叶流通都作出了贡献。

其二，释家的清规戒律是一般俗人无法坚守的，尤其是寂静与孤苦伴随终身，而出家人大多是从凡夫俗子而来，在内修尚不能达到心静如水时，借外力静养不失为上策。茶能提神益思、生津止渴，自是僧侣最佳的参禅之饮。佛家认为茶有三德，分别是"提神""消食""清心"，并自然而然滋生出"禅茶一味"无上妙品，由此演绎出诸多佛家茶事。

在陆羽等人的倡导下，饮茶之风流行于当时的上层社会和禅林僧侣之间，并形成"茶宴""茶礼"。在良辰美景之际，以茶代酒，辅以点心，请客作宴，成为当时的佛教徒、文人墨客以及士林（尤其是朝廷官员）清操绝俗的一种时尚。中唐以后，随着佛教的进一步中国化和禅宗的盛行，饮茶与佛教的关系进一步密切。中唐后，南方更有许多寺庙开始种茶，出现无僧不茶的嗜茶风尚，甚至达到"唯茶是求"的境地。唐代大诗人刘禹锡的《西山兰若试茶歌》就记载了僧人种茶、采茶、炒制及沏饮香茶的情景。

唐德宗兴元元年（784），怀海百丈禅师创立首部禅林法典《百丈清规》，以名目繁多的茶礼来规范寺院茶事活动，将茶融入了禅宗礼法。到了宋代，随着禅宗的盛行，以及种茶区域的日益扩大、制茶方法的创新，饮茶方式也随之改变，"茶宴"之风在禅林及士林更为流行。当时几乎所有的禅寺都要举行"茶宴"，其中最负盛名且在中日佛教文化、茶文化交流史上影响最为重要的当推宋代杭州余杭径山寺的"径山茶宴"。

径山寺位于浙江天目山的东北高峰——径山，这里的茶园环境是山峦重叠，古木参天，白云缭绕，溪水淙淙，有"三千楼阁五峰岩"之称，还有鼓楼、大铜钟、龙井泉等名胜古迹，可谓山明、水秀、茶佳。径山寺始建于唐代，宋代开禧年间，宁宗皇帝曾御赐"径山兴圣万寿禅寺"，自宋至元，径山寺一直有"江南禅林之冠"的美誉。径山寺不但饮茶之风甚盛，而且每年春季都举行茶宴，边饮茶边坐谈佛经。径山茶宴有一套甚为讲究的仪式。茶宴开始时，先由主持法师亲自调茶，以表敬意。尔后由茶僧——奉献给应邀赴宴僧侣和宾客品饮，这便是献茶。僧客接茶后，先打开盖闻嗅茶香，再捧碗观色，接着才是启口尝味。一旦茶过三巡，便开始评论茶品，称赞主人品行高，茶叶好，随后的话题，当然还是诵经念佛，谈事叙谊。

宋代以后，饮茶成了禅寺的"和尚家风"，不仅是僧人们日常生活中不可缺少的内容，更成为寺院制度的一个重要组成部分。各寺庙饮用茶叶、崇尚茶叶，且生产、研究、宣扬茶叶，故俗语有云"自古名寺出名茶""自古高僧爱斗茶"。

在当今茶文化热潮中，几乎到了无佛不谈茶文化之感境。侧面而言，释家对茶的传播与精神的感悟有着独到之处，对茶文化的丰富与发展有非常积极的贡献，正面审之，则似有旁落大众主题茶文化核心"和"而突出"礼"的表现之嫌，更有禅茶文化的一枝独秀使道家对茶文化的开创首功黯然失色。

大凡以茶为主要饮料的地域恰是佛教传播盛地，如东南亚地区，这是一个很有趣的现象，这种现象似乎在告诉人们茶与佛密不可分。如果说是因为饮茶为他们念经求佛提供了必要条件，所以才有可能静心参禅，也才有佛教的不断延续发展，那么反证之，不饮茶者也就不能长时间念经，从而佛法难以普及，如在亚洲以外的国家。茶与宗教结缘，佛教是最大受益者。

此外，在全世界范围内，唯茶饮是各宗教都能接受的饮料，也是很多宗教在某些特定时期也不会禁止的食品之一，以茶为礼的中华文化更是各宗教所熟知并能欣然接受和乐于传播的。简言之，茶及茶文化是在各宗教间通行的最好名片。

2. 茶产业的发展

第一，茶叶生产规模扩大，茶叶商贸繁荣。唐中期后，各地植茶规模不断扩大，茶叶生产已趋专业经营。江南地区的茶场规模达到第一个高度，后因当时税收政策的不恰当，导致很多茶场毁园还林。

宋朝建立后，因皇帝多嗜茶，茶叶生产规模进一步扩大，茶树栽培面积比唐时增加两至三倍，同时还出现了专业户和官营茶园。制茶技术更加精细，茶的经营重心南移到闽南、岭南一带，开启了全民消费茶叶的时代，北宋李觏（1009—1059）有云："君子小人靡不嗜之，富贵贫贱靡不用也。"

明代散茶的推广，使繁琐的煮茶简化为泡茶，这一革命性的变化对于推动茶产业的发展所起的作用是无可估量的。与此同时，茶馆茶亭的大量建成从客观条件上保障了人人会喝茶，处处有茶喝，茶叶生产和消费的迅猛增长必然促进了茶叶商贸的空前繁荣。

第二，茶税正式确立，成为国家税收重要来源。茶税产生于唐代中叶，当时茶叶产量已有相当的规模，茶叶销量很大。由于"安史之乱"，唐国库日绌。建中三年（782），唐德宗采纳了户部侍郎赵赞的建议，对"天下所出竹、木、茶、漆皆十一税之，以充常平本"，即税额为 10%，这就是我国茶税的开始。《旧唐书·食货志下》载："度支侍郎赵赞议常平事。竹、木、茶、漆尽税之。茶之有税，肇于此矣。"但这种茶税到德宗兴元元年（784）即下诏停止。直到德宗贞元九年（793），依盐铁史张滂奏，皇帝又下诏恢复茶税，当年收税 40 万贯。从此，茶税在历代封建王朝中都作为一种专税，从未间断过。

总而言之，自陆羽创立了茶道后，茶在国内传播的脚步迅速加快，茶不断渗透到人们生活的各个层面，并与各阶层、各民族、各地域的生活习惯与文化习俗相融，形成了丰富多彩的茶道形式：有豪华极致的宫廷茶道、趣味盎然的市民茶道，还有参禅悟道的宗教茶道、淡泊清雅的文人茶道等。但不论是何种类型的茶道，皆以茶为礼，强调水质、茶具、茶叶俱佳，注重环境的选择，品德的修养，其实质，皆是对陆羽"精"的技术规范和"行俭德"的茶道精神，以及"礼雅和乐"的品茗意趣的沿袭与发展，因此，陆羽被尊为"茶圣"是实至名归的。

二、茶道向世界的传播

1. 日本

毫无疑问，正是茶本身和被赋予的茶道的魅力使茶饮从本土逐渐伸展到边疆，乃至影响到海外。自唐代开始，中国茶主要通过三种形式逐步传播到世界各地：一是来自朝鲜半岛、日本的学者和僧侣在中国访学结束后带回了茶与茶文化；二是朝廷、官府把茶作为高级礼品赏赐或馈赠给来访的周边国家使节或嘉宾；三是通过茶叶贸易输往世界各地。

茶文化自中国东传日本，始于 1200 多年前的盛唐时代。其时，中国鉴真和尚（688—763）应日本佛教界和政府的邀请，六次东渡日本传戒，为传播优秀的大唐文化作出了卓越贡献。与此同时，鉴真也是最早把大唐的茶叶、茶种及饮茶习尚带到日本的高僧。中唐时期（756—824）是中国茶道的确立期，也是日本向唐朝派遣使者取经学习之风最盛的时期，有很多日本高僧来到中国，并在中国的寺院里接触了解到中国茶与茶文化。如最澄（762—822）、空海（774—835）、永忠（743—816）等日本高僧都是这一时期来到中国学习，并在回国时将中国茶种和茶文化带到日本，使饮茶之风开始在日本的僧院之间流行。此后，在嵯峨天皇的大力支持和身体力行之下，饮茶作为效仿唐人的一种文化趣味，不仅在寺院僧侣中，也在一部分上流阶层中流行开来，史称"弘仁茶风"。茶会成为日本上层贵族以文会友的新形式，据《类从国史》记载，弘仁五年（814）四月二十八日，嵯峨天皇和皇太弟（后来的淳和天皇）、滋野贞主及众多大臣，在嵯峨天皇的宠臣藤原冬嗣宅院中举办了一次茶会。其间，君臣在松荫下抚琴听曲，吟诗品茶，一派风雅场景，有嵯峨天皇御诗为证："吟诗不厌捣香茗，乘兴偏宜听雅禅。"皇太弟亦赋诗："避暑追风长松下，提琴捣茗老梧间。"这样的闲情雅致自然是曲高和寡的，不可能借此把饮茶之习渗透到普通百姓的生活当中，但是，"弘仁茶风"为后来日本茶道的创立奠定了基础。

直至镰仓时代（1192—1333）初期，来华留学的荣西禅师（1141—1215）将中国茶文化传播于日本，才使茶文化在日本的推广发生了划时代的飞跃。荣西禅师曾于 1168 年和 1187 年两度入宋，第一次在天台山和阿育王山学习天台宗，第二次师从万年寺的虚庵怀敞禅师，在修禅之余还努力学习茶的相关知识，亲身体验了宋代吃茶风俗，对茶的药效深有感受，因此在 1191 年 7 月回国时，从中国带回了茶树种子，鼓励在日本栽培，并随后编著了日本的第一部茶书——《吃茶养生记》，此书的问世，极大地促进了日本饮茶文化的扩散，故荣西禅师在日本被尊称为"茶祖"。在荣西禅师之后，经村田珠光、武野、号称日本茶道集大成者的千利休、将茶道擢为国粹并为其内核定下基调的织田信长、丰臣秀吉等几代人的开拓创新，饮茶习俗终于超越了最初的狭小圈子，逐渐在武士阶层、幕府诸侯乃至全社会普及开来，变成一种熔日常生活与生命哲学于一炉的日本"茶道"，构成日本文化中一个最有特色的景观。（图2-2）

图2-2　日本茶道

大和民族是一个"海纳百川，精益求精"的民族。几千年来，日本人一面学习别人的长处，同时又不断进行创新变化，直至完全融合到本民族的生活习惯中。日本茶道发展至今已产生了很多流派，各个流派在实施过程中虽千差万别，但都谨守陆羽《茶经》倡导的核心精神：一是"礼"。日本茶道对礼的看重高于一切，茶叶、茶器、茶水、茶室因环境条件改变而难免参差不齐，尚不为人所怪，唯失礼断不可为。二是"道"。《吃茶养生记》在日本的地位可比《茶经》在中国的地位，此书是用汉文写成的，首言即道："茶也，养生之仙药也，延龄之妙术也。"由此可见日本茶道追求的是道家"羽化成仙"的终极目标，但其实践中用的又是"修性成佛"的清规戒律，"和、敬、清、寂"为日本茶道的基本精神，其形式带有深厚的宗教色彩。如此文化奇葩，唯有大和民族可立可行。故日本茶道一如日本"花道""香道"等诸多艺道一样，不融合到日本的民族文化中去，就极难领悟，也很难学会，导致其传播范围受到很大限制。

　拓展阅读：第二部《茶经》——《吃茶养生记》

《吃茶养生记》于1191年（日本建久二年）由日本高僧荣西和尚编辑出版，被称为世界上继中国陆羽所著《茶经》之后的第二部《茶经》。

《吃茶养生记》全书分上下两卷，用汉语和日文两种文字出版。上卷是写茶的医疗作用和茶叶产地。下卷是写日本当时流行的各种疾病都可以用茶叶治疗。

上卷开篇就赞茶的药用价值和保健作用："茶也，养生之仙药也，延龄之妙术也。山谷生之，其地神灵也。人伦采之，其人长命也。天竺唐土同贵重之，我朝日本曾嗜爱矣。古今奇仙药也，不可不采乎。"

接着用中国阴阳五行辩证关系阐述吃茶养生的道理。书中说："其养生之术可安五脏。五脏中心脏为王乎。建立心脏之方，吃茶是妙术也。厥心脏弱，则五脏皆生病。"是说人生病多半是由于心脏不好，吃茶是让心脏健康妙法。又说"五脏喜五味"，"肝脏好酸味"，"肾脏好咸味"，"肺脏好辛味"，"脾脏好甘味"，"心脏好苦味"。"若心脏病时，一切味皆违食，则吐之，动不食，今吃茶则心脏强，无病也。""人若心神不快尔，必吃茶调心脏，除愈万病矣。心脏快之时，诸脏虽有病，不强痛也。"又说："心脏是五脏之君子也。茶是五味之上首也，苦味是诸味之上味也，因兹（此）心脏爱苦味，心脏兴，则安诸脏也"，"若身弱意消者可知亦心脏之损也，频吃茶则气力强盛也，其茶功能。"

上卷的后半部分，论述了茶的名字、产地、树形、采茶季节和制茶技术。引用了不少中国古书对茶的记载和诗歌对茶的描述。特别是中国的《茶经》，作者荣西禅师也作了深入的研究。

《吃茶养生记》下卷论述了当时日本流行的各种病，如饮水病，中风手足不从心病，不食病，脚气病，等等。然后荣西禅师在书中提出了治疗各种病的方法。概括起来是"吃茶法"和"桑沥法"。在"吃茶法"中说："极热汤以服之，方寸匙二、三匙。多小（少）虽随意，但汤少好，其有随意，殊以浓为美。饮酒之次，必吃茶消食也。引饮之时，唯可吃茶饮桑汤，勿饮他汤。桑汤、茶汤不饮则生种种病，……"

最后，荣西禅师总结说："贵哉今，上通诸天境界，下贤人伦矣。诸药各为一种病之药，茶为万药而已。"

荣西禅师在日本宣传中国的茶叶，提倡以茶治病，据说当时有一员大将叫源实朝，因过食而患病，到处求医，治疗无效，就请来荣西禅师祈寿禳灾。荣西除了虔诚祈寿外，跑回寺院，采集若干茶叶，亲自泡制供病人饮用，源实朝大将军饮后病愈。将军问及茶之详情，荣西献上了《吃茶养生记》一书。自此源实朝将军成了饮茶和宣传茶叶的忠实信徒。《吃茶养生记》在全日本广泛流传，"不论贵贱，均欲一窥茶之究竟"。

2. 韩国

如果说日本茶文化的特色可以用"茶道"二字概括，韩国茶文化的特色就是"茶礼"，韩国"茶礼"如日本"茶道"一样都源于中国。朝鲜半岛与中国山水相连，自古以来文化经济交流频繁。7 世纪前的朝鲜半岛，高句丽、百济和新罗三国鼎立，这三国都仰慕中土文明，在隋唐时就常遣使来华。据候贤殿太子学士金富轼（1075—1151）奉敕编修的官撰正史《三国史记·新罗本记》记载："兴德王三年冬十二月，遣使人入唐朝贡，文宗召对于麟德殿，宴赐有差。入唐回使大廉持茶种来。王使植地理山，茶自善德王时有之，至于此盛焉。"此文中的"兴德王三年"是公元 828 年，是陆羽（733—804）去世20 多年后，"地理山"即智异山，今韩国的庆尚南道，由这段记录可知中国茶传入韩国至少已有一千多年的历史。

在中国茶传入朝鲜半岛的早期，人们就认识到茶能使头脑清醒，驱赶睡眠，适合于冥想，还是祭奠祖先和供佛仪式中绝佳的礼品，所以主要为修道僧、郎徒、贵族所好。随后的高丽时代（918—1392）是韩国茶文化史上的全盛时期，除继承新罗时代（前 57—935）的丧礼和祭礼外，茶礼贯彻于朝廷、官府、僧俗等各阶层，更为广泛而规范地应用于政府公共事务之中，出现了韩国独有的与茶有关的各种制度和设施。继起的李氏朝鲜（1392—1910）时代，茶文化经历了衰微和再兴期，而后的日本统治时期（1910—1945），殖民地政策使朝鲜民族固有的茶文化逐渐衰退，出现了日本式茶道的韩国化。1945 年日本战败投降之后直到今天，很多韩国茶人不懈努力恢复着民族固有的茶文化，尤其是近 40 年来，韩国现代茶道已正式兴起。（图 2-3）

图 2-3　韩国茶礼

由于中韩两国地相连人相亲，在接受中国茶文化的时候，不仅有专门的官方使者学习取经，还有更广泛的民间交流，因此韩国来华的习茶者对《茶经》和中国茶文化的领悟相比日本的学习者更为本真和全面，故韩国茶文化的典型特征是尚礼仪，重礼敬，忠诚地奉行《茶经》所倡导的茶文化的核心精神——"和"。韩国"茶礼"正是以"和"为根本宗旨，要求人们心地善良，和平共处，互相尊敬，互相帮助。韩国"茶礼"的整个过程，从环境、茶室陈设、书画、茶具造型与排列，到投茶、注茶、点茶、吃茶等有严格的规范与程序，但旨在给人身心以清静、悠闲、高雅、文明愉悦之感，绝无日本"茶道"仪式的身心之累。

3. 英国

如果说中国茶道最早东传朝鲜半岛及日本具有显著的纯文化传播意味，而后传往欧美则主要是商贸行为伴随的文化传播。自 17 世纪初起，中国茶叶通过对外贸易相继传到荷兰、英国、法国、德国、瑞典、丹麦、西班牙等欧洲国家；18 世纪，饮茶风俗已传遍整个欧洲。英国是接受中国茶文化洗礼最深也是最执着的欧洲国家，其进口茶叶历史悠久，消费量大，在世界茶叶贸易中占有重要地位。英国人饮茶已有 300 多年的历史，在数百年的演变中，形成了以红茶为主、以下午茶为特色的英式茶风，影响遍及欧洲大陆和所有英联邦国家。（图 2-4）

图 2-4　英国下午茶

为什么英国人对中国茶如此痴迷？英国学者艾伦·麦克法兰（Alan Macfarlane）的专著《绿金：茶叶帝国》通过确凿的事实和严谨的推理向我们揭示了茶文化对英国及整个西方世界文化的重要影响。麦克法兰认为，工业革命这个前所未有的、改变人类文明模式的重大历史事件首先发生在 18 世纪的英国，这一切显然都与当时风靡的饮茶有关。人类学家 Sidney Mintz 也深有同感："英国工人饮用热茶是一个具有划时代意义的历史事件，因为它预示着整个社会的转变以及经济与社会基础的重建。"换句话说，随着工业社会的到来，人类的命运发生了前所未有的根本转变，其中茶叶无疑扮演了一个非常重要的角色。麦克法兰还相信，茶叶的传播与文明的勃兴有必然联系，18世纪几个经济最发达最活跃的地区即中国、英国和日本，同时也是茶文化得到弘扬发展的地区。

今天的英国，仍是西方茶文化最发达的国家之一，从18世纪兴起的"下午茶"，在维多利亚时代（1837—1901）就被视为精致生活品位的象征，已成为英国的文化符号之一，在英国有神圣的地位。一首英国民谣形容得最贴切："当时钟敲响四下时，世上的一切瞬间为茶而停止。"英式"下午茶会"是仅次于晚宴和晚会的非正式社交活动，女士参加茶会必得穿缀了花边的蕾丝裙，将腰束紧，男士则要衣着淡雅入时，茶要滴滴润饮，点心要细细品尝，交谈要低声絮语，举止要温文尔雅。聚会者在享受美味的点心、欣赏精致的茶具、品饮可口的红茶的"三部曲"中，轻松、快乐地度过美妙的下午茶时光。"下午茶会"的灵魂人物是女主人，女主人的风采、学养和气质关系到茶会的成败，进而可能影响到丈夫的事业，因而在英国，不少女士都会到专门的"茶修班"努力学习成功举办茶会的知识和技艺。

著名作家萧乾在《茶在英国》一文中生动形象地描述了下午茶会："自始至终能让场上保持着热烈融洽的气氛。茶会结束后，人人仿佛都更聪明了些，相互间似乎也变得更为透明。在茶会上，既要能表现机智风趣，又忌讳说教卖弄。茶会最能使人觉得风流倜傥，也是训练外交官的极好场地。"茶在这里俨然是以一种"礼"的形式构建了融洽的人际关系。

事实上，不论是日本茶道、韩国茶礼，还是英国下午茶，这些仪态万千的茶风茶俗只是中国茶及茶文化对全世界影响的缩影。千百年来，慷慨和善的中国茶以其色、香、味、形的感官享受，养生保健的功效之美以及博大精深的文化内涵，广传于世界各地，给全球至少三分之一的人口带来了福祉、健康和文化享受，这是一种代代相传、绵延不息的使命，更是中国茶文化经久不衰、历久弥新的奥秘所在。

不论是日本茶道，还是韩国茶礼、英国下午茶，尽管不同地区的茶礼仪形态万千，但其文化本质和内涵是永远不变的，那就是以茶表礼敬，以茶诉真情，这也是茶礼仪一直流传至今的根本原因。

 拓展阅读："饮茶皇后"——凯瑟琳

凯瑟琳（1638—1705），葡萄牙公主，容颜秀丽，体态轻盈，嗜饮中国红茶。1662年，凯瑟琳公主嫁与英国国王查理二世，丰厚的嫁妆中包括221磅珍贵的红茶及精美的中国茶具。成为皇后之后，红茶依然是她最喜爱的饮料，甚至在一些宫廷宴会上，她也以红茶代酒，畅饮言欢。随着时间的推移，人们开始注意到，这种饮料似乎不像酒那样会让人醉，而是让人更加容光焕发。于是，饮茶之风尚首先在英国皇室传播开来，宫廷中甚至开设了气派豪华的茶室。有时皇后雅兴所致，会邀请一些公爵夫人到宫中饮茶，饮茶成为上层名流的社交活动。一些贵族妇女、富家主妇群起效仿，以示高雅、阔绰、时髦，中国茶叶由此成为英国豪门贵族修身养性的灵丹妙药而风行。让人称道的是，温和的茶成为英国上层社会流行的饮料，从而取代了葡萄酒、烧酒等烈性饮料。因此，凯瑟琳也就被称为英国历史上第一位"饮茶皇后"。

1663 年，凯瑟琳 25 岁生日，也是她结婚周年纪念日上，英国诗人埃德蒙·沃尔特作了一首赞美诗以表恭贺，这也是赞美茶叶最早的英文韵文诗，在西方茶文化中享有一定的地位，译文如下："花神宠秋色，嫦娥矜月桂。月桂与秋色，美难与茶比。一为后中英，一为群芳最。物阜称东土，携来感勇士。助我清明思，湛然志烦累。欣逢后筵辰，祝寿介以此。"

第四节 茶道衍变

爱课程网—视频公开课—中国茶道—茶道演变

陆羽《茶经》的问世是中国茶道确立的标志事件，在此之前，人们对茶的种植、采制、烹饪技术等进行了不懈的摸索和改进，从而使茶叶采制和饮用技术日趋高明，但对茶的利用主要局限在满足口腹之欲。《茶经》问世之后，不仅从茶园到茶杯的生产、消费全程开始有了技术规范，更树立起"饮茶健康""以礼致和""以俭为德"的中国茶道基本精神，从而使茶品质和茶文化都进入了飞跃发展的时代。而在此后漫长的发展过程中，茶道不断与不同民族、不同地域、不同时期的文化相互契合，这必然使茶叶产品面貌、品饮方式、审美情趣等逐渐发生分化和衍变。

一、散茶的崛起对茶类、茶器和茶审美方式的深刻影响

1. 茶类更加多样

唐宋时期，茶产品以饼茶为主，煎煮法是主流的饮茶方式。发展到明代，发生了具有划时代意义的变革，那就是散茶的加工和冲泡法的盛行。散茶的加工和冲泡法并非起源于明代，早在宋元时期，人们发现茶青炒后复加烘焙，更加芳香，叶色青绿可爱，经过揉捻渗出茶汁，易于溶解，滋味更加醇厚，于是就有人直接采用开水冲泡，以品尝茶叶的真香真味。但此种加工和饮用方式直到明代才被日益重视和传播开来，这与大环境的变化有直接关系，明太祖朱元璋下令贡茶改制就是其中一个重要的因素。

据《万历野获编》记载："国初四方贡茶，以建宁、阳羡茶品为上。时犹仍宋制，所进者俱碾而揉之，为大小龙团。至洪武二十四年九月，上以重劳民力，罢造龙团，惟采芽茶以进。其品有四，曰探春、先春、次春、紫笋。置茶户五百，免其徭役。按茶加香物，捣为细饼，已失真味；宋时又有宫中绣茶之制，尤为水厄中第一厄。今人惟取初萌之精者汲泉置鼎，一瀹便啜，遂开千古茗饮之宗。乃不知我太祖实首辟此法，真所谓圣人先得我心也。"这段记载虽有过分褒扬朱元璋的贡献之嫌，但无可否认的是，因朱元璋下诏废除紧压的团（饼）茶，改贡松散的叶茶，散茶的加工获得了前所未有的动力，继而又使冲泡饮茶法得到了从未有过的推广，因此，明太祖对散茶及其冲泡法的普及有首推之功。

散茶的推行激励着茶叶制作的工艺技术尤其是造型的灵活性和艺术性的不断提升和精进，导致新兴的茶类、新创的名品如雨后春笋般不断破土而出。明代屠隆《考槃馀事》列出的茶六品，即虎丘、天池、阳羡、六安、龙井、天目六种名茶，其中"天池"是当代中国名茶之一的"洞庭碧螺春"的前身，六安是"六安瓜片"的前身，"龙井"就是"西湖龙井"的前身。与此同时，团、饼一类的紧压茶并未因散茶的"受宠"走向衰亡和消失。适恰相反，明清时期，团茶和饼茶在边销和出口贸易中找到了出路。以湖南黑茶为例，明代前期，湖南没有产黑茶的记录，直至万历年间（1573—1620）开始大量仿制；入清以后，黑茶更成为安化等一些地区的一种名产和特产。这样的情形延续到清代时，至今公认的绿茶、黄茶、黑茶、白茶、红茶、乌龙茶六大基本茶类就全部形成了，并且发展极为迅速。

所以说，明初罢贡龙团以后，散茶特别是炒青绿茶的迅速发展，不是一种独霸天下的发展，而是和其他茶类（包括紧压茶在内）相辅相成、相互促进的一种协调发展。但是，随着散茶的盛行，茶的品饮方式不可避免地走向简易

化。盛行了几个世纪的唐宋煎煮茶变革成了用沸水冲泡的瀹饮法，这种随冲随饮的消费方式自然更有利于饮茶之风的普及，茶风日益趋盛反过来又促进了茶叶生产的兴旺发达。

2. 茶器相应丰富

瀹饮法的普及不仅促进茶产品数量和品质的大幅度提升，也使饮茶用具发生了很大变化。茶壶开始被广泛地应用于百姓茶饮生活中，茶盏也渐以白瓷和青花瓷器为主流，一面是前期流行的一些茶具被淘汰，另一面是有许多精美的陶瓷茶具应时而生。这些新兴的陶瓷器具不但造型优美，而且对于花色、质地、釉彩、窑品等更为讲究，如明代宣德宝石红、青花，成化青花、斗彩等都是上乘的陶瓷茶具。美观的新茶具不仅在国内为文人雅士所珍爱，而且声名远播到海外，日渐成为重要的出口物资，据说郑和（1371—1433）七下西洋时，船队所带的瓷器是最受各国欢迎的贸易物品之一。16世纪时，当中国瓷器与茶甫一出现在欧洲市场，就得到了欧洲人的狂热追捧，饮中国茶、用中国茶具，成为贵族、富商的时尚标志，可以说，中国瓷器极大地推动了中国茶文化的向外扩展。

明代中后期，宜兴紫砂茶具异军突起，很快也盛行开来。紫砂茶具用来泡茶，既能吸附茶汁，又"盖既不夺香，又无熟汤气，不失原味"，有"色、香、味皆蕴"之妙。若养护得当，日久之后，纵然注入清水，也会散发出幽淡茶香，正所谓"此处无茶胜有茶"。而且，相比于一般的陶器，紫砂茶具里外都不敷釉，天然光泽隽美丰富，人为工艺意蕴悠长，其敦厚质朴、端庄典雅的审美韵味更迎合了当时社会所追求的平淡、端庄、质朴、自然、温厚、闲雅等精神需要。因此，纵然王朝动荡更迭，宜兴紫砂壶的制作技艺却日臻精巧，涌现出了许多制壶名家，如时大彬、陈鸣远、杨彭年等，并形成了一定的流派，最终形成为一门独立的艺术。

此外，闽粤地区"功夫茶"的兴盛也带动了配套或成套的功夫茶具的发展。如铫，是煎水用的水壶，以粤东白泥铫为主，小口瓷腹；茶炉，由细白泥制成，截筒形，高一尺二、三寸；茶壶，以紫砂陶为佳，其形圆体扁腹，努嘴曲柄大者可以受水半斤；功夫茶所用茶盏、茶盘多为青花瓷或白瓷，茶盏小如核桃，薄如蛋壳，甚为精美。

当代茶具兼收并蓄，空前多元，玻璃、瓷质、紫砂、竹木、金属、石器等，各类形制丰富、色彩多样，融审美情趣与实用功能于一体的茶具不仅是生活用品，更是值得收藏的工艺品，客来沏茶，闲时把玩，怡情悦志，好不惬意！

3. 茶审美方式随之衍变

瀹茶法是用条形散茶直接冲泡，杯中的茶汤就没有"乳花"之类可欣赏，因此品尝时更看重茶汤的滋味和香气，对茶汤色泽的品评也从宋代的以白为贵变成以绿为上。明代的一些茶书自然也开始涉及茶汤的品饮问题，对品茶艺术颇有描绘，而且是细致入微。如明代陆树声（1509—1605）《茶寮记》的"煎茶七类"条目中设有"尝茶"一则，教导人们品尝茶汤时应是"茶入口，先灌漱，须徐咽。俟甘津潮舌，则得真味。杂他果，则香味俱夺。"即要求品茶汤前先漱口，再啜吸少许慢慢下咽，让舌上的味蕾充分接触茶汤，仔细感受茶中的各种滋味，直至出现满口甘津，齿颊生香，才算尝到茶的真味，而且切忌品茶时杂以其他有香味的水果和点心，因为它们会干扰茶的真香味。

同时代的屠隆（1543—1605）在其所著《考槃馀事》卷3《茶笺》中还提出了品茶要辨得其味，识得其趣方为高雅之说："茶之为饮，最宜精行俭德之人，兼以白石清泉，烹煮得法，不时废而或兴，能熟习而深味，神融心醉，觉与醍醐甘露抗衡，斯善鉴者矣。使佳茗而饮非其人，犹汲泉以灌蒿莱，罪莫大焉。有其人而未识其趣，一吸而尽，不暇辨味，俗莫大焉。"由此可见，讲究"幽趣"是明清文人在品茗活动中的艺术追求。随着文人雅士对品茶艺术的精益求精，极具中国文化特色的"功夫茶艺""文士茶艺"日渐成为雅俗共赏的茶道形式，伴随着茶行业的起伏涨落传承至今。

明清时期散茶的推行，为多茶类的兴起提供了可能，而多茶类的发展为茶业注入了新的活力，使我国传统茶业的发展进入一个崭新的高峰阶段。如此多样化的茶类生产布局不仅丰富了中国人的饮茶生活，促进了中国茶业的国内大发展，而且可以很好满足不同国家、不同民族的不同需求，从而保障了中国茶叶对外贸易的持续繁荣，更为茶道走向世界搭起了一条宽广的通途。

二、地域文化差异与茶饮用方式多样化

1. 国内茶俗概览

茶道在发展与传播过程中与不同地域、不同民族的生活习惯、礼仪文化相融合，形成了丰富多彩的饮茶风俗。以烹茶方法而论，有煮茶、煎茶和泡茶之分。依饮茶方法而分，有喝茶、品茶和吃茶之别。依用茶目的而言，有生理需要、传情联谊和精神追求多种，如有重清饮雅赏，追求香真味实的；有重名茶名点，追求相得益彰的；有重茶食相融，追求以茶佐食的；有重茶叶药理，追求强身保健的；有重饮茶情趣，追求精神享受的；有重饮茶哲理，追求借茶喻世的；有重大碗急饮，追求解渴生津的；有重以茶会友，追求示礼联谊的等。

从汉族聚居的不同地域来看，福建地区爱用紫砂壶配小杯，以功夫冲泡法啜饮乌龙茶；江浙一带爱用玻璃杯冲龙井茶；四川地区流行长嘴铜壶泡盖碗茶；

东北地区喜爱青花瓷壶泡花茶。而论及融入少数民族习俗的特色茶，白族有"一苦二甜三回味"的"三道茶"，藏族有香甜可口的"酥油茶"（图2-6），蒙古族有奶香四溢的"咸奶茶"，还有傣族的"竹筒茶"（图2-5）、苗族的"油茶"、土家族的"擂茶"（图2-7）、纳西族的"龙虎斗茶"、回族的"刮碗子

图2-5　傣族竹筒茶

图2-6　藏族酥油茶

图2-7　擂茶茶艺

茶"、基诺族的"凉拌茶"、傈僳族的"油盐茶"等。归结起来，无外乎清饮或调饮，或烤或煮，或甜或咸，口感喜好不同，唯遵一个"茶道"天下大同。

2. 世界茶俗一瞥

从世界范围来看，纯茶叶的清饮方式除中国、日本、韩国等少数亚洲国家能广泛接受外，大部分国家的人们都是采用调饮的饮茶方法，以不同茶叶打底，佐以各种配料，各取所需，各有所爱。

中国以外的其他亚洲国家，虽然茶传入的时间有先有后，但茶俗已成为他们生活中的一部分。以肉食为主的蒙古人最爱喝砖茶，沏茶时敲一小块放入锅内加水煮开，加一些盐和牛奶或羊奶、奶油，就成了奶茶。在气候炎热的泰国，喜欢在热茶中放入一些冰块，饮用这种冰茶使人倍感清凉舒适。12 月 17日是不丹国庆节，传统庆祝活动中有一项是国王请客吃饭，国王要亲自执壶给大家斟茶。陪同国王一起斟茶的还有国王的亲眷和高级官员，能喝到国王倒的掺有奶油加盐的茶，被认为是一种最高级的礼节。阿富汗人喜欢喝的是奶茶、砖茶等。

在伊拉克和土耳其的库尔德人每天有喝红茶的习惯。喝茶时，他们总是把茶熬得浓浓的，然后倒入只能容纳 15 ml 左右的小杯子里，再加入砂糖。沙特阿拉伯人早餐一片面包，一杯清茶。午餐、晚餐不喝饮料，但饭后要喝茶或咖啡。斯里兰卡僧伽罗人也爱喝红茶，1 日 3 次，喝时要加糖块，有的还加入牛奶。

印度人喜欢喝一种用红茶加入姜或小豆蔻的"萨马拉茶"，之所以要"拉"茶，是因为他们相信有助于完美地混合炼乳于茶中，从而带出奶茶浓郁的茶香。印度拉茶有一种很独特的浓醇香味，非常吸引人。

吃肉骨茶是东南亚国家的茶俗之一。肉骨茶，顾名思义，就是一边吃肉骨，一边喝茶，这种饮茶方式多盛行于新加坡和马来西亚。肉骨多选用新鲜带瘦肉的排骨，也有用猪蹄、牛肉或鸡肉的。烧制时，肉骨先用作料进行烹调，文火炖熟。有的还会放上党参、枸杞、熟地等滋补名贵药材，使肉骨变得更加清香味美，而且能补气生血，富有营养，而茶叶则大多选福建产的乌龙茶。如今，肉骨茶已成为一种大众化的食品，肉骨茶的配料也应运而生。在新加坡、马来西亚等地的一些超市里，都可以买到适合自己口味的肉骨茶配料，而有些城市也有了经营肉骨茶的特色茶馆。

除日本、韩国以外，最爱喝茶和最讲究喝茶的外国人，应该是欧洲的英国人了，80%的英国人每天饮茶，茶叶消费量约占各种饮料总消费量的一半。英国人喝茶不仅是癖好，也十分有规律。早上一醒来，空腹就要喝"床茶"，上午 11 点再喝一次"晨茶"，午饭后又喝一次"午茶"，晚饭后还要喝一次"晚茶", 一天至少4次, 其中以"下午茶"最受重视。在英国的饮食场所、公共娱乐场所等, 都有供应午后茶的。在英国的火车上, 还备有茶篮, 内放茶、面包、饼干、红糖、牛奶、柠檬等, 供旅客饮午后茶用。英国人喝茶主要选择红碎茶, 家庭饮用时, 由于茶叶很细碎, 通常茶壶里还有个过滤杯, 用开水冲下去, 茶汤就过滤而出, 而比较简易的方法是将茶叶密封在滤纸袋中, 饮用时将茶袋放在热水杯里浸泡, 一小袋茶只泡一杯水, 喝完就丢弃。

美国人的茶饮消耗量也不低, 在国内仅次于咖啡, 但美国人喝茶讲究快速和省事, 因此他们饮用的茶产品中, 袋泡茶约占55%, 速溶茶、混合茶粉、各种散茶、罐装茶水也不少, 而无论是饮用沸水冲泡的茶, 还是速溶茶的冷水溶解液、罐装茶水, 都习惯于在茶汤中加冰块或饮用前先放入冰柜中冷却为冰茶。饮用冰茶省时方便, 冰茶又是一种低热量的饮料, 不含酒精, 咖啡因含量又比咖啡少, 有益于身体健康。消费者还可结合自己的口味, 添加糖、柠檬或其他果汁等, 茶味混合果香, 风味甚佳。因此, 冰茶在美国成为非常受欢迎的饮料, 并成为阻止汽水、果汁等冷饮冲击茶叶市场的武器。至于美国人对茶类的选择, 18世纪以饮中国武夷岩茶为主, 19世纪以饮中国绿茶为主, 20世纪的大半时间则以饮红茶为主, 但自1980年代以来, 绿茶的消费又开始回升。

绿茶是中国最古老、产量最高的茶类, 非洲国家如摩洛哥、毛里塔尼亚、塞内加尔、马里、几内亚、尼日利亚、赞比亚、尼日尔、利比亚、利比里亚、多哥等均以饮用绿茶为主, 北非的摩洛哥人尤其爱喝中国绿茶, 但这些国家的饮茶方式富含阿拉伯情调, 以"面广、次频、汁浓、掺加作料"为特点, 泡茶时投茶量至少比中国人的多出1倍, 一天中的饮茶次数至少在三次以上, 而且一次多杯。浓茶中的作料多数人习惯加入少量的糖或冰块, 并以薄荷叶或薄荷汁佐味, 称为"薄荷茶", 少数人则习惯于在冲泡绿茶时加糖后直接饮用。由于北非人多信奉伊斯兰教, 不许饮酒, 却可饮茶, 因此, 饮茶成了待客佳品。客人来访时, 主人倒上见面"三杯茶", 客人则应当面一饮而尽, 否则是很失礼的。

纵观古今, 无论对内还是对外, 中国茶道在传播过程中不可避免发生衍变, 无论是碰撞还是交融, 最终在边疆, 在东南亚以至欧洲、美洲、非洲、大洋洲等世界各地生根开花, 各地区和国家围绕着饮茶的共同主题逐渐衍生出各具特色的茶艺、茶道、茶礼、茶俗, 共同构建了异彩纷呈的世界茶文化大观。

三、哲学理念差异与多元的茶审美情趣

1. 茶与禅的结合

佛家常说"禅茶一味"，茶与禅既然相通，两者相结合而形成的"禅茶文化"就会更加彰显佛性与茶性，进而浓缩出中国茶道的精髓和灵魂（图2-8）。禅的精神在于悟，茶的精神在于雅，悟的反面是迷，雅的反面是俗。禅茶文化作为一种特殊的心性修养形式，其目的就在于通过强化当下之觉照，实现从迷到悟、从俗到雅的转化。一念迷失，禅是禅，茶是茶；清者清，浊者浊；雅是雅，俗是俗。一念觉悟，茶即禅，禅即茶；清化浊，浊变清；雅化俗，俗化雅。

图2-8　禅茶一味

"禅茶文化"综合了儒家的正气、道家的清气、佛家的和气以及茶文化本身的雅气，简而言之，其孕育出的茶审美情趣与文化情怀可概括为"感恩、包容、分享、结缘"。

感恩——感恩上天的恩赐、茶树的无私、茶农的艰辛、父母的养育、亲友的关爱、泡茶者的劳动，因为有了这一切，才有甘美的茶味，才有此刻融和的氛围。用感恩的心态喝这杯茶，这杯茶就充满了人文精神，充满了天地万物和谐相处、相互成就、共融共济、同体不二的精神。逐渐养成朝朝暮暮以感恩之心面对身边的一切人、事、物，感恩使人内心平和，让世界无比美好。

包容——茶味或浓或淡，茶杯或旧或新，生活总是有或这或那的缺憾，我们要学会宽恕接受不完美的人与物，我们才能真正地享受人生。有了包容心，

人间的恩恩怨怨就会像片片茶叶一样，把芳香甘美融化到洁净的淡水中，变成有益于优化彼此身心气质的醍醐甘露，人间的正气和气就会在把盏相敬中得到落实。

分享——人生因为有无限的执着、自私、嫉妒……这种自利的心，带来终身的烦恼与痛苦。禅的智慧告诉我们舍弃"自我"，学会分享，无限的心胸才能容无限的大海，无限的大海才有无限的天空，那些琐碎的计较与怨恨便会烟消云散。用分享的心态来喝这杯茶，培养我们推己及人的仁爱胸怀，每个人都把爱奉献给他人，少一点私欲，多一分公心；少一点冷漠，多一份爱。

结缘——人广结善缘，路就会广阔，心量才会宽宏。没有亲人、没有师长、没有朋友，是最孤独的人生，善缘就是人生最大的财富。用结缘的心态来喝这杯茶，以茶汤的至味，同所有人结茶缘，结善缘，结法缘，结佛缘，让法的智慧，佛的慈悲，茶的香洁，善的和谐，净化人生，祥和社会。

2. 茶与道的结合

道家的学说为茶道注入了"天人合一"的哲学思想，同时还提供了崇尚自然、崇尚朴素、崇尚"真"的美学理念和重生、贵生、养生的思想。（图2-9）

图 2-9　茶与养生

长思仁·茶

一枪茶，二枪茶，休献机心名利家，无眠未作差。

无为茶，自然茶，天赐休心与道家，无眠功行加。

　　茶助修炼和羽化成仙是道家早在魏晋时期就深信不疑的论断，这首由全真道祖师马钰（1123—1183）所作的诗歌以对比的手法透彻阐释了道家饮茶与世俗热心于名利的人品茶的不同，贪图功利名禄的人饮茶会失眠，是因为他们纠缠于名利，无法达到脱俗的境界。而茶是天赐给道家的琼浆仙露，让饮者精神百倍，更好地体道悟道，增添功力和道行。道家的这种观念对中国茶文化的形成有着直接和深远的影响，所以直到今天，清心淡泊、以茶养生的观念依然深入人心。

　　然而，人生在世十有八九不称意，红尘俗事多烦忧，哪有几人能淡然处之？正因为道家"天人合一"的哲学思想融入了茶文化，在中国茶人心里总是充满着对大自然的无比热爱，总有着回归自然、亲近自然的强烈渴望，所以历朝历代总有诸多文人在不得意的现实生活中，通过寄情品茶去追求"天人合一"的理想境界，从而超越现实的困境豁然开朗，所谓"情来爽朗满天地"的激情以及"更觉鹤心杳冥"那种与大自然达到"物我玄会"的绝妙感受也只有中国的茶人最能心领神会。

　　道家先哲还告诉我们，要使自己的心性得到完全解放，心境达到清静、恬淡、寂寞、无为，就要使生命返复到始初的质朴状态，即返璞归真。结合"返璞归真"的理念，品茶更是"道法自然"之事。因为"茶是南方之嘉木"，是大自然恩赐的"珍木灵芽"，不仅在种茶、采茶、制茶时要顺应大自然的规律，在茶事活动中，一切也要以自然、朴实为美，动则行云流水，静如山岳磐石，笑则如春花自开，言则如山泉吟诉，一举手，一投足，一颦一笑都应发自自然，任由心性，毫不造作。只有这样，心灵才会随茶香弥漫升华到"无我"的境界，仿佛自我与宇宙融合为一。"无我"的概念并非是从肉体上消灭自我，而是从精神上泯灭物我的对立，达到契合自然、心纳万物。"无我"是品茶者对心境的最高追求。近20年来，海峡两岸茶人频频联合举办"无我"茶会，日本、韩国茶人也积极参与，这正是中外茶人对"无我"境界无限向往的当代写照。

　　当代茶道的发展是植根于中国传统茶文化的，中国传统茶文化融合了儒、道、佛三家思想精华，并在长期的茶事实践中形成了自身独有的特色。中国茶文化博大精深，开放包容，求同存异，均衡发展。就儒、道、佛在其发展过程中发挥的作用而言，道家的贡献最大。因中国茶文化主于道，道法自然，故中国茶道重自然、虚静、率真，如当代的中华茶艺注重茶的冲泡技艺和品饮艺术，功夫在茶内而品味在茶外。

复习思考题

1. 请谈一谈中国茶道的形成过程。
2. 陆羽《茶经》对中国茶道形成的意义有哪些？
3. 试比较中国茶道与日本茶道的异同点。
4. 明代瀹饮法的出现对茶道发展具有什么意义？
5. 试论佛教、道教对茶道精神的影响。

主要参考文献

[1] 杨亚军主编. 中国茶树栽培学 [M]. 上海：上海科学技术出版社，2005.

[2] 孙洪升. 唐宋茶业经济 [M]. 北京：社会科学文献出版社，2001.

[3] 丁以寿. 中韩茶文化交流与比较 [J]. 农业考古，2002（4）：317-323.

[4] (清) 严可均辑. 全晋文（中册），88 [M]. 北京：商务印书馆，1999.

[5] (唐) 欧阳询撰，汪绍楹校. 艺文类聚（下册），82 [M]. 第 2 版. 上海：上海古籍出版社，1999.

[6] (宋) 欧阳修，宋祁撰. 新唐书·陆羽 [M]. 北京：中华书局，1975.

[7] 杨讷，李晓明编. 文渊阁四库全书补遗——集部·宋元卷（第 2 册）·演山集 [M]. 北京：北京图书馆出版社，2006.

[8] [法] 谢和耐著，耿升译：中国社会史 [M]. 南京：江苏人民出版社，1995.

[9] 董健丽. 清宫茶具及茶礼 [J]. 文物世界，2004（2）：52.

[10] 孔宪乐主编. 茶与文化 [M]. 沈阳：春风文艺出版社，1990.

[11] 仲伟民. 茶叶改变世界——介绍《绿色黄金：茶叶帝国》[J]. 中国茶叶，2010（2）：34.

[12] 兰殿君. "野无遗贤" 与 "曳白" 登第 [J]. 文史杂志，1997（6）：63.

[13] 张清宏. 径山茶宴 [J]. 中国茶叶，2002，24（5）：15.

第三章　茶道之技

知识提要

泡好一壶茶和品饮好一杯茶是茶道之根本，而要泡好一壶茶，不仅要懂茶性，更要善配器、会择水、巧冲泡，方能成就一杯色、香、味俱佳之茶汤。一杯好的茶汤，还要懂得如何去欣赏和鉴别它。常年的茶道修习中，不断精进择茶、选水、配器、冲泡、品饮之技艺，方能领略到茶道之真谛。本章《茶道之技》，我们将从识佳茗、备妙器、择好水、巧冲泡、善品饮几方面进行阐述，此为修习茶道之基本功，日日不断练习与提高，茶道之花终将自然绽放。

学习目标

1. 深刻体会茶道技艺的重要性。
2. 了解名茶知识。
3. 掌握茶具的选择及搭配。
4. 掌握泡茶用水的讲究。
5. 熟知茶叶的冲泡方法。

当今，茶作为高雅、文明的象征已得到广泛认同，茶已成为社交活动中的重要媒介，不论是宾客光临，还是商务会谈，甚至越来越多的朋友聚会、贵宾答谢、节假活动，茶话会的形式越来越受欢迎。在各种社交、商务活动中，规范的操作、娴熟的技巧不仅能体现个人良好的素养，也能树立企业形象，借一杯色香味美的茶表达对宾客的友好与敬重之意，往往也能因此获得他人的尊重与信任，从而构建良好的人际关系，也是成功的商贸往来的良好润滑剂。

　　茶叶冲泡是充分体现茶的色、香、味、形的过程，一般而言，茶叶冲泡有10个基本步骤：备茶、择具、候汤、洁具、置茶、洗茶、冲茶、斟茶、奉茶、品茶。今天茶叶冲泡的方式方法虽然与陆羽《茶经》中所描述的烹煮程序有了很大区别，但"精"的标准依然不变，一杯好茶，从茶园管理、茶叶加工、茶叶保管储运到最后的冲泡，每个环节都需精益求精。就冲泡而言，从备茶、择器、选水到品饮步步皆有学问。

　　不同茶类品质有别，特色各异，绿茶清鲜、红茶甜润、乌龙芬芳、黄茶高贵、白茶优雅、黑茶厚重，为了充分展示其美，从茶叶选择、器具配备、环境布置、品饮引导等都有不同的讲究与要求。

第一节　识佳茗

爱课程网—视频公开课—中国茶道—识佳茗

　　中国是茶树原产地，从发现野生茶树到利用茶叶，其间有着复杂的演变过程，并逐渐造就了中国茶类丰富、产茶面积广的历史与现状。中国茶按加工工艺分为绿茶、黄茶、黑茶、红茶、青茶、白茶六大茶类，而在此基础上再加工形成花茶、紧压茶等再加工茶。不同茶类的外形及内质各有特色，六大基本茶类中以绿茶的加工历史最为久远，魏晋时期已有记载，中唐以后开始兴盛，至今仍然是我国产量最大的茶类。黑茶、乌龙茶、红茶、白茶等茶类在明代中期以后才陆续有了生产和记载。

　　学习茶道，鉴别茶叶是入门的基础知识，不仅要懂得识别茶叶真假、新旧，更要学会品鉴驰名中外的各类名茶。

一、识别真茶与假茶

　　首先要分清茶叶真假，真茶与假茶既有形态特征上的区别，又有生化特性上的差异，可从以下四方面进行鉴别。

1. 感官审评辨识

　　新鲜幼嫩茶叶呈嫩绿色，成熟茶叶呈深绿色，叶缘有 16~32 对锯齿，叶端呈凹形，其嫩梗呈扁圆形，叶背有白茸毛。一般可通过感官审评的方法进行鉴定。鉴别时，通常先用双手捧起一把干茶，闻茶叶的气味。凡具有茶叶固有的清香者，为真茶；凡带有青腥气或其他异味者，为假茶。抓一把成品茶叶放在白色的瓷盘上，摊开茶叶，细心观察，若绿茶深绿，红茶乌黑，乌龙茶乌绿，为真茶本色。若颜色杂乱而不相协调，或与茶叶本色不相一致，即有假茶之嫌。

2. 火烧鉴别

取茶叶数片，用火点燃灼烧，真茶叶有馥郁芳香，用手指捏碎灰烬细闻，也可闻到茶香；假茶叶只有异味，无茶香味。也可同时用正品茶叶和待辨茶叶火灼比较。

3. 冲泡鉴别

抓取待辨茶叶和真茶叶各一小撮，分别用开水冲泡两次，开汤细看，每次泡10分钟。待叶子充分泡开后，分放在两个白瓷清水盘中，仔细观看叶形、叶脉、锯齿等特征。真茶叶具有明显的网状叶脉，主脉直接射顶端，侧脉伸展至叶缘2/3的部位便向上方弯曲，呈弧形与上方支脉相联合，形成闭合的网状脉系统。叶背面有白茸毛，叶的边缘锯齿显著，基部锯齿稀疏。假茶叶的叶脉不明显，一般侧脉直射边缘，有的正反两面都有白茸毛，叶边缘锯齿明显，或锯齿粗大。

4. 化学方法鉴别

如果通过感官审评与冲泡方法还难以辨别，还可以通过化学方法来鉴别，茶叶含有2%～5%咖啡碱和10%～20%的茶多酚，迄今为止，在植物叶片中只发现茶叶同时含有这两种成分，并富有如此高的含量，因此检测这两种成分的含量可以作为判断真假茶叶的标准。

 爱课程网—视频公开课—中国茶道—识佳茗（15′55″—19′00″）

二、识别新茶与陈茶

识别了真茶，还要选出好茶，正所谓"饮茶要新，喝酒要陈"。在一般情况下，新茶确实要比陈茶好，但并不是所有新茶都顶好，也不是所有陈茶都劣质，例如云南普洱茶、湖南黑茶、广西六堡茶、湖北老青砖等黑茶类产品都是"越陈越香"。一般而言，可通过对茶叶色泽、香气、滋味等的感官审评来识别新茶与陈茶。

1. 色泽

绿茶色泽青翠碧绿，汤色黄绿明亮；红茶色泽乌润，汤色红橙泛亮，是新茶的标志。茶在储藏过程中，由于构成茶叶色泽的一些物质，会在光、气、水、热的作用下，发生缓慢分解或氧化，如绿茶中的叶绿素分解、氧化，会使绿茶色泽变得枯灰无光，而茶褐素的增加，则会使绿茶汤色变得黄褐不清，失去了原有的新鲜色泽；红茶储存时间长，茶叶中的茶多酚产生氧化缩合，会使色泽变得灰暗，而茶褐素的增多，也会使汤色变得混浊不清，同样会失去新红茶的鲜活感。

2. 香气

至今为止，已鉴定的茶叶香气物质达 700 多种，主要是醇类、酯类、醛类等物质。新茶清香浓郁，而陈茶由于构成香气的醇类、醛类、脂类物质发生氧化等反应，使茶叶的香气由清香变得低浊，若保存不当还易带有霉味或其他气味。黑茶在适宜储存条件下则慢慢呈现出宜人的陈香。

3. 滋味

因为在储藏过程中，茶叶中的酚类化合物、氨基酸、维生素等构成滋味的物质，有的分解挥发，有的缩合成不溶于水的物质，从而使可溶于茶汤中的有效滋味物质减少。因此，不管何种茶类，大凡新茶的滋味都醇厚鲜爽，而陈茶却显得淡而不爽。

此外，新茶含水量一般在 4%~5% 之间，手感干燥，若用大拇指和食指轻轻一捏就会变成粉末，茶梗也容易断。陈茶由于存放的时间长，含水量比较高，手感松软、潮湿，一般不易捻碎。

三、名茶鉴赏

1. 西湖龙井

产地：杭州市西湖区。产于浙江杭州西湖的狮峰、龙井、梅家坞、五云山、虎跑一带，历史上曾分为"狮、龙、云、虎、梅"五个品类，其中多认为以产于狮峰的品质为最佳。目前，西湖龙井根据原产地域保护的要求，划分为西湖产区、钱塘产区和越州产区。

西湖产区：范围为现杭州市西湖区所辖行政区域。

钱塘产区：范围是萧山、余杭、富阳、临安、桐庐、建德、淳安等县（市、区）所辖行政区域。

越州产区：是现绍兴、诸暨、嵊州、新昌所辖县（市、区）行政区域以及上虞、东阳、磐安、天台等县市的部分乡镇区域内。

用产自西湖产区的茶鲜叶生产的龙井茶称为"西湖龙井茶",其他产区的茶叶不得使用西湖龙井茶名称。非龙井茶原产地域生产的茶叶不得称为龙井茶。

品质特点:龙井茶属名优绿茶,外形扁平光滑,呈"糙米"色,形似"碗钉",汤色碧绿明亮,香馥如兰,滋味甘醇鲜爽,向有"色绿、香郁、味甘、形美"四绝之誉。

鉴别方法:茶叶为扁形,叶细嫩,条形整齐,宽度一致,为绿黄色,手感光滑,一芽一叶或二叶;芽长于叶,一般长 3 cm 以下,冲泡后,呈现芽蒂朝上,芽芯朝下的"倒栽葱"景象,芽叶均匀成朵,不带夹蒂、碎片,小巧玲珑。龙井茶味道清香,假冒龙井茶则多是青草味,夹蒂较多,手感粗糙。

 拓展阅读:十八棵御茶树的传说

相传,乾隆皇帝下江南时,来到杭州龙井狮峰山下,看乡女采茶,以示体察民情。这天,乾隆看见数名少女正在十多棵绿茵茵的茶蓬前采茶,心中一乐,也学着采了起来。刚采了一把,忽然太监来报:"太后有病,请皇上急速回京。"乾隆一听太后有病,随手将一把茶叶向袋内一放,日夜兼程赶回京城。其实太后只因山珍海味吃多了,一时肝火上升,双眼红肿,胃里不适,并没有大病。此时见皇儿来到,只觉一股清香传来,便问带来什么好东西?皇帝也觉得奇怪,哪来的清香呢?他随手一摸,原来是杭州狮峰山的一把茶叶,虽然已经干了,但清香四溢。太后想尝尝茶叶的味道,宫女将泡好的茶送到太后面前,果然清香扑鼻,太后喝后,双眼顿时舒适多了,不一会儿,红肿消了,胃不胀了。太后高兴地说:"杭州龙井的茶叶,真是灵丹妙药。"乾隆皇帝见太后这么高兴,立即传令下去,将杭州龙井狮峰山下胡公庙前那十八棵茶树封为御茶,每年采摘新茶,专门进贡太后。至今,杭州龙井村胡公庙前还保存着这十八棵御茶,不少游客慕名专访,在御茶园拍照留念。

2. 洞庭碧螺春

产地:产于江苏吴县太湖之滨的洞庭东山和西山。

品质特点:碧螺春属名优绿茶,产茶区茶树和桃、李、杏、梅、柿、橘、银杏、石榴等果木交错种植,令碧螺春茶独具天然花香果味,品质优异。碧螺春采用春季细嫩芽叶炒制而成。其成品卷曲如螺,茸毫满披,银绿隐翠,清香浓郁，滋味甘醇鲜爽，回味绵长，有"形美、色艳、香高、味醇"的特点。

鉴别方法：洞庭碧螺春茶的内质特征通常形容为"一嫩三鲜"。"一嫩"是指芽叶特别细嫩，每 500 克碧螺春茶约由 5 万~6 万个嫩芽组成，芽大叶小，芽叶尚未展开。"三鲜"是指色鲜艳、香鲜浓、味鲜醇。冲泡后的碧螺春茶汤色绿明亮，花果香扑鼻而来，而假冒的碧螺春茶叶底常为一芽二叶，芽叶长度不齐，呈黄色。

 拓展阅读：康熙皇帝赐名"碧螺春"

清康熙三十八年（1699），康熙皇帝南巡到苏州，在地方官的陪同下乘船到东山视察，江苏巡抚宋荦用东山所产茶叶敬献皇上。康熙皇帝接过茶杯，一股清香扑鼻而来，只见满披银色茸毛的细芽慢慢沉入杯中，渐渐舒展，呷了一口，觉得清香中带甜味，提神生津，连声说："好茶！好茶！"接着问道："此茶产自哪里？叫什么名字？"宋荦连忙回答说："此茶最初产自洞庭东山碧螺峰下，名叫'吓煞人香'。"

康熙皇帝博古通今，见多识广，可从没听说过这么古怪的茶名，便追问道："吓煞人香！这是什么意思？"宋荦解释说："这是吴地方言，意思是说此茶香味很浓，香得吓死人。"康熙皇帝一听连连摇头，说："此名粗俗不雅。"于是，要随行官员起个好听的茶名。官员们叽哩咕噜，凑了一大堆，康熙皇帝一个都不满意。此时，宋荦接过话题："还是请皇上赐名吧！"康熙皇帝想了一会，说道："朕起名为'碧螺春'。"并解释说："此茶最早产于碧螺峰下，地名是不可少的；古人常有用'春'命名好茶的习惯，因此题名'碧螺春'。"众人听了，连声拍手称好。从此，"碧螺春"作为茶名叫响了开来，一直叫到现在。

3. 古丈毛尖

产地：产于湖南省武陵山区古丈县，因地得名。唐代入贡，清代又列为贡品。

品质特点：古丈毛尖属绿茶类，茶条索紧细、锋苗挺秀，色泽翠润，白毫满披；清香馥郁，滋味醇爽，回味生津；汤色黄绿明亮，叶底绿嫩匀整。

鉴别方法：古丈境内武陵山脉横亘，山高谷深，森林密布，云雾缭绕，雨量充沛，气候温和，土壤肥沃，且含磷丰富，即使盛夏，也时而晴空万里，时而云遮雾漫。由于云雾多、日照少，温射光多，茶叶内含营养物质丰富，持嫩性强，叶质柔嫩，茸毛多，成品滋味浓，耐冲泡。冒牌古丈毛尖通常滋味淡，不耐冲泡。

4. 石门银峰

产地：产于湖南省石门县。

品质特点：石门银峰属名优绿茶，外形紧圆挺直，银毫满披，色泽翠绿纯润，内质嫩香高长，汤色嫩绿明亮，滋味鲜爽醇厚，叶底嫩绿匀整，耐冲泡。

鉴别方法：正品石门银峰有"头泡清香，二泡味浓，三泡四泡，幽香犹存"的鲜明特点。假的往往色泽发暗，大小不匀，味淡或滋味苦涩，不耐冲泡。

5. 湘西黄金茶

产地：产于湖南湘西，是湘西保靖县古老、珍稀的地方茶树品种资源。据保靖县志记载，清朝嘉庆年间，某道台巡视保靖六都，路经两岔河，品尝该地茶叶后，颇为赞赏，曾赏黄金一两，列为贡品。后人将该茶取名为"黄金茶"，该地亦改名为黄金寨，现在该地仍有两百多年的大茶树。

品质特点：湘西黄金茶为绿茶，条索微曲，色泽翠绿，具有"高氨基酸、高茶多酚、高水浸出物"和"香、绿、爽、浓"的品质特点，有"一两黄金一两茶"的美誉。

鉴别方法：正品湘西黄金茶，以氨基酸含量高为显著特点，滋味鲜爽，假冒产品滋味平淡或苦涩。

6. 黄山毛峰

产地：产于安徽省黄山风景区内的桃花峰、紫云峰一带，现已扩展到黄山附近。

品质特点：属烘青绿茶，形似雀舌，肥壮匀齐，白毫显露，色似象牙，带有金黄色鱼叶（俗称黄金片）。冲泡后，清香高长，汤色清澈，滋味鲜浓、醇厚、甘甜，叶底嫩黄，肥壮成朵。其中"鱼叶金黄"和"色似象牙"是特级黄山毛峰外形与其他毛峰不同的两大明显特征。

鉴别方法：特级黄山毛峰以"清明"前后一芽一叶初展的鲜叶为原料，茶农称之为"麻雀嘴稍开"。采来的鲜叶，拣剔后稍微摊放，即行制作。经过精采细制的毛峰，形似雀嘴，峰毫显露，色如象牙，片片金黄，香味清雅，汤色清澈，滋味鲜醇，叶底黄嫩。一至三级毛峰，继特级毛峰后采制，品质特点是长条形，有峰毫，色黄绿油润，有少量金黄片，清香高爽，汤色清绿微黄，滋味鲜醇，叶底嫩绿明亮。假茶一般不带鱼叶，呈土黄色，味苦，叶底不成朵。

拓展阅读：黄山毛峰的传说

　　明朝天启年间，江南黟县新任县官熊开元带书童来黄山春游，迷了路，遇到一位腰挎竹篓的老和尚，便借宿于寺院中。长老泡茶敬客时，知县细看这茶叶，色微黄，形似雀舌，身披白毫，开水冲泡下去，只见热气绕碗边转了一圈，转到碗中心就直线升腾，约有一尺高，然后在空中转一圆圈，化成一朵白莲花。那白莲花又慢慢上升化成一团云雾，最后散成一缕缕热气飘荡开来，清香满室。知县问后方知此茶名叫黄山毛峰，临别时长老赠送此茶一包和黄山泉水一葫芦，并嘱一定要用此泉水冲泡才能出现白莲奇景。熊知县回县衙后正遇同窗旧友太平知县来访，便将冲泡黄山毛峰表演了一番。太平知县甚是惊喜，后来到京城禀奏皇上，想献仙茶邀功请赏。皇帝传令进宫表演，然而不见白莲奇景出现，皇上大怒，太平知县只得据实说道乃黟县知县熊开元所献。皇帝立即传令熊开元进宫受审，熊开元进宫后方知未用黄山泉水冲泡之故，讲明缘由后请求回黄山取水。熊知县来到黄山拜见长老，长老将山泉交付予他。在皇帝面前再次冲泡玉杯中的黄山毛峰，果然出现了白莲奇观，皇帝看得眉开眼笑，便对熊知县说道："朕念你献茶有功，升你为江南巡抚，三日后就上任去吧。"熊知县心中感慨万千，暗忖道："黄山名茶尚且品质清高，何况为人呢？"于是脱下官服玉带，来到黄山云谷寺出家做了和尚，法名正志。如今，在苍松入云，修竹夹道的云谷寺下的路旁，有一檗庵大师墓塔遗址，相传就是正志和尚的坟墓。

7. 信阳毛尖

　　产地：产于河南信阳、罗山一带。信阳产茶有两千多年的历史，茶园主要分布在车云山、集云山、天云山、云雾山、震雷山、黑龙潭等群山的峡谷中。地势高峻，海拔 800 米以上，群峦叠翠，溪流纵横，云雾多。

　　品质特点：属绿茶，因条索紧细，圆、光、直，茸毛显露，又产于河南信阳，故取名为"信阳毛尖"，亦称"豫毛峰"。冲泡后，汤色清澈、香味持久，回味悠长，历史上曾被作为贡品献入宫中，有淮南第一茶之称。由于品质优异，多年来一直远销国外。

　　鉴别方法：正品信阳毛尖内质香气新鲜，叶底嫩绿匀整，一般一芽一叶或一芽二叶，外形细秀均直，茶色纯正，白毫遍布，大小均匀，入口后浓醇爽口，回味无穷。而很多假货外表看起来叶片平直，颜色深绿，有些还发黑，大小不匀。有的假茶呈卷曲形，叶片发黄，滋味苦涩、异味重或淡薄。

8. 都匀毛尖

产地：贵州省都匀县。

品质特点：属绿茶，具"三绿透三黄"的品质特征，即干茶色泽绿中带黄，汤色绿中透黄，叶底绿中显黄。外形条索紧结纤细卷曲、披毫，色翠绿，香清高，味鲜浓，叶底嫩绿匀整明亮。又名"都匀细毛尖""白毛尖""鱼钩茶""雀舌茶"。都匀毛尖茶生产历史悠久，迄今已五百多年。早在明代，已列为"贡品"进献朝廷，素有"北有仁怀茅台酒，南有都匀毛尖茶"之美誉。含多酚类化合物高于一般茶叶百分之十左右，氨基酸含量也较高。

鉴别方法：正品都匀毛尖茶的外形为螺形一样曲卷，色泽润绿，满披白色茸毛，汤色绿亮，茶香清爽，滋味醇厚，甘甜回味。假冒产品一般白毫少，色泽暗绿，滋味淡薄。

9. 祁门红茶

产地：产自安徽省祁门县，以祁门的历口、闪里、平里一带最优。

品质特点：祁门红茶为功夫红茶的代表，简称"祁红"。祁门红茶在我国大江南北和海外都享有较高的声誉。其成品条索紧秀，锋苗好，色泽乌黑泛灰光，俗称"宝光"；内质香气浓郁高长，似蜜糖香，又蕴藏有兰花香，汤色红艳，滋味醇厚，回味隽永，叶底微软红亮。海外人士饮用时多会添加牛奶、糖或是蜂蜜，甚至果酱。祁红在口味上比较"百搭"，无论怎么搭配都显得味道醇香，令人回味。古往今来，祁红以独特的茶味和茶性一直是海内外畅销的茶品，是世界三大高香红茶之一，有着"祁红特绝群芳最，清誉高香不二门"的美誉。

鉴别方法：正品祁门红茶条索紧细、匀齐；汤色红艳，有"金圈"；滋味醇厚，叶底明亮。假的条索粗松、匀齐度差，滋味苦涩或粗淡，叶底花青或深暗多乌条。

 拓展阅读：世界三大高香红茶

中国的祁门红茶、印度大吉岭红茶和斯里兰卡的"乌伐"红茶并称为世界三大高香红茶。祁门红茶的香气似花、似果、似蜜，香中有味，味中有香，香中带甜，优雅迷人，有别于全世界其他地方所有的红茶，别具一格，独树一帜，被命名为"祁门香"，享誉海内外，被誉为"王子茶""群芳最"；大吉岭红茶会散发出极精致细腻且不同层次的花香、果香、草香，变化多端，耐人寻味，跟其他茶区的红茶相比，大吉岭红茶清新优雅，拥有一种特殊而迷人的雍容高贵之气，被誉为"红茶中的香槟"；位于斯里兰卡正中央山脉的东侧地区出产的"乌伐"红茶透出如薄荷、铃兰的芳香，汤色橙红明亮，上品的汤面有金黄色的光圈，犹如加冕一般，其风味具刺激性，个性独特，被称为"献给世界的礼物"。

10. 铁观音

产地：主产于福建安溪。

品质特点：青茶类，闽南乌龙茶的代表，外形条索圆结，多成螺旋形，似"蜻蜓头，青蛙腿"，身骨重实，色泽砂润，青腹绿蒂，俗称"香蕉色"。香气清高馥郁，滋味醇厚甜鲜，入口微苦，立即转甘，"音韵"明显，叶底"三分红，七分绿"，呈"绿叶红镶边"的特点。

鉴别方法：福建安溪县所产茶叶体沉重如铁，形美如观音，多呈螺旋形，色泽砂绿，光润，绿蒂，具有天然兰花香，汤色清澈金黄，味醇厚甜美，耐冲泡，叶底开展，青绿红边，肥厚明亮，每颗茶都带茶枝，茶香高而持久，可谓"七泡有余香"。假茶叶形长而薄，条索较粗，无青翠红边，叶泡三遍后便无香味。

 拓展阅读：铁观音的传说

铁观音原产安溪县西坪镇，已有 200 多年的历史，关于铁观音品种的由来，有多种说法。

一、"魏说"——观音托梦

相传，1720 年前后，安溪尧阳松岩村（又名松林头村）有个老茶农魏荫（1703—1775），勤于种茶，又笃信佛教，敬奉观音。每天早晚一定在观音佛前敬奉一杯清茶，几十年如一日，从未间断。有一天晚上，他睡熟了，在梦中观音的指引下，他在溪涧旁边的石缝中发现一株茶树，枝壮叶茂，芳香诱人……第二天早晨，他顺着昨夜梦中的道路寻找，果然在观音仑打石坑的石隙间，找到梦中所见茶树。只见茶叶椭圆，叶肉肥厚，嫩芽紫红，青翠欲滴。魏荫十分高兴，将这株茶树挖回种在家中一口铁鼎里，悉心培育。因这茶是观音托梦得到的，故取名"铁观音"。

二、"王说"——乾隆赐名

相传，安溪西坪南岩仕人王士让（清朝雍正十年副贡、乾隆六年曾出任湖广黄州府蕲州通判），曾经在南山之麓修筑书房，取名"南轩"。清朝乾隆元年（1736）的春天，王与诸友会文于"南轩"。每当夕阳西坠时，就徘徊在南轩之旁。有一天，他偶然发现层石荒园间有株茶树与众不同，就移植在南轩的茶圃，朝夕管理，悉心培育，年年繁殖，茶树枝叶茂盛，圆叶红心，采制成品，乌润肥壮，泡饮之后，香馥味醇，沁人肺腑。乾隆六年（1741），王士让奉召入京，谒见礼部侍郎方苞，并把这种茶叶送给方苞，方侍郎品其味非凡，便转送内廷，皇上饮后大加赞誉，垂问尧阳茶史，因此茶乌润结实，沉重似铁，味香形美，犹如"观音"，赐名"铁观音"。

11. 武夷大红袍

产地：产于福建省武夷山。

品质特点：大红袍为闽北乌龙茶的代表，为武夷岩茶中四大名枞之一，它的采制至今约有三百多年的历史。大红袍母树生长在武夷山九龙窠的高岩峭壁上。这里日照短，多反射光，昼夜温差大，岩顶终年有细泉浸润流滴。特殊的自然环境造就了大红袍独特的品质。武夷大红袍外形条索紧结，绿褐鲜润，冲泡后汤色橙黄明亮，叶片红绿相间，具有明显的"绿叶红镶边"之美感。高品质大红袍香气馥郁，香高而持久，滋味醇厚，饮后齿颊留香，"岩韵"明显。

鉴别方法：正品大红袍是属于熟香茶，它的焙火相对较足，初闻茶有炭火茶及茶叶的自然干香。火香味较足，不应有其他的杂味。用95 ℃以上的开水冲泡后，汤色透亮呈褐黄色，入口微苦余味足。大红袍重韵味和回甘，入口后非常香甜，久泡后也没有苦涩味，且十泡有余韵。假茶三、四泡后滋味变淡。

 拓展阅读：大红袍的传说

相传有位秀才进京赶考，路过武夷山时病倒在路上，巧遇天心寺老方丈下山化缘，便叫人把他抬回寺中，见他脸色苍白，体瘦腹胀，就将九龙窠采制的茶叶用沸水冲泡给秀才喝。秀才连喝几碗，就觉得腹胀减退，如此几天基本康复，秀才便拜别方丈说："方丈见义相救，小生若今科得中，定重返故地谢恩。"不久秀才果然高中状元，并蒙皇帝恩准直奔武夷山天心寺，拜见方丈道："本官特地来报方丈大恩大德。"方丈说："这不是什么灵丹仙草，而是九龙窠的茶叶。"状元深信神茶能治病，意欲带些回京进贡皇上，此时正值春茶开采季节，老方丈帮助状元了却心愿，带领大小和尚采茶制茶，并用锡罐装好茶叶由状元带回京师。谁知状元回到朝中，又遇上皇后得病，百医无效，状元便取出那罐茶叶献上，皇后饮后身体逐渐康复，皇上大喜，赐红袍一件，命状元亲自前往九龙窠披在茶树上以示龙恩，同时派人看管，年年采制，悉数进贡，不得私匿。从此，这几株大红袍就成为贡茶，朝代有更迭，但看守大红袍的人从未间断过。

12. 茯砖

产地：茯砖约在 1860 年问世，最早是采用湖南安化生产的黑毛茶，运陕西省泾阳县筑制，旧称"湖茶"，因在伏天加工故名"伏砖"，又因在泾阳筑制，也称"泾阳砖"。近代中国茶业公司安化砖茶厂（现白沙溪茶厂股份有限公司）经过反复试验，1951 年终于在安化试制成功，现在茯砖茶主产地为湖南安化。

品质特点：茯砖是湖南黑茶代表之一。特制茯砖砖面色泽黑褐，砖内金花茂盛，内质香气纯正，滋味醇厚，汤色红黄明亮，叶底黑褐尚匀。普通茯砖砖面色泽黄褐，砖内有金花，内质香气纯正，滋味醇和尚浓，汤色红黄尚明，叶底黑褐粗老。

鉴别方法：茯砖茶加工需特有的"发花"工序，砖身内有金花，这是茯茶区别于其他茶的重要特征。茯茶干嗅和湿嗅都有独特的菌花香，口感醇和微苦，具有特别的风味。茯砖茶冲泡后要求汤红不浊，香清不粗，味厚不涩，口劲强，耐冲泡。

13. 千两茶

产地：湖南安化。千两茶又称花卷茶。始于道光年间。道光元年以前陕西商人到安化采购黑茶，踩捆成包运回陕西。随后又改为"百两茶"，踩捆成圆柱形，每一卷（支）茶，净重合老称一百两（16 两为 1 斤）。清同治年间，晋商在"百两茶"的基础上，选购高马二溪优质黑茶原料，增加体积重量，用棕和篾捆压而成花卷，呈圆柱形，成为"千两茶"，即一卷（支）茶，每支净重为老称一千两。

品质特点：千两茶以安化上等黑茶为原料，经"筛制""拣剔""风选""整形""拼配"等工序加工而成。外表古朴，形如树干，采用花格篾篓捆箍包装。成茶结构紧密坚实，色泽黑润油亮，汤色红黄明净，滋味醇厚，口感纯正，常有蓼叶、竹黄、糯米香气。

鉴别方法：成品千两茶以蓼叶裹胎，棕片作内衬，外用篾片捆压勒紧箍实，正规的产品篾篓上会喷上火漆，标示生产商姓名或字号。千两茶外围周长约 70 cm 左右，高 160 cm 左右。篾片松散、径围过大者次。千两茶每支净重为老秤一千两（约 36.25 千克），连外包装为 38.5～39 千克。重量若超过 40 千克或低于 35 千克则有可能是在加工过程中产生水份散失不够或烧芯。

去掉包装后，完整的茶胎应该通体乌黑有光泽，紧细密致，外观十分漂亮。如果锯成饼，锯面应平整光滑（锯纹呈斜线，平行也一样）无毛糙，无裂纹和细缝。质理较差的饼容易松动、散落、有裂纹。

14. 普洱茶

产地：普洱茶是以云南省一定区域内的云南大叶种晒青茶为原料，采用特定工艺加工而成的茶叶产品。

品质特征：普洱茶分为生茶和熟茶。生茶是以晒青毛茶自然发酵，熟茶经人工发酵而成。普洱生茶色泽墨绿，香气清纯持久，滋味浓厚回甘，汤色绿黄清亮，叶底肥厚黄绿。普洱茶分为春、夏、秋三个规格。春茶又分为"春尖"、"春中"、"春尾"三个等级；夏茶又称"二水"；秋茶又称为"谷花"。普洱茶中以春尖和谷花的品质最佳。

鉴别方法：正品普洱茶，外观颜色较新鲜，带有白毫，且味道浓烈；普洱茶经过长时间的氧化作用后，茶叶外观会呈枣红色，白毫也转成黄褐色。正品普洱茶泡出的茶汤是透明的、发亮的，如果茶汤发黑、发乌，说明茶叶质量差，属于假冒伪劣产品。

15. 君山银针

产地：湖南省岳阳，以洞庭湖君山岛所产品质最佳。

品质特点：属黄茶，君山银针以色、香、味、形俱佳而著称。其成品茶芽头肥壮，坚实挺直，白毫如羽，又因茶芽外形很像一根根银针，故名"君山银针"。君山银针内质清鲜，冲泡后汤色杏黄明亮，叶底肥厚匀亮，滋味甘醇甜爽。冲泡时，茶芽根根直立，在杯中上下浮动，如刀枪林立。1956 年在莱比锡国际博览会上获得金质奖，被誉为"金镶玉"。

鉴别方法：产于湖南岳阳君山。由未展开的肥嫩芽头制成，芽头肥壮挺直、匀齐，满披茸毛，色泽金黄光亮，香气清鲜，茶色浅黄，味甜爽，冲泡看起来芽尖冲向水面，悬空竖立，然后徐徐下沉杯底，形如群笋出土，又像银刀直立。假银针为青草味，泡后银针不能竖立。

爱课程网—视频公开课—中国茶道—善品鉴（16′24″～17′00″）

16. 白牡丹

产地：产于福建的福鼎、政和、建阳、松溪等县。白牡丹一般采用一芽二叶初展，绿叶披银毫，形似花朵，故称白牡丹。

品质特点：属白茶，白牡丹成茶外形芽叶连枝，毫心肥壮，成抱心形，完整无损。叶张波纹隆起，叶缘微向叶背反卷。叶面色泽灰绿、墨绿或翠绿，呈银白光泽。内质毫香高长，滋味鲜醇清甜，汤色杏黄明亮。叶底浅灰，肥厚嫩匀，叶脉微红。采摘时期为春、夏、秋三季，其中采摘标准以春茶为主，一般为一芽二叶，并要求"三白"，即芽、一叶、二叶均要求有白色茸毛。

鉴别方法：上品白牡丹毫芽多且肥硕壮实，叶片平伏舒展，叶缘重卷，叶面有隆起波纹，芽叶连枝稍为并拢，叶尖上翘且不断裂破碎。若毫芽稀少且瘦小纤细，或老嫩不均匀，或者嫩叶中间杂老叶和蜡叶及其他杂质，叶面呈草绿黄、黑色、红色，叶底硬挺、毫芽破碎、颜色暗杂、焦叶红边的，则品质差。上品白牡丹清鲜纯正，汤色呈现杏黄、杏绿且清澈明亮；次品香气淡薄，或有青草味，或有陈腐发酵之感，汤色泛红、暗浑。

 拓展阅读：新工艺白茶

新工艺白茶简称新白茶，是按白茶加工工艺，在萎凋后加入轻揉制成。新工艺白茶对鲜叶的原料要求同白牡丹一样，一般采用"福鼎大白茶""福鼎大毫茶"茶树品种的芽叶加工而成。其初制工艺为：萎凋、轻揉、干燥，原料鲜叶萎凋后，迅速进入轻度揉捻，再经过干燥工艺，使其外形叶张略有缩褶，呈半卷条形，色泽暗绿略带褐色。这种茶清香味浓，汤色橙红；叶底展开后可见其色泽青灰带黄，筋脉带红；茶汤味似绿茶但无清香，又似红茶而无发酵感。

17. 世博会十大名茶

2010年上海世博会上，中国十大名茶正式入驻上海世博会联合国馆。世博会十大名茶分别是：武夷山大红袍、安溪铁观音、西湖龙井、贵州都匀毛尖、福鼎白茶、湖南黑茶、祁门红茶、六安瓜片、天目湖白茶和茉莉花茶。这十大名茶涵盖了红茶、绿茶、白茶、黑茶、乌龙茶和花茶六大茶类。

第二节　备妙器

爱课程网—视频公开课—中国茶道—备妙器

　　茶具，按其狭义的范围是指茶杯、茶壶、茶碗、茶盏、茶碟、茶盘等饮茶用具。中国的茶具，种类繁多，造型优美，除实用价值外，也有颇高的艺术价值，因而驰名中外，为历代茶爱好者青睐。根据制作材料和产地不同而分为玉石茶具、石茶具、陶土茶具、瓷器茶具、漆器茶具、玻璃茶具、金属茶具和竹木茶具等几大类。

　　"器为茶之父"，足见在中国的品茗艺术中，茶具所占有的重要地位。古往今来，大凡讲究品茗情趣的人，都注重品茶韵味，崇尚意境高雅，强调"壶添品茗情趣，茶增壶艺价值"，认为佳茗妙器，犹似红花绿叶，相映生辉，相得益彰，使人在品茗中得到美好的享受。对一个爱茶人来说，不仅要会选择好茶，还要会选配好茶具。选择茶具，一要宜茶性，二要合场景，三要看人数。此外，茶具的艺术性、制作的精细与否，也是重要的衡量标准。收藏家对茶具艺术性的追求远胜过实用性的要求，而对于多数品饮爱好者来说，在"好看实用"的基础上，选择茶具一般可以遵循以下原则。

一、因茶制宜

　　由于不同茶类的品质特色各异，甚至是同类茶由于原料工艺的差别也会各有特色。因此茶具选择时，应根据茶品的特色，从色彩的搭配、型式和质地进行选择，且整套茶具与环境、铺垫、插花等要相和谐。

　　细嫩的名优绿茶，可用无色透明玻璃茶具冲泡，边冲泡边欣赏茶叶在水中缓慢吸水而舒展、徐徐浮沉游动的姿态，领略"茶之舞"的情趣（图3-1）。至于其他名优绿茶，除选用玻璃茶具

图 3-1　玻璃杯泡君山银针

冲泡外，也可选用白色瓷杯冲泡饮用。冲泡细嫩名优绿茶时，茶杯均宜小不宜大，大则水量多，易将茶叶泡熟，使茶叶色泽失却绿翠，也会使茶香减弱，甚至产生"熟汤味"。

高档花茶可用玻璃杯或白瓷杯冲饮，以显示其品质特色，也可用盖碗或带盖的杯冲泡，以防止香气散失；普通低档花茶，则用瓷壶冲泡，可得到较理想的茶汤，保持香味。（图3-2）

图3-2 玻璃杯泡花茶

冲泡中高档红绿茶，如功夫红茶、眉茶、烘青和珠茶等，因以闻香品味为首要，而观形略次，可用瓷杯直接冲饮。低档红绿茶，其香味及化学成分略低，用壶沏泡，水量较多而集中，有利于保温，能充分浸出茶之内含物，可得较理想之茶汤，并保持香味。

功夫红茶可用瓷壶或紫砂壶来冲泡，然后将茶汤倒入白瓷杯中饮用。红碎茶体型小，用茶杯冲泡时茶叶悬浮于茶汤中不方便饮用，宜用茶壶泡沏。

乌龙茶宜用紫砂壶冲泡；袋泡茶可用白瓷杯或瓷壶冲泡。品饮冰茶，用玻璃杯为好。此外，冲泡红茶、绿茶、黄茶、白茶，使用盖碗，也是可取的。表3-1列举了不同茶类产品的茶具选用方案。

表3-1 不同茶类的茶具搭配

茶类	茶具
名优绿茶	透明无花纹、无色彩、无盖玻璃杯或白瓷、青瓷、青花瓷无盖杯
大宗绿茶	单人用具：夏秋季可用无盖、有花纹或冷色调的玻璃杯；春冬季可用青瓷、青花瓷等各种冷色调瓷盖杯
	多人用具：宜用青瓷、青花瓷、白瓷等各种冷色调壶杯具
黄茶类	奶白瓷、黄釉颜色瓷和以黄、橙为主色的五彩壶杯具、盖碗和盖杯。

续表

茶类	茶具
条红茶	紫砂（杯内壁上白釉）、白瓷、白底红花瓷、各种红釉瓷的壶杯具、盖杯、盖碗
红碎茶	紫砂（杯内壁上白釉）以及白、黄底色描橙、红花和各种暖色瓷的咖啡壶具
白茶类	白瓷或黄泥炻器壶杯，或用反差极大且内壁有色的黑瓷，以衬托出白毫
轻发酵及重发酵乌龙茶	白瓷及白底花瓷壶杯具或盖碗、盖杯
半发酵及轻焙火乌龙茶	朱泥或灰褐系列炻器壶杯具
半发酵及重焙火乌龙茶	紫砂壶杯具
花茶类	青瓷、青花瓷、斗彩、五彩等品种的盖碗、盖杯、壶杯套具

二、因地制宜

中国地域辽阔，各地的饮茶习俗不同，故对茶具的要求也不一样。长江以北一带，大多喜爱选用有盖瓷杯冲泡花茶，以保持花香，或者用大瓷壶泡茶，尔后将茶汤倾入茶盅饮用。在长江三角洲沪杭宁和华北京津等地一些大中城市，人们爱好品细嫩名优茶，既要闻其香，啜其味，还要观其色，赏其形，因此，特别喜欢用玻璃杯或白瓷杯泡茶。在江、浙一带的许多地区，饮茶注重茶叶的滋味和香气，因此喜欢选用紫砂茶具泡茶，或用有盖瓷杯沏茶。福建及广东潮州、汕头一带，习惯于用小杯啜乌龙茶，故选用"烹茶四宝"——潮汕风炉、玉书碨、孟臣罐、若琛瓯泡茶，以鉴赏茶的韵味（图 3-3）。潮汕风炉是一只缩小了的粗陶炭炉，专作加热之用；玉书碨是一把缩小了的瓦陶壶，高柄长嘴，架在风炉之上，专作烧水之用；孟臣罐是一把比普通茶壶小一些的紫砂壶，专作泡茶之用；若琛瓯是只有半个乒乓球大小的 2~4 只小茶杯，每只只能容纳 4 mL 茶汤，专供品茶之用。小杯啜乌龙，与其说是解渴，还不如说是闻香玩味。这种茶具往往又被看做是一种艺术品。四川人饮茶特别钟情盖茶碗，喝茶时，左手托茶托，不会烫手，右手拿茶碗盖，用以拨去浮在汤面的茶叶。加上盖，能够保香，去掉盖，又可观姿察色。选用这种茶具饮茶，颇有清代遗风。至于我国边疆少数民族地区，至今多习惯于用碗喝茶，古风犹存。

图 3-3 潮汕功夫茶具

 拓展阅读：潮嘉风月·功夫茶

　　俞蛟《梦厂杂著》卷十"潮嘉风月·功夫茶"中说："功夫茶，烹治之法，本诸陆羽《茶经》，而器具更为精致。炉形如截筒，高约一尺二三寸，以细白泥为之。壶出宜兴窑者为最佳，圆体扁腹，努嘴曲柄，大者可半升许。杯盘则花瓷居多，内外写山水人物，极工致，类非近代物。然无款志，制自何年，不能考也。炉及壶、盘各一，惟杯之数，则视客之多寡。杯小而盘如满月。此外尚有瓦铛、棕垫、纸扇、竹夹，制皆朴雅。壶、盘与杯，旧而佳者，贵如拱璧，寻常卮中不易得也。"

三、因人制宜

　　不同的人对茶具的选择各有偏好，这在很大程度上反映了人们的地位与身份，也反映了品饮者的不同审美趣味。在陕西扶风法门寺地宫出土的茶具表明，唐代皇宫贵族选用金银茶具、秘色瓷茶具和琉璃茶具饮茶；而陆羽在《茶经》中记述的同时代的民间饮茶多用瓷碗。清代的慈禧太后对茶具更加挑剔，她喜用白玉作杯、黄金作托的茶杯饮茶。而历代的文人墨客，都特别强调茶具的"雅"。宋代文豪苏东坡在江苏宜兴蜀山讲学时，自己设计了一种提梁式的紫砂壶，"松风竹炉，提壶相呼"，独自烹茶品赏。这种提梁壶，至今仍为茶人所推崇。清代江苏溧阳知县陈曼生，爱茶尚壶。他工诗文，擅书画、篆刻，于是去宜兴与制壶高手杨彭年合作制壶，由陈曼生设计，杨彭年制作，再由陈曼生镌刻书画，作品人称"曼生壶"，为鉴赏家所珍藏。在脍炙人口的中国古典文学名著《红楼梦》中，对品茶用具更有细致的描写，其第四十一回"贾宝玉品茶栊翠庵"中，写栊翠庵尼姑妙玉在待客选择茶具时，因对象地位和与客人的亲近程度而异。她亲自手捧"海棠花式雕漆填金'云龙献寿'的小茶盘"，以及其名贵的"成窑五彩小盖钟"沏茶，奉献贾母；用镌有"晋王恺珍玩"的杯烹茶，奉与宝钗；用镌有垂珠篆字的"点犀"泡茶，捧给黛玉；用自己常日吃茶的那只"绿玉斗"，后来又换成一只"九曲十环一百二十节蟠虬整雕竹根的一个大盏"斟茶，递给宝玉。给其他众人用茶的是一色的官窑脱胎填白盖碗。而将"刘姥姥吃了"，"嫌腌臜"的茶杯竟弃之不要了。至于下等人用的则是"有油膻之气"的茶碗。

现代人饮茶时，对茶具的要求虽然没那么多严格，但也根据各自的饮茶习惯，结合自己的审美趣味，选择最喜欢的茶具。而一旦宾客登门，则总想把自己最好的茶具拿出来招待客人。

另外，职业有别，年龄不一，性别不同，对茶具的要求也不一样。如老年人讲求茶的韵味，要求茶叶香高、味浓，重在物质享受，因此，多用茶壶泡茶；年轻人以茶会友，要求茶叶香清味醇，重于精神品赏，因此，多用茶杯沏茶。男人习惯于用较大素净的壶或杯斟茶；女人爱用小巧精致的壶或杯冲茶。脑力劳动者崇尚雅致的壶或杯细品缓啜；体力劳动者常选用大杯或大碗，大口急饮。

四、紫砂茶具选购与养护

1. 不同造型的鉴别

第一，紫砂壶的造型大致可分为三类：花货、光货、筋囊货，其中的光货造型最为常见。光货以几何形体为主体变化而来，讲究外轮廓线的组合，面、线与角的表现，以自然淳朴、简练、高雅取胜，以简洁的形态表达丰富的内涵，虽因人们审美情趣因人而异，功力优劣难以强求一致，但在统一中求变化，体现"方非一式，圆不一相"的特点，如传统的掇球、竹鼓壶、汉君壶、合盘壶、四方壶、提璧壶、洋桶等。

第二，自然型紫砂壶以自然形体为造型或装饰，俗称"花货"或"塑器"。自然造型壶形态极为丰富，制作亦更加精巧，各种款式给人以巧夺天工之感。在这一类作品中模拟客观形象时，又分为两种，一种是直接将某一种对象的典型物，演变成壶的形状，如南瓜壶、柿扁壶、梅段壶；另一种是几何类，在壶筒上，选择恰当的部位，用装饰手法的雕刻或透雕的方法把某种典型的形象附贴上，如常青壶、报春壶、梅型壶、竹节壶等。按紫砂茶具特有的形式美加以整理，通常说是变型处理。

第三，筋纹型紫砂壶是紫砂艺人在长期生产实践中创造出来的一种壶式，造型创作理念主要是依照植物瓜果、花瓣的筋瓤和纹理，经提炼加工创作。筋纹与筋纹之间的形体处理大致有三种：第一种是菱花式壶，第二种是菊或瓜果类式的纹样制作的壶，第三种是第二种的变形，筋纹与筋纹之间呈凹进的元线条状。

近代，紫砂壶的生产完全转入商业化，并多次参加国际博览会获奖，这刺激了紫砂壶的商业市场。历代紫砂壶式均有生产，并出现不少创新作品。当代的紫砂大师，首推顾景舟老先生，顾老潜心紫砂陶艺六十余年，炉火纯青，登峰造极，名传遐迩。近现代紫砂壶名家中，朱可心、裴石民、王寅春、顾景舟、蒋蓉、徐秀棠、徐汉棠、汪寅仙、周桂珍、李昌鸿、鲍志强等也各自身怀绝技，是传承与创新紫砂壶艺术领域中的俊才。

2. 选购要点

市场选购时，评断一把崭新的紫砂壶的优劣主要根据其各部位的物理特性和整体上的性能、美感是否合乎理想，具体应注意以下要点：

第一，整体审视。茶壶的色泽以滑润为佳，一把好壶其土胎色泽一定呈滑润感。茶壶因烧成火候的不同，硬度多少会有差异，因而声音也就有清脆铿锵或混浊迟钝之分。声音清脆铿锵的茶壶较适合泡发酵、香气高的茶；而声音混浊迟钝的茶壶则适合泡重发酵、韵味低沉的茶。

第二，细部观察。壶的嘴（出水口）、壶把、钮必须成一条直线，即三点要对直（少数特殊造型除外）；其次，各部分组合比例匀称，给人以落落大方的空间感。再者，壶嘴与壶身、壶把与壶身的连接部位处理得很自然，没有任何破绽，宛如一体成型。再次，壶底壶面平滑工整、落款也要工整，通常一把壶至少会有两个以上的印章，大抵是在壶底、壶盖或把手上。

第三，注水小试。在购买新壶时，不妨要求卖主在壶中装入约壶容量 3/4 的水。用手平平提起茶壶、缓缓倒水，如果感觉很顺手，即表示该壶重心适中、稳定，是一把好壶，除了重心要稳之外，左右也需匀称。出水时水束要急流直下、刚直有劲、又长又圆，而且务必顺畅。手握壶把时，握感轻盈、不费力。最后倾尽壶水时，若能使壶中滴水不剩，必定是一把好壶。还应检测壶盖与壶身吻合的紧密度，壶口要求又平又圆，因为壶盖、壶身吻合紧密度越高，越不会使茶香流失。测试的方法是：茶壶装水约 1/2～3/4，用食指紧压盖上气孔，倾倒壶水看看，若滴水不流既表示两者紧密度极高；另外，用食指紧压茶壶壶嘴，颠倒壶身，若紧密度高，则壶盖不会掉落。

爱课程网—视频公开课—中国茶道—备妙器（30′13″~34′38″）

拓展阅读：奥玄宝《名壶图录》导读

图 3-4　方非一式，圆不一相的紫砂壶

　　奥玄宝是日本明治时期著名实业家、收藏家，喜爱收藏中国紫砂壶（图 3-4），所撰写的中国紫砂壶的专著《茗壶图录》，成书于 1874 年。奥玄宝在自序中道出对紫砂壶的痴迷："予于茗壶嗜好成癖焉。不论状之大小，不问流之曲直，不言制之古今，不说泥之精粗、款之有无，苟有适于意者，辄购焉藏焉，把玩不置。"

　　全书分上、下两卷，文字部分有源流、式样、形状、流鋬、泥色、品汇、大小、理趣、款识、真赝等；图录部分参照《宣和博古图录》，将自己搜罗及朋友收藏的茶壶以工笔白描图谱罗列成二册，收入紫泥、梨皮泥、朱泥等壶，共 32 品。由于《茗壶图录》写于注春居，所以书中 32 把茗壶亦称"注春三十二式"。每品均有图形和铭款摹本，且冠以"梁园遗老""萧山市隐""独乐园丁""卧龙先生""出离头陀""倾心佳侣""凌波仙子""方山逸士""俪兰女史""儒雅宗伯""铁石丈夫""老朽散人""卧轮禅师""红颜少年""采薇山樵""连城封侯""寿阳公主""风流宰相""逍遥公子""断肠少妇"之类的名称，题为"注春三十二先生肖像"，同时以文字介绍各壶的命名出典、印章款识、尺寸、形态、年代及制作人等。

> 尤其让人们津津乐道的是，他在书中以人喻紫砂壶："温润如君子，豪迈如丈夫，风流如词客，丽娴如佳人，葆光如隐士，潇洒如少年，短小如侏儒，朴讷如仁人，飘逸如仙子，廉洁如高士，脱俗如衲子。"反映了中国茶具的独特魅力和广泛影响。

3. 养护要点

壶的保养统称为"养壶"，养壶的目的在于使其能善于"蕴味育香"，并使壶能焕发出本身浑朴的光泽。养壶就像培养树苗一般，揠苗助长难免有失自然的天性之力，重在平时多加爱惜和养护，其养护要点如表 3-2 所示。

表 3-2　紫砂壶日常养护要点

使用状态	养护方法或避讳	养护目的或不良后果
新壶使用	先用沸水内外冲洗一次，然后将豆腐或甘蔗、茶叶放进茶壶内，煮 30 ~ 60 分钟。	降火气，去异味
冲泡之前	用热水浇淋茶壶内外	去霉、消毒和暖壶
泡茶之时	用一条干净的细棉巾把壶身擦遍	利用热水的温度，使壶身变得更加亮润
	勿在茶船内倒入沸水浸茶壶以保温	会使壶身留下不均匀的色泽
泡茶结束	及时把壶内茶渣和茶汤都倒掉，并用热水冲淋壶里壶外	保持壶里壶外的清洁和壶内干爽
	绝对不能用化学洗涤剂洗刷陶壶	不仅会使壶内已吸收的茶味散失，甚至会刷掉茶壶外表的光泽
	冲淋干净的壶应放在通风易干处直至完全阴干	以利于妥善收存
	避免放在油烟、灰尘过多的地方	以免影响壶面的润泽感

第三节　择好水

爱课程网—视频公开课—中国茶道—择好水

水，是生命之源，也是茶之基质。"水为茶之母"，是前人从茶事实践中总结出的宝贵经验，告知我们饮茶择水的重要性，好茶须有好水冲泡，既为充分散发茶的色、香、味之美，更为积极发挥茶的养生保健功用。因此，古代的文人雅士若提到茶事，总会先论水。郑板桥曾书一幅茶联："从来名士能评水，自古高僧爱斗茶。"点明了自古以来"评水"就是品茶的重要基本功。明代许次纾所著《茶疏》中云："精茗蕴香，借水而发，无水不可与论茶也。"清人张大复甚至把水品放在茶品之上，认为"茶性必发于水，八分之茶，遇水十分，茶亦十分矣；八分之水，试茶十分，茶只八分耳。贫人不易致茶，尤难得水"。

水的分类，在不同阶段，不同人士，对水的评价与分类标准不同。在此，我们将宜茶用水分为天水、地水和再加工水。

一、泡茶用水的分类

1. 天水

古人称用于泡茶的雨水和雪水为天水，也称天泉。雨水和雪是比较纯净的，虽然雨水降落过程中会碰上尘埃和二氧化碳等物质，但含盐量和硬度都很小，历来就被用来煮茶。特别是雪水，更受古代文人和茶人的喜爱。如唐代白居易（772—846）《晚起》诗中的"融雪煎香茗"，南宋辛弃疾（1140—1207）词中的"细写茶经煮香雪"，元代诗人谢宗可（约1330年前后在世）《雪煎茶》中的"夜扫寒英煮绿尘"，清代诗人袁枚（1716—1797）云"就地取天泉，扫雪煮碧茶"等，都是歌咏雪水烹茶的。尤其《红楼梦》中"贾宝玉品茶栊翠庵"一回中，描绘得更加有声有色，说的是贾母带了刘姥姥等人至栊翠庵，要妙玉拿好茶来饮。妙玉用旧年蠲的雨水，泡了一杯"老君眉"给贾母。随后妙玉拉宝钗、黛玉进了耳房去吃"体己茶"，宝玉也悄悄跟了来。妙玉用梅花上的雪水，泡茶给他们品，"宝玉细细吃了，果觉清淳无比，赞赏不绝",黛玉问妙玉:"这也是旧年的雨水?"妙玉回答:"这是……收的梅花上的雪,……隔年蠲的雨水,哪有这样清淳?"雪水是软水,且洁净清灵,用来泡茶,汤色鲜亮,香味俱佳。

另外,空气洁净时下的雨水,也可用来泡茶,但因季节不同而有很大差异。秋季,天高气爽,尘埃较少,雨水清冽,泡茶滋味爽口回甘;梅雨季节,和风细雨,有利于微生物滋生,用来泡茶品质较次;夏季雷阵雨,常伴飞沙走石,水质不净,泡茶茶汤混浊,不宜饮用。

2. 地水

在自然界,山泉、江、河、湖、海、井水统称为"地水"。唐代陆羽在《茶经》中首先对适宜泡茶的水做了规定,他说:"其水用山水上、江水中、井水下。"而山水中,陆羽也将其分为了不同的等级,"拣乳泉石池漫流者上",就是要取涓涓细流的泉水,而不要瀑布湍急之水。

宋代,宋徽宗在《大观茶论》中也有提到:"水以清、轻、甘、洁为美。轻甘乃水之自然,独为难得。"他从正面提出了适宜泡茶的水的标准"清、轻、甘、洁",并最先把"美"与"自然"的理念引入到鉴水之中,升华了品茗鉴水的文化内涵。

3. 再加工水

(1)自来水。一般指经过人工净化、消毒处理过的江、河、湖水。凡达到我国卫生部制定卫生标准的自来水,都可以用来泡茶。但有时自来水用过量的氯化物消毒,氯气重,用之泡茶,不仅茶香受到影响,汤色也会浑。为了消除氯气,可将自来水储存在洁净的容器里,静置一昼夜,待氯气自然挥发,再煮开泡茶时效果大不一样。

(2)纯净水。亦称纯水,是以符合生活饮用卫生标准的水为水源,用电渗析法、离子交换法、反渗透法、蒸馏法及其适当的加工方法制得。加工过程中在去除水中悬浮物细菌等有害物质的同时,也将水中含有的人体所需的矿物质一并去除了,是纯净的软水。

(3)蒸馏水。蒸馏水是将水过滤后再通过特定蒸馏设备使水汽化变成蒸汽,再经冷凝液收集制得的饮用水。这类水消除了所有杂质,水质纯正,但因处理的过程中对茶有益的矿物质也同时丢失,且含氧量少,因而泡茶缺乏活性。

(4)太空水。采用反渗透膜水处理技术对自来水进行终端净化后的水。膜处理技术是目前最成熟的水处理技术,来源于宇航员在飞船上获得饮用水的原理。采用这种方法处理后,细菌、病菌、重金属等肉眼看不到的有害物质都被排除在膜外。

(5)矿泉水。矿泉水是一种特殊的地下水,与普通地下水是不同的。一般认为，凡是在一升水中含有可溶性固体超过 1 克或含有一定量具有生物活性的微量元素，或具有 34 ℃ 以上温度的地下水叫做矿泉水。可供保健与医疗应用的矿泉水，称为医用矿泉水。饮用天然矿泉水必须严格执行《饮用天然矿泉水国家标准》有关水源评价、水质评价（包括界限指标、水质的限量指标、污染物指标、微生物指标等）必须符合标准所规定的技术要求。

 拓展阅读：李德裕辨水

李德裕，唐代著名宰相，好饮茶，尤其精水鉴水。南唐尉迟偓《中朝故事》卷上记有"李德裕辨水"的故事，《太平广记》《古今事文类聚》《说郛》《天中记》《骈志》等书也有转载，因是饮茶用水之事，《续茶经》中也有录入。

故事说的是李德裕虽身在京城做官，却嗜好用江南之水煮茶。有一个亲朋出公差到镇江。李德裕知道后喜形于色，便吩咐说："你回来的时候，帮我在镇江的长江中取一壶'泠水'回来。"那个人在上船动身的时候，喝得大醉，把李德裕吩咐取"泠水"的事情忘记了。船逆流到了南京城下才记起来。于是，他就在南京城下的长江中打了一壶水，回来交给李德裕。李德裕喝了之后，很惊讶地说："近来江南一带长江水的味道，和以前不一样了，这水像是南京城下江水的味道啊。"那位朋友听了，赶紧谢罪，承认自己的过失。

二、择水标准

历代古人为众多的名泉好水做出了判定，为后人对泡茶用水的研究提供了非常宝贵的历史资料。但是，古人判别水质的优劣，因受限于历史条件，无论以水源来判别、以味觉判别，还是以水的轻重来判别，均是凭主观经验，难免存在一定的含糊性和片面性。而现代人在选择泡茶用水时，可以借助现代科技手段测定水的物理性质和化学成分，从而更为客观、精准地判定水质的安全性和可靠性。水质检测常用的化学指标主要有：（1）悬浮物，是指经过滤后分离出来的不溶于水的固体混合物的含量。（2）溶解固形物，是水中溶解的全部盐类的总含量。（3）硬度，通常是指天然水中最常见的 Ca^{2+} 和 Mg^{2+} 的含量，两种离子含量少于 8 mg/L 的为软水，超过 8 mg/L 的为硬水。（4）碱度，指水中含有能接受氢离子的物质的量。（5）pH 值，表示溶液酸碱度。

常见的软水有天然水中的雨水和雪水，硬水有泉水、江河之水、溪水、自来水和一些地下水。硬水也不是绝对不可以用来泡茶，如果水中所含的是碳酸氢钙和碳酸氢镁，可以通过煮沸的办法使之沉淀，日常用的烧水壶底常有一层白色坚硬的物质，就是碳酸氢钙和碳酸氢镁沉淀的产物，所以，经过煮沸的硬水就转化成了软水，可以用来泡茶，这种硬水属暂时硬水。而有些硬水所含的是钙和镁的硫酸盐及氯化物，这些物质不能通过煮沸消除，所以无法转化成软水，这种硬水是永久硬水，不宜作为泡茶用水，因为这类水煮沸后泡茶往往导致茶汤发黑，茶味苦涩，茶香不正。

水的软硬度会影响到水的 pH 值、电导率，而水的 pH 值会影响茶汤色泽，当 pH 值大于 5 时，汤色加深；当 pH 值达到 7 时，茶黄素就容易自动氧化而损失，还会影响香气及滋味，表 3-3 举例说明了不同水质泡龙井茶的茶汤差异。总之，泡茶用水应以悬浮物含量低、不含有肉眼所能见到的悬浮微粒、硬度不超过 25°、pH 值小于 5 以及非盐碱地区的地表水为上。

如没有条件进行水质检测，应选用清洁、无色、无味的水泡茶。现代城市中很容易购得的矿泉水、纯净水都是上好的泡茶用水，被广大的茶艺馆经营者所青睐。但这些水由于是再加工过的，成本较高，价格不菲。较为切实可行的办法是将硬水加工成软水，如自来水使用前经过过滤器过滤或静置一昼夜，再经煮沸即可用于泡茶，费用不高，效果颇佳，操作起来也方便，易于大众化推广。

表 3-3　水质测定与茶汤审评

		苏州寒枯泉	黄山鸣弦泉	杭州龙井	去离子水	苏州自来水	5 m 浅井水	126 m 深井水	京杭运河水
理化指标	总硬度	1.75	1.58	9.94	0.71	4.42	14.93	19.56	7.99
	pH 值	6.16	7.76	7.93	5.60	7.50	7.51	7.72	8.05
	电导率（uv）	77	80	84	2.3	91	140	110	105
	茶汤 OD 值	0.13	0.17	0.23	0.10	0.39	0.77	0.74	0.60
感观评语	香气	清香纯正	香浓	香气馥郁	纯正清浓	平淡	尚纯正	香浓欠纯	欠纯
	滋味	醇厚和顺	鲜爽	醇厚鲜爽	淡薄	欠纯	略带苦涩味	浓而欠纯	味浓厚苦涩
	汤色	清澈明亮	黄亮	清而亮，略带黄绿色	清淡明亮	黄而明亮	清淡黄浊	黄浊较深	黄浊

拓展阅读：古人论水及鉴水之法

　　古人对煮茶、泡茶用水非常重视，但又有不同观点，大致可分为等次派和美恶派。等次派中的代表人物有张又新、刘伯刍、陆羽、乾隆皇帝等，他们认为对烹茶用水以等次而论，于是对全国各地泡茶用水排定了不同的名次。如陆羽评定的天下第一泉是庐山康王谷的谷帘泉，而乾隆皇帝评定的天下第一泉则是北京的玉泉。美恶派则以宋徽宗、田艺蘅、欧阳修等人为代表，认为天下之水没有等次之分，也不必定级，排座次，只要分出美、恶就好了。如宋徽宗"水以清轻甘洁为美"；欧阳修"水味仅有美恶而已"。古人鉴别水的方法有多种，大致如下：

　　煮试：煮熟澄清，下有沙土者，水质恶；

　　日试：日光正射，尘埃氤氲者，水质恶；

　　味试：无味者真水；

　　秤试：轻者为上；

　　丝绵试：取色莹白者，水蘸候干，无迹者为上。

三、水温与茶的关系

　　古人对泡茶的水温十分讲究。陆羽在《茶经·五之煮》中说："其沸，如鱼目，微有声，为一沸；缘边如涌泉连珠，为二沸；腾波鼓浪，为三沸，以上水老不可食也。"明代许次纾《茶疏》中说得更为具体："水一入铫，便需急煮，候有松声，即去盖，以消息其老嫩。蟹眼之后，水有微涛，是为当时；大涛鼎沸，旋至无声，是为过时；过则汤老而香散，决不堪用。"古人将沸腾过久的水称为"水老"。此时，溶于水中的二氧化碳挥发殆尽，泡茶鲜爽便大为逊色。未沸滚的水，古人称为"水嫩"，也不适宜泡茶，因水温低，茶中有效成分不易泡出，使香味低淡，而且茶浮水面，不便饮用。

　　泡茶水温的高低，主要看泡饮什么茶而定，具体在本章第四节中有讲述。一般来说，泡茶水温与茶叶中有效物质在水中的溶解度成正比，水温越高，溶解度越大，茶汤越浓；反之，水温越低，茶汤就越淡。但有一点需要说明，无论用什么温度的水泡茶，都应将水烧开（水温达到 100 ℃）之后，再冷却至所要求的温度。

爱课程网—视频公开课—中国茶道—择好水（14′45″～16′13″）

第四节　巧冲泡

爱课程网—视频公开课—中国茶道—巧冲泡

在现代生活中，科学证明，茶叶中的化学成分是组成茶叶色、香、味的物质基础，其中多数能在冲泡过程中溶解于水，从而形成了茶汤的色泽、香气和滋味。泡茶时，应根据不同茶类的特点，调整水的温度、浸润时间和茶叶的用量，从而使茶的香味、色泽、滋味得以充分的发挥。

了解茶叶冲泡的基本程式，是泡好茶的基础，过程大约有以下 10 个基本步骤：备茶、择具、洁具、候汤、置茶、润茶、冲茶、斟茶、奉茶、品茶。不同地区、不同茶类又有自己的特点，在此基础上有所调整或增减。

一、冲泡基本流程

1. 备茶

客人登门，奉上一杯茶是表达尊重和敬意的最常见礼节。由于每个人对茶的喜好不同、年龄不同、身体状况不同、工作环境不同、生活地区不同、经济收入不同，甚至心情不同，对茶叶的品种、等级要求也有所不同。在选择冲泡的茶叶时，可以根据以下三个原则及具体情况，确定适合的茶叶。

（1）顺应时令。纵观历代医家的养生秘诀，不外乎主张顺四时、调情志、慎起居、调饮食等方法，第一要诀就是"顺四时"，即顺应"春生、夏长、秋收、冬藏"的四时变化规律进行养生。茶类茶品的选择也要随四季气候节令不同而做相应调整。

① 春季保养以护肝、养血为主，宜喝花茶，因花茶可以散发一冬淤积于体内的寒邪，促进人体阳气生发。花茶是由茶坯和茶用香花在特定制茶环境下

加工而成的，根据茶用香花的种类不同，产品分为茉莉花茶、玫瑰花茶、玉兰花茶等。

② 夏季宜喝绿茶、白茶，因为绿茶、白茶能清热、消暑、解毒，增强肠胃功能。名优绿茶如杭州龙井、黄山毛峰、庐山云雾、信阳毛尖等，白茶有福鼎白毫银针、白牡丹等。

③ 秋季宜喝乌龙茶，如大红袍、水仙、铁观音、黄金桂、金观音、九龙袍等各种乌龙茶。乌龙茶不寒不热，能彻底消除体内的余热，恢复味甘性温，使人神清气爽。

④ 冬季宜喝红茶，如福建坦洋功夫红茶、政和功夫红茶、小种红茶等。因红茶味甘性温，含丰富的蛋白质，有一定的滋补功能。

（2）合乎习惯。以上班族为例，当今社会，生活节奏飞快，多数职场人士工作压力大，身体都处于亚健康状态，平时应多喝乌龙茶、红茶及普洱等中性、温性茶，但如果上火严重则可适当喝点绿茶、白茶"下火"，而且喝绿茶还有利于减少电脑显示器的辐射伤害，保护视力，提高免疫力，护肤洁口。此外，一天中不同时间宜喝不同的茶。上午工作时喝绿茶、乌龙茶可振奋精神。下午可以抽空体验"英式下午茶"，可以放松精神并及时补充能量，因为英式下午茶主要由糕点和牛奶调饮的红茶组成，而且英国一份营养调查结果显示，长期享用下午茶的女性更苗条，下午茶还可以增强记忆力和应变力，同时，以茶为媒，同事、朋友之间可以更好地进行信息交流，感情联络。

（3）适应体质。中医认为，人的体质基本有三类，心火旺盛，胃气稍弱，脾胃虚寒。茶叶经过不同的制作工艺也有凉性、中性及温性之分。所以体质各异，饮茶也有讲究。一般而言，绿茶、白茶属于凉性茶，花茶、乌龙茶属于中性茶，而红茶、普洱茶属于温性茶。属于寒凉性体质者要多饮用红茶、普洱茶或乌龙茶；属于燥热体质者，宜多饮用绿茶；患有肥胖病、高血脂、脂肪肝等的人群，宜选用乌龙茶。老年人要选温性茶，中年人宜饮花茶，青少年可饮中性、寒性茶。总的原则是，应根据身体对茶的适应与否进行选择，如果实在无从选择，则可先尝试品性相对平和的红茶。

2. 择具

茶具对于泡好茶是非常重要的，一套好的茶具，可以趋于完美地展示茶叶的色香味，方便品味。在品茶的同时，欣赏精美的茶具也有助茶兴。不同茶类对茶具的要求是不同的。冲泡乌龙茶适用紫砂茶具，高档绿茶适用玻璃茶具，花茶适用盖碗茶具。根据不同地区和不同的泡法，同一茶类茶具也有不同，如冲泡乌龙茶，潮汕地区习惯以盖碗代壶。台湾地区习惯用闻香杯闻香。除了壶、杯、碗、盏等主要茶具外，还需准备茶盘或茶船、烧水炉具或电煮水器、茶叶罐、茶叶、赏茶荷、茶道组合（包括茶漏、茶则、茶匙、茶针、茶夹）、壶垫、公道杯（茶海）、茶巾、水盂、奉茶盘、茶托等。

壶的大小和杯的数量选配与饮茶人数有关，茶具的颜色应配套和谐，各件茶具按规定摆好位置。

3. 洁具

用开水烫淋茶壶和茶杯，一则可以清洁茶具，二则可以提高壶温，有利泡茶，对于乌龙茶冲泡特别重要。在冬天，提高壶温不可缺少，否则100 ℃的开水倒入茶壶就只有85 ℃左右。（图3-5）

图3-5 洁具

台式乌龙茶洁具：先将烧水壶里的水倒入茶壶至溢满，并淋洗壶盖、壶身。为了节约开水，可用烫壶的开水倒入茶海，再从茶海倒入各个闻香杯，然后用茶夹依次夹住闻香杯将水倒入品茗杯，最后用茶夹夹住品茗杯，将品茗杯里的水倒入茶盘。

闽式乌龙茶洁具：小壶、圆形茶盘，只有品茗杯，没有闻香杯、茶海。洁具时，先将烧水壶里的水倒入茶壶至溢满，并淋洗壶盖、壶身，再将茶壶里的水直接倒入各个品茗杯。洗杯时，不是用茶夹，而是用手将一个杯放在另一个杯里转动洗杯，称之"白鹤沐浴"。

潮汕乌龙茶洁具：跟闽式乌龙茶洁具差不多，不同的是用茶盏（盖碗）代替了小壶。

玻璃杯：洁具时倒入1/3开水，双手持杯缓慢回旋转动，使水浸泡杯的内壁，最后将杯中开水倒入茶盘或水盂。

盖碗：将盖碗倒入1/3的开水，盖好后单手持盖碗缓慢回旋转动，使水浸泡杯的内壁，最后将杯中开水倒入茶盘或水盂，将盖揭开置于碗托一边。

4. 候汤

即烧水，包括取水、点火、煮水。按照前面说的水的选择标准，取用宜茶用水（矿泉水、纯净水等），为节约时间，先用电炉将水烧到八九成开，再倒入烧水壶或电煮水器，采用仿古风炉烧水更有情趣。（图3-6）

图3-6 候汤

泡茶水温的高低，与茶的老嫩、松紧、大小有关。滚开的沸水会破坏维生素C等成分，而咖啡碱、茶多酚很快浸出，使茶味会变苦涩；水温过低则茶叶浮而不沉，内含的有效成分浸泡不出来，茶汤滋味寡淡，不香、不醇、淡而无味。大致说来，茶叶原料粗老、紧实、整叶的，要比茶叶原料细嫩、松散、碎叶的，茶汁浸出要慢得多，所以，冲泡水温要高。水温的高低，还与冲泡的品种花色有关。

5. 置茶

也叫投茶。首先用茶则或茶匙将茶叶从茶叶罐拨入赏茶荷，正确估计用茶量，一次拨够。双手持盛茶的赏茶荷，伸向客人，请客人赏茶。品茶包括欣赏干茶外形，针状的君山银针，扁形的龙井茶，卷曲的碧螺春等，形状各异，各有千秋。赏茶包括观色、赏形、闻香。白色的瓷质赏茶荷可更加衬托出茶叶的翠绿色，呈现茶叶的形状，然后将茶叶投入壶或杯中。（图3-7）

例如乌龙茶置茶时将一茶漏斗放在壶口处，然后用茶匙拨茶入壶，称之"乌龙入宫"。不用茶漏置茶时，注意投茶量一般为壶的1/3至1/2，根据客人的爱好和茶类的不同有所调整。有的壶没有过滤小孔，为防止壶嘴被碎茶叶堵塞，置茶时，顺有意将粗一点茶置于壶流处，碎茶放在中间。

图 3-7 置茶

  绿茶采用盖碗或玻璃杯，有上投、中投和下投三种投茶方式，冲水时应高悬壶、斜冲水，在杯中形成旋涡带动茶叶旋转。

6. 润茶

  又称温润泡，右手执电水壶，将 100 ℃ 的沸水"高冲"入壶，盖上壶盖，淋去浮沫（图 3-8）。15 秒内立即将茶汤倒入水盂，注意倒净为好。黑茶、乌龙茶第一次茶汤一般不喝，用以洗茶，洗去茶叶中的灰尘，另外茶叶经温润后，芽叶舒展，茶香容易挥发，为正式冲泡打下基础。第一次冲泡的茶水可倒入水盂，也可倒入茶海为下一步淋壶之用，茶水淋壶，可以养壶，比开水好得多。高档绿茶的温润泡，一般指中投法，投茶后用开水浸没茶叶，用水量约为茶杯的 1/5，同时用手握杯，轻轻摇动，时间一般控制在 15 秒左右。

图 3-8 润茶

7. 冲茶

执水壶将开水冲入茶壶或茶杯，正式冲泡茶叶。（图 3-9）

图 3-9　冲茶

　　壶泡一般以"高冲"手法冲茶，称"悬壶高冲"。使茶叶在壶或杯中尽量上下翻腾，茶汤均匀一致，激荡茶香。壶泡法在水至壶口时断流停冲，可见一层泡沫集聚在壶口，用壶盖刮沫盖壶，称"春风拂面"。再用开水或上一次洗茶水淋壶，称"重洗仙颜"。第一泡时间为 1 分钟左右。

　　杯泡一般以"凤凰三点头"手法冲茶，冲泡时由低向高将水壶上下连拉三次，最后能够使杯中水量恰到好处（七分满）时断流停冲。这种冲法可使品茶者欣赏到茶叶在杯中上下翻滚的美姿，茶汤均匀一致，同时表示一种寓意礼，主人向客人三鞠躬。

8. 斟茶

　　又称分茶，杯泡没有这一步。

　　使用公道杯的壶泡法：采用"低斟"手法将茶汤注入茶海（公道杯），称"匀汤"；分到各闻香杯中，再将品茗杯倒扣在闻香杯上，称"扣杯"；然后"翻杯"使茶汤进入品茗杯，闻香杯倒置于品茗杯中；最后将泡好的茶置于茶托，放在茶盘中。（图 3-10）

　　不使用公道杯的壶泡法：如何不用公道杯又可分茶均匀呢？一般先将茶杯呈"一"字，或"品"字、或"田"字排好，杯与杯相互靠拢。斟茶时提壶来回循环洒茶，以保证茶汤浓度均匀一致，俗称"关公巡城"。留在茶壶里的最后几滴茶往往是最浓的，是茶汤的最精华醇厚部分，所以要分配均匀，以免各杯茶汤浓淡不一，这时采用点斟的手法将壶上下抖动，分别一滴一抖，一滴一杯，一一滴入各个茶杯中，俗称"韩信点兵"。

图 3-10　斟茶

9. 奉茶

茶泡好后，主人双手端起茶杯（乌龙茶带茶托）或盖碗，送至来宾面前，先行奉茶礼再奉茶，请客人品茶。客人也先回礼再接茶。（图 3-11）

图 3-11　奉茶

10. 品茶

品茶一般先闻香、再观色，最后尝滋味，是一门综合艺术。茶叶没有绝对的好坏之分，完全要看个人喜欢哪种口味而定。（图 3-12）

图 3-12　品茶

11. 收具

即将所用过的茶具清洗后，一一整理放回原处。

二、泡茶"五要素"

1. 茶具的取放

茶具的取放讲究"轻、准、稳"。"轻"是指轻拿轻放茶具，既表现了茶人对茶具的珍爱之情，同时也是茶艺师个人修养的体现。"准"是指茶具取出和归位要准，取具时眼、手应准确到位，不能毫无目的。同时，茶具归位要归于原位，不能因取放过程而失去原有的位置。"稳"是指取放茶具的动作过程要稳，不能左右摇晃，速度要均匀，茶具本身要平稳，每次停顿位置要协调，给人以稳重大方的美感。

2. 水温的控制

具体说来，高级细嫩名茶，特别是高档的名优绿茶，冲泡时水温为 80～85 ℃。只有这样泡出来的茶汤色清澈不浑，香气纯正而不钝，滋味鲜爽而不熟，叶底明亮而不暗，使人饮之可口，视之动情。如果水温过高，汤色就会变黄；茶芽因"泡熟"而不能直立，失去欣赏性；维生素遭到大量破坏，降低营养价值；咖啡碱、茶多酚很快浸出，又使茶汤产生苦涩味，这就是茶人常说的把茶"烫熟"了。反之，如果水温过低，则渗透性较低，往往使茶叶浮在表面，茶中的有效成分难以浸出，结果，茶味淡薄，同样会降低饮茶的功效。大宗红、绿茶和花茶，由于茶叶原料老嫩适中，故可用 90 ℃左右的开水冲泡。

冲泡乌龙茶、普洱茶和沱茶等特种茶，由于原料较成熟，加之用茶量较大，所以，须用刚沸腾的 100 ℃开水冲泡。特别是乌龙茶为了保持和提高水温，要在冲泡前用滚开水烫热茶具；冲泡后用滚开水淋壶加温，目的是增加温度，使茶香充分发挥出来。

至于边疆兄弟民族喝的紧压茶，要先将茶捣碎成小块，再放入壶或锅内煎煮后，才供人们饮用。

判断水的温度可先用温度计和计时器测量，等掌握之后就可凭经验来断定了。当然所有的泡茶用水都得煮开，以自然降温的方式来达到控温的效果。

爱课程网—视频公开课—中国茶道—巧冲泡（30′00″~34′30″）

3. 茶叶的用量

根据茶叶的种类外形、茶具大小、个人喜爱习惯而定。

茶叶中各种物质在沸水中浸出的快慢与茶叶的老嫩和加工方法有关。氨基酸具有鲜爽的性质，因此茶叶中氨基酸含量多少直接影响着茶汤的鲜爽度。茶叶用量应根据不同的茶具、不同的茶叶等级而有所区别，一般而言，水多茶少，滋味淡薄；茶多水少，茶汤苦涩不爽。因此，细嫩的茶叶用量要多；较粗的茶叶，用量可少些，即所谓"细茶粗吃""精茶细吃"。

普通的红、绿茶类（包括花茶）若采用杯泡法，可大致掌握在 1 g 茶冲泡 50~60 mL 水，若采用功夫泡法茶水比约 1∶30。如果用 200 mL 的壶泡，投入 3 g 左右的茶，冲水至七八成满，就成了一杯浓淡适宜的茶汤，而冲泡云南普洱茶则需放茶叶 5~8 g，茶水比在 1∶20 左右。

乌龙茶因习惯浓饮，注重品味和闻香，故要汤少味浓，用茶量以茶叶与茶壶比例来确定，投茶量大致是茶壶容积的 1/3 至 1/2。广东潮汕地区，投茶量达到茶壶容积的 1/2 至 2/3，茶水比控制在 1∶15 左右。

4. 浸泡时间

与茶叶种类、泡茶水温、用茶量和饮茶习惯有关系，不可一概而论。

如用茶杯泡饮普通红、绿茶，每杯放干茶 3 g 左右，用沸水约 150~200 mL，冲泡时宜加杯盖，避免茶香散失，时间以 2~3 分钟为宜。时间太短，茶汤色浅淡；茶泡久了，增加茶汤涩味，香味还易丧失。不过，新采制的绿茶可冲水不加杯盖，这样汤色更艳。另用茶量多的，冲泡时间宜短，反之则宜长。质量好的茶，冲泡时间宜短，反之宜长些。

茶的滋味是随着时间延长而逐渐增浓的。据测定，用沸水泡茶，首先浸提出来的是咖啡碱、维生素、氨基酸等，大约到 3 分钟时，含量较高。这时饮起来，茶汤有鲜爽醇和之感，但缺少饮茶者需要的刺激味。以后，随着时间的延续，茶多酚浸出物含量逐渐增加。因此，为了获取一杯鲜爽甘醇的茶汤，用杯泡法冲泡绿茶、红茶时，头泡茶以冲泡后 2~3 分钟左右饮用为好，若想再饮，到杯中剩有三分之一茶汤时，再续开水，以此类推。若是用功夫泡法冲泡绿茶、红茶时，第一泡用 40 秒，然后每次延长 20 秒。

对于注重香气的乌龙、花茶，为了不使茶香散失，冲泡时不但需要加盖，而且冲泡时间不宜长，通常 1 分钟即可。由于泡乌龙茶时用茶量较大，因此，第一泡 40 秒就可将茶汤倾入杯中，自第二泡开始，每次应比前一泡增加 15 秒左右，这样茶汤浓度不致相差太大。同理，冲泡普洱茶第一泡约用 30 秒，以后每次延长 10~15 秒。

另外，冲泡时间还与茶叶老嫩和茶的形态有关。一般说来，凡原料较细嫩，茶叶松散的，冲泡时间可相对缩短；相反，原料较粗老，茶叶紧实的，冲泡时间可相对延长。总之，冲泡时间的长短，最终还是以适合饮茶者的口味来确定为好。

5. 冲泡次数

据测定，茶叶中各种有效成分的浸出率是不一样的，最容易浸出的是氨基酸和维生素 C，其次是咖啡碱、茶多酚、可溶性糖等。一般茶冲泡第一次时，茶中的可溶性物质能浸出 50%~55%；冲泡第二次时，能浸出 30% 左右；冲泡第三次时，能浸出约 10%；冲泡第四次时，只能浸出 2%~3%，几乎是白开水了。所以，通常以冲泡三次为宜。

如饮用颗粒细小、揉捻充分的红碎茶和绿碎茶，由于这类茶的内含成分很容易被沸水浸出，一般都是冲泡一次就将茶渣滤去，不再重泡。速溶茶，也是采用一次冲泡法，功夫红茶则可冲泡 2~3 次。而条形绿茶如眉茶、花茶通常只能冲泡 2~3 次。白茶和黄茶，一般也只能冲泡 1 次，最多 2 次。

品饮乌龙茶多用小型紫砂壶，在用茶量较多时（约半壶）的情况下，可连续冲泡 4~6 次，甚至更多。

三、各类茶的冲泡技巧

1. 绿茶类

"诗写梅花月，茶煎谷雨春。"泡茶与写诗一样，都是一个艺术创作的过程。绿茶中的名茶细嫩娇贵，在冲泡时尤应百倍用心、循规蹈矩，如同写古典格律诗一般注重"平仄"和"韵律"，才能冲泡出如"梅花月"一样清丽高雅的好茶。冲泡和品饮绿茶一般应掌握以下四个基本技巧。

（1）精茶杯饮，粗茶壶泡。细嫩名优绿茶，一般都兼备"色、香、味、形"四大优点，其中外形在茶叶审评时占 25% 的权重，汤色和叶底各占 10% 的权重，为了便于充分欣赏名茶的茶相、汤色和叶底，并且防止水温过高闷坏了茶，通常宜选用精美的透明玻璃杯来冲泡。冲泡的程序为赏茶、温杯、置茶（分为上投法、中投法、下投法，一般每杯 3 g）、冲水（一般先用回旋手法，后用凤凰三点头手法）、奉茶、续水等程序。而大宗绿茶外形粗糙，观赏价值较低，且纤维素多，比较粗老耐冲泡，所以多选用瓷壶或盖杯冲泡。

（2）外形细嫩紧卷的可用"上投法"，名优绿茶一般用"中投法"或"下投法"。上投法：在开水温度高，又急需泡茶待客时采用此法，可以避免因水温高造成对茶汤和茶色的不利影响，也可观赏茶叶下沉过程中的姿态。它适用于外形紧结原料细嫩的高档名优绿茶，诸如西湖龙井、洞庭碧螺春、蒙顶甘露、径山茶、庐山云雾、涌溪火青、苍山雪绿等，即先将开水冲入杯中至七分满，然后取茶投入，茶叶便会徐徐下沉。采用此法冲泡时，最好轻轻摇动茶杯，使茶汤浓度上下均匀，茶香得以透发。

中投法：对条索比较松散的高档名优绿茶，一般采用中投法。即取茶入杯，冲入少量 90 ℃开水（以浸没茶叶为度），接着右手握杯，左手中指抵住杯底，稍加摇动，使茶浸润，再用高冲法冲水至七分满。此法也可在一定程度上解决泡茶水温过高带来的弊端。

下投法：最常用的投茶法，即先置茶后冲水。操作简单，茶叶舒展较快，茶汁容易浸出，茶香透发完全，而且整个杯的浓度均匀。因此有利于提高茶汤的色香味，一般中低档大众绿茶常采用。龙井、金坛雀舌、黄山毛峰、午子仙毫、竹叶青等茶形比较紧结光滑或有鱼叶保护的名优绿茶宜选用中投法或下投法。

爱课程网—视频公开课—中国茶道—巧冲泡（24′10″~26′35″）

（3）水温因茶而异，切忌闷茶过度。同样是名贵绿茶，但不同品种的绿茶因茶性不同，所以对水温要求差别很大。冲泡碧螺春水温 70 ℃就足够了，龙井一般要 80~85 ℃，而黄山毛峰因有鱼叶保护，所以要求用 100 ℃的沸水冲泡。除黄山毛峰、绿茶类君山银针等少数品种之外，用玻璃杯冲泡绿茶一般不加盖。在日常生活中最忌用开水瓶、保温杯等器皿冲泡绿茶，这样极易闷坏了茶，使茶"熟汤失味"，即茶汤失去鲜爽度和嫩香，变得苦涩沉闷。

（4）及时续水，引导品饮。绿茶一般只冲泡三道。第一冲称为"头开茶"，品"头开茶"应引导客人目品"杯中茶舞"，并着重引导客人细啜慢品，去品味鲜嫩的茶香和鲜爽的茶味。"头开茶"饮至尚余 1/3 杯时，即要及时续水到八分满。太迟续水会使"二开茶"茶汤淡而无味。品"二开茶"时，茶汤最浓，这时应注意引导客人去体会舌底涌泉、齿颊留香、满口回甘、身心舒畅的妙趣。"二开茶"饮剩小半杯时即应再次续水，一般绿茶到第三次冲水基本上都淡薄无味了，这时可佐以茶点，以增茶兴。

（5）分杯泡茶，别有情趣。绿茶的香气多为毫香、豆花香、板栗香，香气鲜嫩淡雅。用传统的冲泡方法，每杯投茶 3 g，因茶汤较淡，所以不易充分享受绿茶的嫩香。近年来，嗜饮浓茶爱闻茶香的茶人，用分杯茶的泡法来冲泡绿茶，取得了独到的效果。

绿茶的分杯泡法宜选用水晶玻璃同心杯或盖碗，在杯中投入 10~15 g 绿茶，然后冲入少许 90 ℃ 的开水，浸润 3~5 秒即倒入公道杯备用。在 90 ℃ 开水的浸润后，同心杯中的绿茶即散发出浓郁的芳香，这道程序称之为"醒香"。要特别注意的是水温与浸润的时间。浸润的时间不足，茶香不会充分挥发；浸润的时间太久，易将茶烫熟，使茶欠鲜爽而且带有沉闷的熟汤味。醒香后，应马上传着闻香，以免茶香散失。

闻香后，即可向杯中冲入 75~85 ℃ 左右的开水，并根据各人的口味确定出汤的时间。出汤时把茶汤先倾入公道杯，让这一道茶汤与醒香后存在杯中的浓汤混合均匀，然后斟入品茗杯中敬奉给客人细品。绿茶的分杯泡法可冲泡 6~8 道，泡出的茶汤香气浓郁、滋味浓醇、回甘强烈而持久，每一道茶汤的色、香、味都富有变化，比起常规泡法，别有一番情趣。

2. 黄茶类

"一瓯细啜天真味，此意难与他人言。"黄茶与绿茶的茶性相似，所以在冲泡品饮时，可参照绿茶的方法：君山银针、蒙顶黄芽、霍山黄芽等均由单芽加工制成，属于黄芽茶类，最宜用玻璃杯泡饮。沩山白毛尖、鹿苑毛尖、北港毛尖等是用 1 芽 1~2 叶的茶青加工而成，属于黄小茶类，亦可用玻璃杯泡饮。而广东大叶青、霍山黄大茶、皖西黄大茶等均由 1 芽 3~4 叶，甚至 1 芽 5 叶的粗大新梢加工而成，其茶形外观不雅，且冲泡时要求水温较高，保温时间较长，所以宜用瓷壶冲泡后，斟入茶杯再饮。

在冲泡黄芽茶时，蒙顶黄芽、霍山黄芽可用 75~85 ℃ 的开水冲泡。君山银针虽然也是黄芽茶，但是冲泡的方法却不相同。君山银针是最具观赏价值的名茶之一，为了观赏它在玻璃杯中冲泡后的美妙茶相，在冲泡时要用 95 ℃ 以上的开水冲泡，并且在冲入开水后要立即盖上一片玻璃片。因为君山银针茶芽肥壮、茸毛厚密，如果冲泡时水温低于 95 ℃，则茶芽很难迅速吸水竖立并下沉，而是较长时间卧浮于水面，既不美观，又影响茶艺表演的节奏。只有用 95 ℃ 以上的开水冲泡并加上玻璃盖，茶芽才会在 3 分钟左右均匀吸水，先是竖立着悬浮在水面上层，随波晃动，如同"万笔书天"，而后徐徐下沉，但仍然直立于杯底，好似"春笋破土"。茶芽在开水冲泡后，芽尖会产生晶莹的小气泡，如"雀舌含珠"，在气泡浮力的作用下，茶芽会三浮三沉，蔚为奇观。最后开启玻璃杯盖时，可以看到一缕白雾从杯中冉冉升起，缓缓飘散消失，会使人产生"仙鹤飞天"的联想。君山银针在杯中的奇妙变幻，以及它那清悠淡雅的茶香和清醇鲜爽的茶韵都会给人带来一种空灵、清新、平和的美感，使人的精神为之升华。

3. 白茶类

白茶也属轻微发酵茶，冲泡与品饮方法与黄茶相似，只是根据原料、造型有所区别。

（1）白毫银针。冲泡白毫银针，主要注意事项有二：其一，茶芽纤长细嫩，水温不宜过高，90 ℃左右即可；其二，这种上好的白茶浑身披满白毫，冲泡时，热水不可直冲茶芽，应当沿杯（或壶）壁入冲，这样做有两个好处，即不会损伤茶芽品相，又不至于因为茶芽大量脱毫令茶汤变浊而影响其汤色的美感。白毫银针茶形虽然纤小细嫩，因为茶芽肥壮丰腴，出汤时间较长，可续泡 3~4 次。

（2）白牡丹。白牡丹一芽一两叶，旗枪兼具，茶芽细嫩纤巧，茶叶粗犷豪放，水温不可过低，低则茶味难出，水温若是太高，则又会伤及茶芽，若配以玻璃茶具，则其水中倩影尽收眼底。所以，白牡丹的冲泡温度，最好控制在 90~95 ℃之间。

（3）贡眉或寿眉。寿贡皆以茶叶为主，其形粗放，尽显古朴之风，其靓丽之处有三：其茶汤深红美艳，其滋味醇厚浓郁，其功效较为卓越。所以，冲泡贡眉或寿眉，水温可在 100 ℃，而且可以多泡一会，这样，就会充分享受到其最美的部分。

（4）新工艺白茶。新工艺白茶是白茶家族中的新秀，因其工艺特殊，其味浓醇清甘，近似闽北乌龙之"馥郁"，故此茶以功夫法冲泡为宜。

4. 红茶类

"松雨声来乳花熟，咽入香喉爽红玉。"如果说品味绿茶如同品读田园诗、山水诗，需要多一些灵感，多一些想象力，那么品饮红茶就如同在品读爱情诗，需要多一点深情，多一点温柔。被日本红茶界专家誉为"冲泡红茶第一人"的高野健次先生在谈他冲泡红茶的心得时说："23 年来，每日不间断地与红茶朝夕相处，使我深深地体会到，不管你的大脑对红茶有多么了解，你仍然无法泡出一壶好红茶来。唯有不断地去尝试，用感觉去理解，才能真正踏入红茶的国度。"就是说要想泡好红茶，不仅要在技艺上多尝试，还要多"与茶叶对话"，知冷知热，熟能生巧。一般来说，红茶可清饮与调饮，清饮可领略红茶的真味本色，调饮时可加奶、糖、水果、香料、酒等，风味多样。食用香料一般都有开胃、养胃、健胃的功效，其中有不少香料适合与红茶匹配调制成香料红茶，尤以小豆蔻、丁香、肉桂、姜、肉豆蔻、黑胡椒、白胡椒、果仁等最常用。小豆蔻被誉为"香料女王"，具有馥郁的芳香，可防止口臭并生津健胃，常用来调制豆蔻奶茶。此外，红茶还可以用于配制酒茶，常用的酒除了六大基酒（白兰地、威士忌、金酒、朗姆酒、伏特加、特其拉）之外，还常用葡萄酒、青梅酒等。居住于喜马拉雅山下的雪尔帕部族爱喝的雪尔帕茶就是由红茶和葡萄酒配制的，表3-4列举了清饮红茶、冰红茶、豆蔻奶茶、雪尔帕茶的冲泡方法。

表3-4　清饮红茶与冰红茶的冲泡方法

饮用法	冲泡步骤
清饮红茶壶泡法	把新鲜纯净的水倒入壶中加热，同时把茶杯、茶壶温热，用茶匙取7.5 g红茶置入瓷壶中，待水初沸30秒后，一气呵成向茶壶中冲入约500 mL的开水，盖上壶盖，罩上保温罩后闷茶3~4分钟，打开壶盖用茶匙轻轻搅拌后，用过滤网把茶汤斟入茶杯，奉茶饮用
冰红茶冲泡法	茶壶预热后投入7.5 g红茶，将500 mL初沸的开水一次性急剧地冲入茶壶，盖上盖后静置5分钟，待壶温降到70~80 ℃时把红茶滤到一个耐热玻璃壶内待用，在另一个玻璃壶内装上七成满的碎冰块，把红茶冲入装有冰块的玻璃壶内，轻轻顺时针搅动4~5秒即可出汤，把冷却过的红茶斟入盛有碎冰块的玻璃杯中，调入适量糖汁或方糖即可饮用
冰红茶速成法	将加倍浓度的热红茶，直接用过滤网冲入装有6分满碎冰块的耐热玻璃杯，然后一面轻轻搅拌使之冷却，一面不断加入冰块，待充分冷却后，再调入适量糖汁即可饮用。这种泡法因为是把泡好的浓红茶直接倒入饮用杯急速冷却，所以香气和滋味都不易逸散
豆蔻奶茶	在小锅内注入280 mL水，捣碎8~10粒小豆蔻，放入4匙红茶一起煎煮，煮沸2~3分钟后倒入500 mL鲜牛奶，煮到快要沸腾时迅速关闭火源，用茶滤把煮好的奶茶分别斟入预热过的茶杯。在每一杯奶茶面上轻轻放1~2粒小豆蔻。喜爱甜茶的朋友可在煮茶时加入适量白砂糖
酒茶（雪尔帕茶）	取几粒玫瑰香葡萄压碎，与7.5 g红茶一起放入茶壶，用500 mL开水冲泡，再取几粒玫瑰香葡萄对半切开，分别放入玻璃杯中，每杯淋上少许红葡萄酒，将泡好的红茶用茶滤斟入玻璃杯中，再取2粒连枝的葡萄点缀在杯缘即可饮用

总之，冲泡红茶是一种美的创作，同时也是高雅的自娱自乐。只要你掌握了红茶的茶性并顺应茶性大胆实践，那么每一次成功都会令你惊喜，都会让你体会到"恰似灯下故人，万里归来对影，口不能言，心下快活自省"的境界。

5. 黑茶类

"香于九畹芳兰气，圆如三秋皓月轮。"品饮黑茶，可领略其独特的风韵，尤其是陈年黑茶，其陈香陈韵别具一格，并具有一定的药效功能。黑茶有散茶、紧压茶，可清饮、调饮还可药饮，冲泡方法亦可以根据茶品与饮用习惯采取不同的冲泡或煮饮的方法进行。

（1）普洱茶。

① 盖碗冲泡。用具：茶海、盖碗、公杯、品杯、滤网、随手泡。冲泡流程如表3-5所示。

表3-5　普洱茶盖碗冲泡法

冲泡步骤	名称	操作方法及注意事项
1	温杯	用开水把准备好的干净的器皿再冲淋一次，一方面为了卫生，同时也是给盖碗、公道杯、品茗杯加温
2	投茶	把要冲泡的普洱茶投入盖碗中。100 mL左右的盖碗建议投茶5 g左右为宜
3	润茶	向盖碗杯中注水，让茶叶充分的苏醒、伸展开来，润茶茶汤直接倒掉。这一步骤中尤其注意注水的速度和角度。注水快则温度高，注水慢、水流细则水温相对要低一些，注水的角度会影响水对茶叶的冲击和茶叶的翻滚，毫较多的茶和熟茶不能过于冲击和翻滚，否则茶汤会浑浊不透亮。因此，要针对所泡茶叶特性的不同来做出适当调整
4	泡茶	泡茶时要注意出汤的时机，出汤过快则茶汤寡薄，出汤过慢则会太浓
5	分茶	把通过滤网冲泡好的茶汤分杯到品杯当中供大家分享，注意品杯不要倒太满，"酒满茶半"，最多不要超过七分。这是中国茶道的一个礼节，俗话说"酒满敬人，茶满欺人"
6	品茶	三口为品，意思就是要小口慢慢喝。烫的话薄薄的吸品杯最表面的一层茶汤，一杯普洱茶中表面的一层温度最低

② 壶冲泡。用具：茶海、紫砂壶、公杯、品杯、滤网、随手泡。操作流程：与盖碗冲泡基本一致，只是改用紫砂壶冲泡。

③ 铁壶煮茶。器皿：铁壶（内附滤斗）、大公杯、品杯、滤网、电磁炉或煤气灶等可以给铁壶加热的设备。操作流程：铁壶煮茶可以有三种不同的流程：先泡后煮；热水煮；冷水煮。投茶量依次递减，600 cc的壶投茶5～7 g

即可。

④ 飘逸杯冲泡。器皿：飘逸杯、随手泡。操作流程：把茶叶投入滤斗中，润茶后同盖碗的操作。飘逸杯的杯体在一个人用时也可直接做品杯。

（2）湖南黑茶。黑茶是后发酵茶，且原料相对绿茶来说较为粗老，成品茶以陈香陈味为主要特点，汤色或橙黄，或红亮，因存放年份与环境而有所不同。湖南黑茶从外形来分有紧压茶、篓装茶，还有散装茶，可清饮可调饮，可冲泡可煮饮，且各具不同风味。

① 清饮法。飘逸杯冲泡法：此种冲泡方法简便，只需飘逸杯、煮水器及品茗杯即可。且冲泡方法相对简单易学，操作灵活方便，在家中、办公室及茶馆等休闲场所都很适宜。具体操作时先将优质山泉水，或是日常饮用的纯净水（如用自来水须静置一段时间再用）烧至100 ℃，将所用器具烫淋一遍，以提高壶温杯温，把碎开的黑茶投入飘逸杯的上层泡茶杯中，投茶量一般以茶水比1∶30（视茶原料及个人口感调整）为宜。然后向泡茶杯中注入少量开水，轻轻摇动，使茶叶得到温润，约40秒左右将茶汤倒掉。再次注入100 ℃开水至齐杯口，盖上杯盖浸泡1~2分钟（根据不同茶品情况及个人口感喜好而定，老茶应适当缩短），将茶汤沥入飘逸杯下层的储茶杯中，再分入品茗杯，即可闻香、观色、细品其味了。之后可继续加水冲泡多次至茶汤变淡，冲泡时间根据茶汤浓淡灵活掌握。

壶（杯）泡法：运用此种方法须备用茶壶一把或茶杯一只（质地则紫砂、瓷器皆可），煮水器、过滤网、公道杯、品茗杯等器具，方法基本与飘逸杯相同，只是泡茶时将茶投入壶或杯中，然后泡好的茶须用过滤网沥入公道杯中，再分入品茗杯饮用，可以多次冲泡至味淡换茶。

② 煮法。即通过煮茶的方法来品饮，将用开水温润过的适量茶叶（茶水比1∶35）投入可以烧煮的茶壶中，然后注入冷的山泉水（或经静置的自来水）置火（或电磁炉）上烧煮至沸腾，30秒后即可将茶壶取下，待10秒即可将煮好的茶汤用过滤网过滤至公道杯中，然后依次分入品茗杯中即可品饮，黑茶可以反复烹煮多次。此种方法相对复杂，其优点是能较好地体现茶的香气，茶味相对醇厚，烹煮过程中观看壶中茶叶翻舞、茶色渐显也是一种美的享受。

③ 调饮法。湖南黑茶可以加入不同的配料来调饮，其中奶茶最为常见，制作时先将茶品敲碎装进一个可扎口的小布袋，扎紧袋口，投入沸水中，熬煮8~10分钟后将茶汤滤出，再加入相当于茶汤1/5~1/4的鲜奶调匀即成为香浓的奶茶，还可根据个人喜好加盐、加糖来调味。

6. 乌龙茶类

乌龙茶原料相对成熟，干茶的外形条索粗壮肥厚紧实，茶叶内含有的各种营养成分较丰富，多数采用沸水冲泡。沸水冲泡后香高而持久，味浓而鲜醇，回甘快而强烈。

（1）乌龙茶的沸水泡法。沸水泡乌龙，从器具到品饮文化都有讲究。

其一是择器很讲究。要想领略乌龙茶的真香和妙韵，必须要有考究而配套的茶具。待客时冲泡器皿最好选用宜兴紫砂壶或小盖碗（三才杯）。杯具最好用极精巧的白瓷小杯（又称若琛杯）或用闻香杯和品茗杯组成对杯。选壶时要因人数多少来选择，一个人应选"得神壶"，两个人应选"得趣壶"，人多时则选较大的"得慧壶"。壶以年代久远的宜兴老壶为佳。

其二是器温和水温要双高，这样才能使乌龙茶的内质美发挥得淋漓尽致。在开泡前先要用开水淋壶烫杯，以提高器皿的温度。

其三是冲泡用水要滚沸（水温达 100 ℃），却不可"过老"。

其四是品乌龙茶应"旋冲旋啜"，即要边冲泡，边品饮。浸泡的时间过长，茶必熟汤失味且苦涩。出汤太快又色浅味薄没有韵。冲泡乌龙茶应视其品种、室温、客人口感以及选用的壶具来掌握出汤时间。对于初次接触的乌龙茶，头一泡可先浸泡半分钟左右，然后视其茶汤的浓淡，再确定是延时还是减时。当确定了出汤的最佳时间后，以后每一次冲泡均应延时 10 秒左右。好的乌龙茶"七泡有余香，九泡不失茶真味"。

（2）乌龙茶的冰水泡法。按照传统观念，茶要热饮。陆羽在《茶经》中写道："煮水一升，酌分五碗，乘热连饮之，以重浊凝其下，精英浮其上，如冷，则精英随气而竭。"大意是如果煮一升水的茶，可分为五碗，要趁热喝下去，因为重浊的成分沉在下层而茶中精英都浮在水面上，如果没有趁热喝，茶的精英都会随热气而散去。民间还有一种说法是茶性寒，冷饮会伤脾胃。从现代卫生科学来看，这些说法是要因人而异的。在欧美等国，冷饮是他们的爱好；在我国，民间也素有喝冷茶的习惯。

乌龙茶中所含营养成分很多，有些要在较高的水温中才能大量溶出，而有些在很低的温度下即可溶解。泡冰茶所用的水温低，茶水中单宁质等有苦涩味的物质溶解得很少，所以冷开水冲泡乌龙茶更加鲜爽清甘可口，只是香气和醇厚度稍差一些。泡冰乌龙茶的流程为：备器（将一个可容一升水的白瓷茶壶洗净备用）→投茶（冰茶一般用于消暑，茶宜淡一些，一升容量的壶投茶 10~15 g 既可）→冲水（先冲入少量温开水烫洗茶叶后把水倒掉，马上冲入冷开水，水温最好低于 20 ℃）→冷藏（将冲满冷开水的茶壶放入冰箱的冷藏室中存放）→4 小时后即可倒出饮用。冰茶倒净后可再冲进冷开水，一般可泡至

3 次。

冰乌龙茶的香气淡雅悠远。这种香是"暗香浮动月黄昏"的暗香，它悄悄地沁入你的心田，可让你"衣带渐宽终不悔，为伊消得人憔悴"。这种香是"红藕花香到槛频"式的清香，纯而又纯，由不得你不心动。这种香是"零落成泥碾作尘，只有香如故"的恒久之香，一旦饮过，你便永难忘怀。

7. 花茶类

"琼浆初举欲沾口，茶兼花香味更强"。花茶，融茶之味花之香于一体，茶香与花香巧妙地融合，构成茶汤适口、香气芬芳的特有韵味，品饮花茶，犹如品赏一件茶的艺术品，故而人称花茶是"诗一般的茶叶"。花茶的品种很多，其中以茉莉花茶最常见。冲泡花茶要注意用具、用水的选择，以及水温、投茶量、冲泡时间等。

（1）茶具选配。品饮茉莉花茶的茶具，可以选用里层是白色的瓷盖碗，配有茶碗、碗盖和茶托，因其杯盖、杯身、杯底常分别被比作"天、地、人"，故也称作"三才杯"。因其可以使花茶香气较长时间保持，可以很好地欣赏汤色、叶底，花香也能充分发挥，既清洁，又雅致，而且又能防止端杯时烫手，是较为理想的冲泡花茶的器皿。但在冲泡特种造型茉莉花茶和高级茉莉花茶时，也有选用玻璃杯的，因玻璃杯透明，可以观赏茶叶在杯中舒展的优雅姿态，从而提高花茶的艺术欣赏价值。

（2）用水讲究。水质的好坏对茶性的发挥相当重要。一般来说，选用优质的山泉水最好，茶水比以 1 : 50 为宜，冲泡时间控制在 3 ~ 5 分钟，水温掌握 90 ~ 100 ℃。

（3）冲泡流程。一般来说，欣赏花茶有"三看、三品"之说。"三看"即干看、开汤、叶底。"三品"即口品、鼻品、心品。首先，在冲泡之前，通常取出若干的茉莉花茶干样，让饮者先认识茉莉花茶的外形，欣赏花茶的"锦上添花"（茶中有少量白色花干），嗅闻茉莉花茶的沁人花香，增添对茉莉花茶的情趣。而在宾客赏茶的同时茶艺师可以进行烫盏，即用沸水将杯具再烫洗一次，其主要目的在于提升杯温，同时通过此程序来表达花茶的一尘不染与茉莉花的洁净之性。在冲泡茉莉花茶时，水流先低注，直接注于茶叶上，使香味缓缓浸出；再中斟，稍提高水壶注入沸水，使茶水交融；然后采用高冲，壶口离茶杯口稍远冲入沸水，使茶叶翻滚，茶汤回荡，花香飘溢。冲水至八分满为止，冲后立即加盖，以保香气。

特种工艺造型茉莉花茶和高级茉莉花茶，在玻璃杯冲泡后还具有很强的观赏性。如特级茉莉银针如春笋出土、银枪林立，茉莉银毫润水舒展、翩翩起舞；茉莉玉环如菊花绽放，栩栩如生，别有一番情趣；嗅品其香，鲜灵浓纯，芳香沁脾；舌尝其味，含英咀华，令人神清气爽，感慨花香茶韵总相宜！

第五节　善品饮

爱课程网—视频公开课—中国茶道—善品鉴

一、赏茶名

庄子曰："名者，实之宾也。实者，名之本也。"人们对事物的喜恶从一名可以得其概略。"志士渴不饮盗泉之水，热不息恶木之阴"，并非盗泉不清，恶木不阴，只因其名不良。所以，对世间万物的命名都有讲究。

茶的命名，在我们具有五千年文明的古国里，更具讲究之道。诸多精心命名而得的茶名，反映出命名者自身的文化艺术修养、社会知识和历史知识，以及综合素质之高低。如旗枪、凤眉、瑞草魁、洞庭春芽、山河摘翠……这些茶名凝结了命名者对茶的深情厚谊，饱含了对茶的审美情趣，体现了高层次的审美观。

茶的品名众多，归类划分大致有以下几类：有根据采摘时节命名的，如春茶、明（清明）前、骑火、明后、雨（谷雨）前、雨后、夏茶、六月白、秋香、白露茶、冬片等；有以茶叶形态命名的，如枪旗、鹰嘴、横芽、雀舌、麦颗、片（鳞）甲、蝉翼、玉环、龙虾等；有根据茶叶色泽来命名的，如绿雪、碧芽、竹叶青、白芽、紫笋、绿华、紫英、黄汤、辉白等；有以茶香茶味命名的，如兰花、肉桂、水仙、苦茶等；有根据产茶地命名的，如洞庭碧螺春、寿州黄芽、蒙顶石花、庐山云雾、君山银针、安化松针等；有以茶的品德为名的，如瑞草、草中英、玉角、苍坚、冰肝、寒洁，灵芽等；还有以民间传说命名的，如铁观音、大红袍、周打铁茶、昭君毛尖等。此外，还有一些茶名具有浓厚的宗教色彩，有些饱含人们的美好祝福，如千佛岩茶、普陀佛茶、福寿茶、五子登科茶等。于枪旗、鹰嘴、绿雪、兰花等茶名之中可以欣赏到茶的色、香、味、形之美，于君山银针、石门银峰、西湖龙井等茶名中可以体会到名山名泉的美，有的茶名甚至可以将我们带入奇妙的境界。品前听茶名，茶的形、色、香即油然而生；待茶冲泡后，芽叶舒展，幽香沁心，至茶入口，细细品之，享受由茶美的滋味而带来的愉快，此时舌底回甘，心旷神怡；再析茶名，得到一种耳、目、鼻、舌、心意的全方位的美的体验，如此往回萦绕，给人以无穷的美的享受。

 拓展阅读：茶名对联赏析

"龙井云雾毛尖瓜片碧螺春，银针毛峰猴魁甘露紫笋茶。"此对联中把中国的名茶名称巧妙嵌入其中，组成了一副优美的对联。在此对联中，提到的名茶分别是西湖龙井、庐山云雾、信阳毛尖、六安瓜片、洞庭碧螺春；君山银针、黄山毛峰、太平猴魁、蒙顶甘露、顾渚紫笋。

二、观形态

中国茶叶的加工工艺多种多样，毛茶、成茶形状有的直、有的卷、有的肥、有的瘦、有的圆、有的方，千姿百态、丰富多彩，构成了一个形态美的大千世界。表3-6列举了不同茶类、不同形态特征的知名茶品。

表3-6　中国茶叶形态与分类

茶叶形状及特征	茶品举例	所属茶类
长条形茶，外形呈长条状	信阳毛尖、庐山云雾	绿茶
	功夫红茶、小种红茶及红碎茶中的叶茶	红茶
	黑毛茶、湘尖茶、六堡茶	黑茶
	武夷岩茶	青茶
卷曲条形茶，条索紧细卷曲	洞庭碧螺春、都匀毛尖	绿茶
扁形茶，外形扁平挺直	龙井、旗枪、大方	绿茶
针形茶，外形似针状	君山银针	黄茶
	白毫银针	白茶
	南京雨花茶、安化松针	绿茶
圆形茶，外形似圆珠	涌溪火青、平水珠茶	绿茶

茶叶形状及特征	茶品举例	所属茶类
螺钉形茶， 茶条顶端扭转成螺丝钉形	铁观音、色种	青茶
片形茶	整片形：六安瓜片	绿茶
	碎片形：秀眉	
尖形茶，外形两端略尖	太平猴魁	绿茶
颗粒形茶	红碎茶	红茶
花朵形茶，芽叶相连似花朵	舒城小兰花	绿茶
	白牡丹	白茶
束形茶，用结实的消毒细线 把理顺的茶叶捆扎而成	黄山绿牡丹	绿茶
团块形茶，毛茶复制后 经蒸压造型呈团块形状	砖形茶：黑砖茶、花砖茶、青砖茶、紧茶	黑茶
	米砖茶	红茶
	碗形茶：沱茶	绿茶
	饼形茶：七子饼茶	黑茶
	枕形茶：金尖茶	黑茶

三、察色泽

茶叶色泽是鲜叶中内含物质经制茶过程转化形成各种有色物质，并由于这些有色物质的含量和比例不同，茶叶呈现出各种色泽，有的乌黑油润，有的翠绿油润，有的红褐，有的黄绿。

茶叶色泽包括干看茶叶外表、湿看茶汤和叶底色泽。干茶的色泽主要从色泽和光泽度两个方面去鉴别。各类茶叶均有其一定的色泽要求，如红茶以乌黑油润为好，黑褐、红褐次之，棕红最次；绿茶以翠绿、深绿色为好，绿中带黄或黄绿不匀者较次，枯黄花杂者差；乌龙茶则以青绿光润有宝光色较好，黄绿不匀者次；黑毛茶以油黑色为好，黄绿色或铁板色为差。

冲泡茶叶后，内含成分溶解在沸水中的溶液所呈现的色彩，称为汤色。因此，不同茶类汤色会有明显区别，而且同一茶类中的不同花色品种、不同级别的茶叶，也有一定差异。一般说来，凡属上乘的茶品，都汤色明亮、有光泽，具体说来，绿茶汤色浅绿或黄绿，清而不浊，明亮澄澈；红茶汤色乌黑油润，若在茶汤周边形成一圈金黄色的油环，俗称金圈，更属上品；乌龙茶则以青褐光润为好；白茶，汤色微黄，黄中显绿，并有光亮。

四、嗅香气

闻香的方式，多采用湿闻，即将冲泡的茶叶，按茶类不同，经 1~3 分钟后，将杯送至鼻端，闻茶汤面发出的茶香；若用有盖的杯泡茶，则可闻盖香和面香；倘用闻香杯作过渡盛器（如台湾人冲泡乌龙茶），还可闻杯香和面香。另外，随着茶汤温度的变化，茶香还有热闻、温闻和冷闻之分。热闻的重点是辨别香气的正常与否，香气的类型如何，以及香气高低；冷闻则判断茶叶香气的持久程度；而温闻重在鉴别茶香的雅与俗，即优与次。

茶的香气是由茶的鲜叶原料在制茶过程中进行复杂的生化反应而产生的。茶叶香气除了决定于制茶的工艺之外，茶树的品种、采摘季节、气候、土壤、栽培管理等，都对成品的香气形成有一定的影响。一般说，绿茶有清香鲜爽感，甚至有果香、花香者为佳；红茶以有甜香、花香为上，尤其以香气浓烈、持久者为上乘；乌龙茶以具有浓郁的花香为佳；而花茶则以具有清纯芬芳者为优。茶叶按香气类型分大致有以下几类：

毫香型：凡有白毫的鲜叶，嫩度为单芽或一芽一叶，白毫显露的干茶冲泡时有典型的毫香，如百毫银针，毛尖，毛峰。

清香型：香气纯洁、平和耐久，香虽不高但缓缓散发，令人高兴。少数闷堆程度较轻、单调火工不饱满的黄茶和摇青程度偏轻、火工不足的乌龙茶也属此香型。

嫩香型：香气高洁细腻，新鲜悦鼻，有的似熟板栗，熟玉米的香气，如制作优良的名优绿茶。

花香型：散发出各种类似鲜花的香气，分为青花香和甜花香两种。铁观音，包括乌龙均属此型。各种花茶，因窨制方法的差异，各具不同花香。部分绿茶天然具有兰花香。祁门红茶则有玫瑰香。

果香型：散发出类似各种水果香气，闽北青茶及部分品种茶属此类型。

五、品滋味

茶汤滋味是人们的味觉器官对茶叶的甜、苦、涩、酸、辣、腥、鲜等多种可溶性呈味物质的一种综合反应,与茶树的品种、茶叶的加工、冲泡技巧等因素有着密切的联系。茶汤滋味是茶叶综合反应的结果,如果它们的数量和比例适合,就会变得鲜醇可口,回味无穷。茶汤的滋味以微苦中带甘为最佳。好茶喝起来甘醇浓稠,有活性,喝后喉头甘润的感觉持续很久。

一般认为,绿茶滋味鲜醇爽口,红茶滋味浓厚、强烈、鲜爽,乌龙茶滋味酽醇回甘,是上乘茶的重要标志。由于舌的不同部位对滋味的感觉不同,所以,尝味时要使茶汤在舌头上循环滚动,才能正确而全面地分辨出茶味来。茶人常说品茶时"含英咀华",即嘴中要像含着一朵小花一样,慢慢咀嚼,细细品味,才能品出茶的真味。以下是茶叶专业审评常见、常用的评味术语,也是人们品味茶汤的主要直观感受描述。

回甘:茶汤入口先微苦而后回味有甜感。

浓厚:味浓而不涩,纯正不淡,浓醇适口,回味清甘。

醇厚:汤味尚浓,有刺激性,回味略甜。

醇和:汤味欠浓,鲜味不足,但无粗杂味。

纯正:味淡而正常,欠鲜爽。纯和与此同义。

淡薄:味清淡而正常。平淡、软弱、清淡与此同义。

粗淡:味粗而淡薄,为低级茶的滋味。

苦涩:味虽浓但不鲜不醇,茶汤入口涩而带苦,味觉麻木。

熟味:茶汤入口不爽,软弱不快的滋味。

水味:口味清淡不纯,软弱无力。干茶受潮或干度不足带有"水味"。

高火味:高火气的茶叶,尝味时也有火气味。

老火味:轻微带焦的味感。

焦味:烧焦的茶叶带有的焦苦味。

异味:烟、焦、酸、馊等及茶叶污染外来物质所产生的味感。

六、辨叶底

茶叶叶底的色泽和软硬,可以反映出鲜叶原料的老嫩,叶底的色泽还与汤色有密切的关系,叶底色泽鲜亮与浑暗,往往和汤色的明亮与浑浊是一致的。茶叶叶底柔软者说明所用原料鲜叶比较细嫩,粗老的鲜叶制成的茶,其叶底也比较粗硬。鉴别叶底的软硬、薄厚和老嫩程度时，除用日光观察外，还可借助于手指按压、牙齿咬嚼等方式。

绿茶叶底：在叶底背面有白色茸毛，以翠绿而明亮的细嫩鲜叶、大小匀齐为佳；以粗老、灰黄、破碎者为次品。若绿茶杀青不及时或不彻底，还会出现红叶或红梗。

红茶叶底：以红艳明亮为上品；以粗老、色泽花青者为次。

花茶叶底：以绿色均匀稍带黄且明亮为上品；以色泽褐暗、杂而不匀为次品。

乌龙茶叶底：以"绿叶镶红边"为上品，即叶边带红而明亮，或叶片中有红点；叶底色暗发乌者为次品。

黑茶叶底：以叶片厚、弹性好、色泽亮为上品；以叶片薄、无韧性、色泽暗为次品。

 拓展阅读："香、清、甘、活"话"岩韵"

武夷岩茶自古以来是文人墨客、达官显贵、帝王将相所珍爱的奇茗。宋代文豪范仲淹诗云："年年春自东南来，建溪先暖冰微开。溪边奇茗冠天下，武夷仙人从古栽。"苏东坡赞武夷岩茶的诗中写道："戏作小诗君勿笑，从来佳茗似佳人。"苏东坡把武夷岩茶比作绝代佳人，确是生花妙笔。武夷岩茶之所以闻名天下，声誉日隆，其最突出的特点是它独处岩骨花香之胜地，品饮时有妙不可言的"岩韵"。什么是岩韵？初品着感到玄妙莫测，不好琢磨，高明的茶师把武夷岩茶的"岩韵"归纳总结为"香、清、甘、活"四个字。

香：武夷茶的香包括真香、兰香、清香、纯香，表里如一，曰纯香；不生不熟，曰清香；火候停匀，曰兰香；雨前神具，曰真香。这四种香绝妙地融合在一起，使得茶香清纯辛锐，幽雅文气香高持久。

清：指的是汤色清澈艳亮，茶味清纯顺口，回甘清甜持久，茶香清纯无杂，没有任何异味，香而不清是武夷岩茶种的凡品。

甘：指茶汤鲜醇可口、滋味醇厚，回味甘夷。香而不甘的茶为"苦茗"。

活：指的是品饮武夷岩茶时特有的心灵感受，这种感受在"啜英咀华"时须从"舌本辨之"，并注意"厚韵""嘴底""杯底流香"等。

正因为武夷岩茶具有"清、香、甘、活"，妙不可言的"岩韵"，所以蜚声四海，誉满九州，古往今来的茶人爱得如醉如痴。

清代才子袁枚在《随园食单·茶酒单》中写道："杯小如胡桃，壶小如香橼，每斟无一两，上口不忍遽咽，先嗅其香，再试其味，徐徐咀嚼而体贴之，果然清香扑鼻，舌有余甘。一杯之后，再试一二杯，令人释躁平矜、怡情悦性，始觉龙井虽清而味薄矣……颇有玉与水晶品格不同之故。"可见，"徐徐咀嚼而体贴之"是感悟武夷岩茶之"活"的不二法门。

复习思考题

1. 中国茶叶可分为哪六大类？
2. 红茶的红汤、红叶是如何形成的？
3. 什么是茶叶的"适制性"？
4. 水之中各种不同的金属离子超标会对茶汤造成什么影响？
5. 为何说一方水土养一方好茶？
6. 如何才能冲泡好一杯茶？

主要参考文献

［1］王英编校. 明人日记随笔选［M］. 上海：南强书局，1935.

［2］张伟强. 茶艺［M］. 重庆：重庆大学出版社，2008.

［3］吴远之. 大学茶道教程第 2 版［M］. 北京：知识产权出版社，2013.

［4］郑春英主编. 轻松入门鉴紫砂［M］. 北京：中国轻工业出版社，2012.

第四章　茶道礼仪

 爱课程网—视频公开课—中国茶道—懂礼仪

知识提要

礼仪，是以宾客之礼相待，表示敬意、友好和善意的各种礼节、礼貌和仪式。茶道礼仪是指在茶事活动中形成，并得到共同认可的一种礼节、礼貌和仪式，是对茶事活动中所形成的一定礼仪关系的概括和反映。

茶道礼仪既是从事茶艺工作人员的一种职业礼仪，也是在以茶会友、以茶待客的以茶为媒介的众多社交场所中，社交礼仪的重要组成部分。茶道礼仪渗透在茶事活动参与人员的仪容仪表、语言技巧及行茶方式之中。在中国传统礼仪和茶文化核心思想"和"的指导下，茶道礼仪多采用含蓄、温和、谦逊、诚挚的礼仪动作，通过微笑、眼神、手势、姿态等来传情达意。

学习目标

1. 掌握茶道礼仪的基本规范与要求。
2. 了解茶道中常用礼节应用及寓意。

第一节　茶道礼仪概述

中华民族素有"礼仪之邦"的美称，自古以来，礼仪在人们的社会生活中，一直处于重要的地位。著名儒家思想家荀子曾说过："人无礼则不生，事无礼则不成，国无礼则不宁。"礼仪文明作为中国传统文化的一个重要组成部分，其活动的核心部分是冠、婚、丧、祭，由行礼者、礼器、礼物、礼辞、礼仪动作和举行礼仪的场所等几个要素组成。传统礼仪是一种涵盖一切制度、法律和道德的社会行为规范，具有等级性、象征性和政治性的特点，对于中国文明特质的构筑发挥着极为重要的功能。

在现代社会日常生活中，礼仪也是必不可少的部分，它规范着人们交往活动的行为，维系和发展人际关系，推动社会进步，成为精神文明的象征。茶道礼仪是指在茶事活动中形成的，并得到共同认可的一种礼节、礼貌和仪式，是对进行茶事活动中所形成的一定礼仪关系的概括和反映。

一、塑造良好的"茶人"形象

在人际交往中，人们总是以一定的仪表、服饰、言谈、举止来表现某种行为，这是影响人们第一印象的主要因素。整洁大方的个人仪表，得体的言谈，高雅的举止，良好的气质和风度，必定会给对方留下深刻而美好的印象，从而有利于建立信任和友谊关系，达到以茶会友的目的。因此，良好的礼仪能帮助人们规范彼此的行为，向对方表示自己的尊重、敬佩、友好与善意，增进彼此的了解与信任，树立良好的"茶人"形象。

二、规范提升"茶人"的素养

在社交场合，人们按礼仪规定的要求进行交往，有助于相互间达成共识。茶道礼仪作为以茶为媒介的社交活动中一种共同遵守的行为规范，执行着对人际关系的融合和疏导功能，如讲究仪容仪表、尊老爱幼等。同时还制约着人们按照约定俗成的行为模式或品茶交流、或以茶会友，造就和谐统一的人际关系。在此过程中，礼仪潜移默化地熏陶着人们的心灵，使人们在日常生活中时刻注意自己的言行，养成良好的习惯，彬彬有礼。在这个意义上，完全可以说礼仪即教养，礼仪有助于提高个人的修养，真正提高个人的文明程度。而自身道德修养的提高，有利于形成良好的社会秩序和社会风气，从而促进社会文明的发展。

三、弘扬优秀的传统文化

茶道礼仪中饱含着中华民族的优秀精神，如中庸平和，尊老爱幼，谦逊俭朴，通过推广和实践，可以使国人了解和把握本民族优秀的礼仪文化传统，增强民族自尊、自信、自强的精神，巩固和发展平等、团结、友爱、互助的和谐社会关系。随着中国与世界各国的广泛交流，茶作为和平文明的使者常常成为国际交往中的良好载体，在对外交往中，一杯清茶，可表达和平友好，无限敬意，同时展示中华民族的精神风貌，加深与世界各国人民的友谊与交流，提高我国的国际地位与威望。

尊重国际礼仪和交际礼节，尊重世界各国人民的风俗习惯，是我国对外活动的一贯做法。我们在涉外交往中，既要传承和发扬我国优良的礼仪传统，保持民族特色的礼仪，又要吸收外国礼仪中的一些好的东西和一系列国际通用惯例，洋为中用，融会贯通，逐步形成一套与世界礼俗接轨的现代茶道礼仪，通过茶道礼仪沟通人际关系，让茶文化成为中国更好地了解世界、世界更好地了解中国的窗口。

第二节　茶道礼仪基本要求

茶事活动是一种高雅和谐的社交活动，外表整洁端庄、得体大方是对参加者的基本要求，是最基本的礼貌，也是尊重他人的外在体现和获得尊重的基本要素。一般来说，外在美的展示首先体现在容貌、服饰和言行等仪容仪表方面。就服饰而言，在进行正式的茶道演示或是表演时，展示茶道文化者的服饰属于职业服饰，应具有职业服饰的基本特征，即实用性、审美性和象征性，以充分体现茶文化传播者这一身份的个性，故体现中国风的中式服装往往成为首选。在此基础上，着装还要符合和谐、含蓄和整洁的要求。

一、仪容仪表要求

1. 着装

（1）和谐。衣着之美，很大程度上在于"相称""得体"，也就是与自己的职业、身份、年龄、性别相称。就茶道演示者而言，在泡茶过程中，服装颜色、式样的选择还要与茶具风格、品茗环境、时令季节、茶道节目的整体编排设计等协调，给品饮者一种和谐的美感，为茶事活动增添生动的情趣。如展示唐代宫廷茶礼时，表演者可以着体现宫廷特色的服装；展示民族饮茶习俗时，就应穿着反映民族特色的服装；表演宗教茶道时，要尽量体现宗教特色。此外，还可以根据季节来选择适宜的服装，春季可选择淡色着装，冬季可选择暖色着装。总之，服装不宜太鲜艳，应与品茗的安静环境、茶道文化倡导的俭朴平和内涵相吻合。（图 4-1、图 4-2）

图 4-1　中式着装（一）

图 4-2　中式着装（二）

（2）含蓄。作为中国传统审美情趣，含蓄通常被视为服饰美的最高境界。茶道作为一种蕴含中华民族传统文化的生活艺术，茶事活动中，奇装异服会让人觉得格格不入，服饰应体现出民族的特点与时代元素巧妙融合，解决好藏与露的"适度性"关系，使"藏"能起到护体和遮羞的效果，使"露"能起到展示人体自然美的作用，朦胧含蓄，婉约别致，体现出茶文化的清雅韵致。

（3）整洁。茶是圣洁之物，冲泡后直接奉给客人品饮。因此，进行茶叶冲泡或是茶道演示时，服饰的整洁显得尤为重要。整洁的服饰不仅突出冲泡者的精神面貌，还使人享受到一种视觉形式美感，产生一种心理上的安全感。在进行茶叶冲泡的过程中，还要注意防止袖口沾到茶具或茶水，给人不洁的感觉。

2. 修饰

（1）淡雅的化妆。茶是淡雅之品，参加茶事活动时，忌浓妆艳抹，避免使用气味浓烈的香水，以免影响茶香，破坏品茗的氛围。进行茶叶冲泡或是茶艺表演时，应施以淡妆，表情平和放松，面带微笑，展示出良好的精神面貌，表达对客人的尊重。如茶艺人员是男士，要将面部修饰干净，不留胡须，以整洁的面容面对客人。

（2）整齐的发型。头发整洁、发型大方是个人礼仪对发式美的最基本要求。通过不同发式的选择，可以充分展现美，达到扬长避短的目的。发型在原则上要适应自己的脸型和气质设计，应给人一种舒适、整洁大方的感觉。对于茶艺人员来说，一般说来，头发不要染色，头发不论长短，额发不过眉，不影响视线，若头发长度过肩，泡茶时应将头发盘起，以免发丝掉落影响操作。盘发发型应简单大方，不要过于复杂，与服装相适应。

（3）干净的双手。泡茶首先要有一双干净的手，要求指甲修剪整齐，不留长指甲，不涂指甲油，特别注意在泡茶之前避免手上留有浓烈的护手霜或是其他异杂的香味，污染茶具，影响茶本来的香气。手部佩戴饰品以小巧点缀（如玉手镯）为宜，避免过于宽大和晃动，影响操作及分散感受茶的艺术魅力。如手上佩戴手链、戒指等（展示民俗茶文化时可以根据民族风格着装），这些会喧宾夺主，也会碰击茶具，发出不协调的声音。

茶事活动中，仅注重仪容仪表是不够的，还要讲究仪态之美。仪态，又称"体态"，是指人的姿态与风度。姿态是指身体在站、坐、行、蹲等各种形态中所呈现的样子；风度则是一个人精神、气质、举止、行为以及姿态的外在表现，是以内在素质为基础的长期生活习惯、性格、品质、文化、道德和修养的自然流露。

举止姿态的表现形式是多种多样的，人的头部、脸、躯干、腕、手指及腿、脚等十几个主要部位，几乎都可以传情达意。人的基本体态可以分为站姿、坐姿、走姿、蹲姿和卧姿四大类，通常呈现在公众面前的是站、坐、走三类。优美的站、坐、走的姿势，是发现人的不同质感的动态美的起点与基础，同时也是一个人良好气质和风度的展现。俗语说"站如松、坐如钟、行如风"，就表明了对体态的严格要求。

二、仪态要求

茶事活动中，参会者尤其是从事茶道工作者的举止姿态有如下要求。

1. 站姿

站立服务是茶艺人员的基本功之一，站立时双脚并拢立直，两脚跟相靠，脚尖分开成 V 字型或"丁"字形，开度一般为 45°~60°，身体重心落在两脚中间。男士也可采取两脚分开平行站立，注意不要挺腹或后仰。女性也可以采取侧立姿势，双脚呈丁字型，左脚在前，右脚在后。双肩舒展、齐平，双臂自然下垂，虎口向前，中指贴裤缝或是双手在体前丹田处交叉，男士也可双手交叉放在背后，置于髋骨处，两臂肘关节自然内收，双手虎口交叉左手在上；女性双手虎口交叉，右手在上，置于上腹。

胸要微挺，腹部自然地收缩，髋部上提，挺直背脊。身体要端正，颈直，双眼平视、下巴微收，嘴巴微闭，面带微笑，平和自然。

站立太累时，可变换为调节式站立，即身体重心偏移到左脚或右脚上，另一条腿微向内屈，脚部要放松。无论哪一种姿态，均应注意不要耸肩歪脑，不可双手叉腰，不可抱在胸前，不可插入衣袋。眼睛不要东张西望，身体不要抖动摇摆，更不要东倒西歪。

2. 坐姿

由于茶事活动的内容、形式及场地的不同，茶事人员常采取坐姿进行。端庄优美的坐姿，会给人以文雅、稳重大方、自然亲切的美感。坐姿不正确会显得懒散无礼，有失高雅。

坐姿不仅包括坐的静态姿态，同时还应包括入座的动态姿态。入座和起座，是坐不可分割的两个部分。"入座"作为坐的"序幕"，"起座"作为坐的"尾声"。入座时，从座位的左边入座，背向座位，双脚并拢，右脚后退半步，使腿肚贴在座位边，轻稳和缓地坐下，然后将右脚并齐，身体挺直。如果是男士，落座前稍稍将裤腿提起；如果是女士入座，若穿的是裙装，应整理裙边，用手沿着大腿侧后部轻轻地把裙子向前拢平，并顺势坐下，不要等坐下后再来整理衣裙。起座时，右脚向后收半步，用力蹬地，起身站立，右脚再收回与左脚靠拢，女士同时要注意将衣裙拢齐整。

坐在椅子或凳子上，必须端坐中央，使身体重心居中，否则会因坐在边沿使椅（凳）子翻倒而失态；双腿膝盖至脚踝并拢，上身挺直，双肩放松；挺胸、收腹、下巴微收；双手不操作时，自然交叉相握放于腹前或手背向上四指自然合拢呈"八"字形平放在操作台，右手放在左手上，男性双手可分搭于左右两腿侧上方。全身放松，思想安定、集中，姿态自然、美观，面部表情轻松愉快，自始至终面带微笑。行茶时，挺胸收腹，头正臂平，肩部不可因操作动作改变而倾斜。切忌两腿分开或翘二郎腿还不停抖动、双手搓动或交叉放于胸前、弯腰弓背、低头等。如果是作为客人，也应采取上述坐姿。

3. 蹲姿

在进行茶事服务过程中，有时需要取低处物品或拾起落在地上的东西时，如果直接弯下身体翘起臀部，既不雅观，也不文明。而采取优美的下蹲姿势就要雅观得多，常见的下蹲姿势有：

（1）交叉式蹲姿。下蹲时右脚在左脚的左前侧，右小腿垂直于地面，全脚着地，左腿在后与右腿交叉重叠，左膝由后面伸向右侧，左脚跟抬起脚掌着地，两腿前后靠紧，合力支撑身体；臀部向下，上身稍向前倾。此种姿态较适合女士采用。

（2）高低式蹲姿。下蹲时左脚在前，右脚稍后，左脚全脚着地，小腿垂直于地面，右脚脚跟提起，脚掌着地，右膝接近地面，臀部向下靠近右脚跟，基本上以右腿支撑身体。形成左膝高右膝低的姿态，男士可选用此种姿态。女士无论选用哪种姿态，都要注意将腿靠紧，臀部向下。如果头、胸和膝关节不在同一角度上，这种蹲姿就更典雅优美。

4. 走姿

人的走姿是一种动态美，茶艺表演在入场和出场，鉴赏佳茗，敬奉香茶等表演过程中都处于行走状态中，优美的走姿要求稳健、大方、有节奏感，具体要求如下：

（1）上身正直，颈直，下颌微收，目光平视（约 4 m 处），面带笑容。

（2）挺胸收腹，直腰，背脊挺直，提臀，上体稍向前。

（3）双肩平齐下沉，双臂自然放松伸直，手指自然弯曲。行走时，摆动臂时，以肩关节为轴，上臂带动前臂呈直线前后摆动，摆幅（手臂与躯干的夹角）不超过 30°；前摆时，肘关节略屈，前臂不要向上甩动。女士双手可交叉放在腹部。

（4）提臀。行走时屈大腿带动小腿向前迈步，脚尖略分开，身体重心稍向前倾，腹部和臀部要向上提。抬脚与脚落地的顺序都是先脚跟后脚掌（平底鞋尤其如此）。前脚落地和后脚离地时，膝盖须伸直。

（5）步位直。步位即脚落地时的位置，女子行走时，步履轻盈，两脚内侧着地的轨迹在一条直线上。男子行走时，两脚内侧着地的轨迹不在一条直线上，而是在两条直线上。

（6）步幅适度。步幅，即跨步时两脚之间的距离，是前脚跟与后脚尖之间的距离，步幅一般 1~1.5 步（约 30 cm）。

（7）步速平稳，行走速度应当保持均衡，不能过急，不要忽快忽慢，否则给人不安静、急躁的感觉。女士一般为每分钟 118~120 步，男子为每分钟 108~110 步。

第三节　茶道中常用礼节

中国是文明古国、礼仪之邦，素有客来敬茶的习俗。人们在长期的茶事活动中，逐渐形成了表示对人、对茶品、对茶器等的尊重、敬意、友善的行为规范与惯用形式，这就是茶事活动中的基本礼仪礼节。礼仪贯穿于整个茶事活动中，通过恭敬的言语和动作等礼节将内心的精神、思想等体现出来。

一、握手礼

握手礼是一切场合中最常使用、适用范围最广的礼节。握手礼表示敬意、亲近、友好、寒暄、道别、感谢等多种含义，是世界各国较普遍的社交礼节。在茶室迎接客人到来或是与客人离别时常用到握手礼。握手应遵循上级在先、长辈在先、女士在先的基本原则。男女初次见面时，女方可以不与男方握手，互相点头即可。握手时，要用右手，而不得使用左手。不宜同时与人握手，更不能交叉握手。握手时不能戴手套，女士允许戴薄手套，不能戴墨镜。握手力度不宜过大，时间以 3~5 秒为宜。男士与女士握手，一般只轻握对方的手指部分，握手后切忌用手帕擦手。

二、鞠躬礼

鞠躬是中国的传统礼仪，即弯腰行礼。茶事活动中在开始和结束时，均要行鞠躬礼。鞠躬礼从行礼姿势上分站式、坐式和跪式三种，且根据鞠躬的弯腰程度可分为真、行、草三种。

1. 站式鞠躬礼

左脚向前，右脚跟上，右手握左手，四指合拢置于腹前，或双臂自然下垂，手指自然并拢，双手呈"八"字形轻扶于双腿上，缓缓弯腰，动作轻松、自然柔和，直起时速度和俯身速度一致，目视脚尖，缓缓直起，面带笑容。

站式鞠躬礼——真礼。行礼时，将两手沿大腿前移至膝盖，腰部顺势前倾，低头弯腰 90°。

站式鞠躬礼——行礼。低头弯腰45°。

站式鞠躬礼——草礼。略欠身即可，低头弯腰小于45°。

2. 坐式鞠躬礼

在坐姿的基础上，头身向前倾，双臂自然弯曲，手指自然合拢，双手掌心向下，自然平放于双膝上或双手呈"八"字形轻放于双腿中、后部位置；直起时目视双膝，缓缓直起，面带笑容。俯起时速度、动作要求同站式鞠躬礼。

坐式鞠躬礼——真礼。行礼时，双手平扶膝盖，腰部顺势前倾约45°。

坐式鞠躬礼——行礼。头向前倾30°，双手呈"八"字形放于大腿中部位置。

坐式鞠躬礼——草礼。头向前略倾即可，双手呈"八"字形放于大腿后部位置。

3. 跪式鞠躬礼

在跪姿的基础上，头身向前倾，双臂自然下垂，手指自然合拢，双手掌心向下，双手呈"八"字形，或掌心向下，或掌心向内，或平扶，或垂直放于地面双膝的位置；直起时目视手尖，缓缓直起，面带笑容。俯起时速度、动作要求同坐式鞠躬礼。

跪式鞠躬礼——真礼。行礼时，掌心向下，双手触地于双膝前位置，头向前倾约45°。

跪式鞠躬礼——行礼。头向前倾30°，掌心向下，双手触地于双膝前位置。

跪式鞠躬礼——草礼。头向前略倾即可，掌心向内，双手指尖触地于双膝前位置。

4. 伸掌礼

这是茶事活动中用得最多的特殊礼节，表示"请"和"谢谢"之意，主客双方均可采用。如当主泡需请助泡协同配合时，或请客人帮助传递茶杯或其他物品时都简用此礼。当两人相对时，可伸右手掌，若侧对时，在右侧方伸右掌，在左侧方伸左掌。伸掌姿势应是：五指并拢，手掌略向内凹，手心向上，左手或右手从胸前自然向左或向右伸出，侧斜之掌伸于敬奉的物品旁，同时欠身点头微笑，一气呵成。

5. 叩手礼

叩手礼即用食指和中指轻叩桌面，以致谢意。相传清代乾隆皇帝到江南微服私访，来到一家茶馆，茶馆伙计先端上茶碗，随着退后，离桌几步远，拿起大铜壶朝碗里冲茶，只见茶水犹如一条白练自空而降，不偏不倚，不溅不洒地冲进碗里。乾隆好奇，忍不住走上前，从伙计手里拿过大铜壶，学伙计的样子，向其余的茶碗里冲茶。随从见皇上为自己冲茶，诚惶诚恐，想跪下谢主隆恩，又怕暴露了皇帝身份，情急之下急中生智，忙将右手中指与食指并拢，指关节弯曲，在桌面上作跪拜状轻轻叩击，以代"三叩九拜"之礼，以后这一"以手代叩"的礼节在民间广为流传。至今，在不少地区的习俗中，长辈或上级给晚辈或下级斟茶时，晚辈或下级必须用两个或两个以上的手指呈跪拜状轻轻叩击桌面二三下；晚辈或下级为长辈或上级斟茶时，长辈或上级只需用单指叩击桌面二三下表示谢意。

6. 注目礼和点头礼

注目礼是用眼睛庄重而专注地看着对方；点头礼即点头示意。这两个礼节是在向客人敬茶或奉上某物品时用。另外，表演时与观众的目光交流和点头示意也是一种礼节。

7. 端坐礼

表演过程中，要求双腿并拢，头肩身始终保持端正平直，不能歪斜松弛，身体可以稍稍侧身立坐，以表尊敬。无动作时应双手交叉，放在腹部右侧或操作台上。

8. 奉茶礼

在奉茶时要求双手捧杯，诚挚地敬上香茗，如果是功夫茶还须以举案齐眉的方式，即将盛放品茗杯与闻香杯的茶托举到齐眉的位置，以表示对客人的尊敬，对茶的尊敬和对自然的尊敬。

 拓展阅读："举案齐眉"的典故

《后汉书·梁鸿传》："为人赁春，每归，妻为具食，不敢于鸿前仰视，举案齐眉。"

东汉初年的隐士梁鸿，字伯鸾，扶风平陵人（今陕西咸阳西北）。他博学多才，家里虽穷，可是崇尚气节，品德高尚，许多人想把女儿嫁给他，梁鸿谢绝他们的好意，就是不娶。与他同县孟家有一个女儿，长得又黑又丑，力气极大，能把石臼轻易举起来，三十岁了还不嫁，并发誓要嫁像梁伯鸾一样贤德的人。梁鸿听说后，就下聘礼，准备娶她。

孟女高高兴兴的准备着嫁妆，打扮得漂漂亮亮地嫁入梁家。哪想到，婚后一连七日，梁鸿一言不发。孟家女就来到梁鸿面前跪下，说："妾早闻夫君贤名，立誓非您莫嫁；夫君也拒绝了许多家的提亲，最后选定了妾为妻。可不知为什么，婚后，夫君默默无语，不知妾犯了什么过失？"梁鸿答道："我一直希望自己的妻子是位能穿麻葛衣，并能与我一起隐居到深山老林中的人。而现在你穿绫罗绸缎，涂脂抹粉、梳妆打扮，这哪里是我理想中的妻子啊？"

> 孟女听了，对梁鸿说："我这些日子的穿着打扮，只是想验证一下，夫君你是否真是我理想中的贤士。妾早就准备有劳作的服装与用品。"说完，便将头发卷成髻，穿上粗布衣，架起织机，动手织布。梁鸿见状，大喜，连忙走过去，对妻子说："你才是我梁鸿的妻子！"他为妻子取名为孟光，字德曜，意思是她的仁德如同光芒般闪耀。
>
> 后来他们一道去了霸陵（今西安市东北）山中，过起了隐居生活。不久，梁鸿为避征召他入京的官吏，夫妻二人离开了齐鲁，到了吴地（今江苏境内）。梁鸿一家住在大族皋伯通家宅的廊下小屋中，靠给人舂米过活。每次归家时，孟光备好食物，低头不敢仰视，举案齐眉，请梁鸿进食。皋伯通见此情形，大吃一惊，心想：一个雇工能让他的妻子对他如此恭敬有加，那一定不凡。于是他立即把梁鸿全家迁入他的家宅中居住，并供给他们衣食。梁鸿因此有了机会著书立说。
>
> 渐渐地，"举案齐眉"成为表示尊敬的行为举止。在茶事活动中，奉茶时采用"举杯齐眉"礼，要求奉茶者以腰为轴，躬身将茶献出，这样一则表示对品茶人的尊敬，二则表示对茶这种至清至洁的灵芽的敬重。

9. 应答礼

在茶事活动的过程中，要求与茶人之间进行交流时，亲切大方得体，不沉默，不抢先，敬字当头，注意礼节，对方行礼表示敬意时，一定要表示答谢，表现出一种高尚的茶道精神修养。具体方法可根据实际情况，采取点头礼、叩手礼等形式来应答。

10. 寓意礼

长期的茶事活动中，自古以来在民间逐步形成的一些寓意美好祝福的礼仪动作带有寓意的礼节。一般不用语言，宾主双方就可以进行沟通。

如最常见的为冲泡时的"凤凰三点头"，即手提水壶高冲低斟反复三次，寓意是向客人三鞠躬以示欢迎。茶壶放置时壶嘴不能正对客人，否则表示请客人离开；回转斟水、斟茶、烫壶等动作，右手必须逆时针方向回转，左手则以顺时针方向回转，表示招手"来！来！来！"的意思，欢迎客人来观看，若相反方向操作，则表示挥手"去！去！去！"的意思。另外，有时请客人点茶，有"主随客愿"之敬意。

11. 其他礼节

客来奉茶，应先请教客人的喜好，如有点心招待，应先将点心端出，再奉茶。茶会上除饮茶之外，也可以上一些点心或风味小吃，国内现在有时也以茶会招待外宾。

俗话说："浅茶满酒。"斟茶时只需七至八分满即可，寓意七分茶三分情，茶满有欺客之意。因此，倒茶时应注意不要太满，以七八分满为宜。水温不宜太烫，以免客人不小心被烫伤。同时有两位以上的访客时，端出的茶色要均匀，并要配合茶盘端出，左手捧着茶盘底部右手扶着茶盘的边缘，如是点心放在客人的右前方，茶杯应摆在点心右边。上茶时应向在座的人说声"对不起"，再以右手端茶，从客人的右方奉上，面带微笑，眼睛注视对方并说："这是您的茶，请慢用！"在广东，客人用盖碗品茶时，如果不是客人自己揭盖要求续水，茶艺人员不可以主动为客人揭盖添水，否则被认为是不礼貌。此外，不同民族还有不同的茶礼和禁忌。如蒙古族敬茶时，客人应躬身双手接茶而不可单手接茶；土家族人忌讳用有裂隙或缺口的茶碗奉茶；藏族同胞忌讳把茶具倒扣放置；部分西北地区的少数民族忌讳高斟茶冲起满杯泡沫等。

第四节　涉外茶事礼仪

随着国际交往的扩大，饮茶的不断全球化，中国茶艺逐渐走向世界，越来越多的国外宾客对中国古老的茶文化产生浓厚的兴趣，不仅在茶馆茶楼中会有接待外宾的任务，在国际交往中茶作为文明使者演绎着和平与美好，茶道的传播与展示成为世界了解中国的一个良好途径。在这些茶事活动中，通常需要遵循一定的国际惯例和已被认同了的约定俗成，必须讲究一定的规格和形式。因此，茶艺人员必须掌握对外活动的接待准备、迎送、交流、礼宾次序与禁忌等方面的国际礼仪礼节基本常识。

一、涉外茶事礼仪的基本要求

在涉外茶事服务活动中，应按国际惯例及涉外礼仪，吸收国际上一些好的做法，并继承和发扬我国优良的礼仪传统，以形成茶事服务的独特风格。茶事服务人员要显示其较高的文化素养和积极的精神面貌。在涉外茶事活动中应遵循以下原则：

1. 国家之间一律平等的原则。国家不分大小、强弱、贫富，相互之间一律平等，对外宾热情友好、彼此尊重、不卑不亢，反对大国主义，处处维护国家利益。

2. 尊重国格、尊重人格的原则。从实际出发，在茶艺服务中力求有针对性，注重实效，接待外宾时，待人接物既要坦诚谦逊，热情周到，又不能低声下气、卑躬屈膝，失去自我。

3. 注重礼仪与礼节的要求。根据茶事的特点为外宾提供上乘服务，满足不同国籍宾客的要求。熟悉各国各民族的风俗习惯，陪同外宾时注意自己的身份和所站的位置，言行举止合乎礼仪要求，坐立姿态端庄大方，对外宾不评头论足，使来宾有"宾至如归"之感。

4. 尊重女性的原则。尊重女性在西方国家显得特别突出，因此在接待外宾的活动中，要尊重"女士优先"的原则。

5. 尊重各国风俗习惯的原则。不同的国家、民族，由于不同的历史、文化、宗教等因素，各有其特殊的风俗习惯和礼节。在涉外茶事活动中也应予以重视，尊重不同国家与地区的民族礼仪与特色。对外宾保持传统的习俗和正常的宗教活动不干涉；对宾客的风俗习惯及宗教信仰不非议；对外宾的生活习惯及宗教信仰不随便模仿，以防弄巧成拙。

二、世界各国礼仪和禁忌

在中国茶文化成为世界热潮的今天，茶事活动已具有世界性，在茶文化交流中，经常要接待来自世界各地的宾客，服务人员要做到喜迎嘉宾礼貌服务，就需了解掌握各国、各民族的礼仪、习俗及其禁忌，以提高自身的素质。世界各国、各地区都有其独特的礼仪和禁忌，举例如下：

1. 日本

日本人忌讳绿色，认为绿色不祥，忌荷花图案。当日本宾客到茶艺馆品茶时，应注意不要使用绿色茶具或有荷花图案的茶具为他们泡茶。

2. 新加坡

新加坡人视紫色、黑色为不吉利，黑白黄为禁忌色。在与他们谈话时忌谈宗教与政治方面的问题，不能向他们讲"恭喜发财"的话，因为他们认为这句话有教唆别人发横财之嫌，是挑逗、煽动他人做对社会和他人有害的事。

3. 马来西亚

马来西亚人忌用黄色，单独使用黑色认为是消极的。因此，在茶事服务中要注意茶具色彩的选择。

4. 英国和加拿大

忌讳百合花，应在品茗环境的布置上注意这一点。

5. 法国和意大利

法国人忌讳黄色的花；而意大利人忌讳菊花。

6. 德国

德国人忌吃核桃，忌讳玫瑰花，所以不要向德国宾客推荐玫瑰、针螺类的花茶。

三、接待外宾注意事项

1. 在茶事服务接待过程中，以我国的礼貌语言、礼貌行动、礼宾规程为行为准则，使外宾感到中国不愧是礼仪之邦。在此前提下，当茶艺接待方式不适应宾客时，可适当地运用他们的礼节、礼仪，以表示对宾客的尊重和友好。

2. 服务人员在接待国外宾客时，要以"民间外交官"的姿态出现，特别要注意维护国格和人格，既不盛气凌人，也不低三下四、妄自菲薄，表现平等待人、落落大方即可。

3. 服务人员在接待外宾时，应满腔热情地对待他们，绝不能有任何看客施礼的意识，更不能有以衣帽取人的错误态度，应本着"来者都是客"的真诚态度，以优质服务取得宾客对茶艺服务人员的信任，使他们乘兴而来，满意而归。

4. 在茶艺服务人员接待工作中，宾客有时会提出一些失礼甚至无理的要求，茶艺服务人员应耐心地加以解释，决不要穷追不放，把宾客逼至窘境，否则会使对方产生逆反心理，不仅不会承认自己的错误，反而会导致对抗，引起更大的纠纷。茶艺服务人员要学会宽容别人，给宾客体面地下台阶的机会，以保全宾客的面子。当然，宽容绝不是纵容，不是无原则的姑息迁就，应根据客观事实加以正确对待处理。

复习思考题

1. 茶道礼仪有何功能？

2. 常用的茶事服务礼节有哪些？

3. 如何通过茶道礼仪的实践来提高个人修养？

4. 在接待外宾时茶道礼仪有哪些基本要求？

主要参考文献

［1］国家职业资格培训教程. 茶艺师［M］. 北京：中国劳动社会保障出版社，2004.

［2］童启庆，寿英姿编著. 生活茶艺［M］. 北京：金盾出版社，2000.

［3］朱海燕，王秀萍，李伟. 中国茶礼仪及其文化内涵［J］. 湖南农业大学学报（社会科学版），2013，14（1）：61-63.

第五章　茶道之美

爱课程网—视频公开课—中国茶道—茶道审美基础知识

知识提要

　　本章将通过学习茶道审美的基本知识，领略历代茶人的审美趣味，感受他们所创作的茶艺术作品中饱含的深情厚意；并探讨品茶作为文人士大夫修身养性的理想方式，是如何与琴棋书画、焚香插花相通相融，交相辉映，从而达到舒放性灵、陶冶情操的目的的，旨在深入诠释茶道的艺术感染力。

学习目标

1. 掌握茶道之美的基本概念。
2. 掌握茶艺术作品的赏析方法。
3. 领悟经典茶文学艺术作品的茶道魅力。

第一节　茶道之美基本概念

一、什么是"美"？

1. 羊大为"美"
五色的灯光、动人的歌声、芬芳的气味、诱人的味道，我们的"眼、耳、鼻、舌"无时无刻不充斥着美的感受，可以说"美"无处不在：雄伟山峰，潺潺流水、青林翠竹、孤烟落日……那是大自然馈赠给人类的美；万里长城、北京故宫、巴黎圣母院、比萨斜塔……那是人类文明创造的美。然而，美的定义和美的本质却一直被称为"美学之谜"。古往今来，人们从哲学、美学、文艺学和心理学等不同角度，对美作过解释，提出无数命题，却至今难下定论。我国古代对"美"字的正式解释，始见于许慎《说文解字》："美，甘也。从羊从大。羊在六畜主给膳也。美与善同意。""从羊从大"点明了美的最初的两个特征，一是作为原始仪式的神性，二是作为生活饮食的"滋味"。

在原始的祭神（鬼）/祖/天的仪式中，牛、羊、猪三种牲畜通常作为敬神的祭品，羊因其形象特别是羊头（角）的对称性、和谐性暗含神秘色彩而带有了威仪性。威仪和牺牲的二重性，使得羊在仪式中的神人沟通作用更加明显。作为"善"的美，与作为仪式"神性"的羊，就这样通过人类的文化实践而不可避免地联系在了一起。而且，作为驯养动物的羊，在上古人民的生活中负担着"六畜主给膳"的重任，是人们食物的最重要来源，其强烈的实用性符合了"美"的善的要求，这也是"美"者从羊理由之一。

再者，《说文解字》把美定义为"甘"，即"味美"。在饮食活动中，味占有核心地位，作为主食，羊之味要求严格。羊之"大"不仅是指形体，很大一部分也与味觉相关。其"甘"味使得它在饮食中的实用性更加突出，也因此加重了其在祭祀仪式中的地位。这正体现了作为"善"的美的实用性。

2. "羊人为美"

当代中国学者萧兵对"美"的另一种解释是"羊人为美"，这种解释可追溯至原始的巫术舞蹈。从"美"字结构来看，下半部分的"大"字是一个双臂舒展的正面站立的"人"的描述，整个"美"字看上去像是一个头顶羊角、禽羽之类的饰物在翩翩起舞的人。而在原始的巫术中，起舞的人多为代表着权威的巫师或酋长，但不管起舞的是何人，毫无疑问都具有悦目的特征。因为他们"或为狩猎舞，或为图腾舞，都与氏族的生产和繁衍息息相关。而这种载歌载舞，无疑是最为激动人心的审美活动，那跳得最好的舞者，也就是时人心目中最美的形象"。因此，"美"是由视觉带来的愉悦感。

以上两种理解说明，中国传统的"美"包括物质满足和精神愉悦两个方面。

当代学者祁志祥在《中国美学通史》一书中指出："一种事物如果不能引起快感，人们绝不会承认这种事物是美的；反之，人们总是将引起愉快的对象称作美。"因为"对象的美由主体的快感来决定。快感的本质是对象的物质信息与主体的生理—心理感知结构阈值的契合。如光波契合了人的视觉阈值，人感到舒适；某种行为契合了人的心理结构阈值（如价值取向标准），便使人感到愉快。不同的人因基于不同的生理和心理结构阈值有着不同的'审美尺度'，因此对'美'也有着千差万别的认识。"例如，夕阳西下，无垠沙漠里一缕袅袅升起的炊烟，并不会引起大多数人的在意，而在诗人王维（701—761）眼里却涌起"大漠孤烟直，长河落日圆"的诗意之美，这是因为此情此景契合了诗人的感知阈值，从而唤起了他心中的美感。就茶而言，六大茶类各有其美，但因不同的人有着不同的"审美尺度"，因此有的人赞美绿色天然、恬淡清新的绿茶；有的人偏好红艳亮丽、醇厚甜润的红茶；有的热爱陈香陈韵、色浓味酽的黑茶；有的人钟情花香馥郁、韵味悠长的乌龙茶；有的人则兼爱美之……

　　"美是普遍愉快的对象"，这种普遍愉悦的对象不仅包括嗅觉、味觉、肤觉等快感，也包括情感体验。此外，真、善等内容的形象表现称作美，因为它们在引起我们哲学思考和道德满足的同时，相应地给我们带来了情感上的愉快。翻开茶伴随人类所走过的漫长岁月，那是融物质与文化而形成的茶之美不断叠加累积的历程，"神农尝百草，日遇七十二毒，得茶而解之"述说的是因茶的解毒功效之美带给人类的福祉；"以茶结姻缘"是因为茶的纯洁之美被视为对婚姻的美满祝福；"以茶祭神灵"是因为茶的灵雅之美被视为对天地神灵的最高敬意。士大夫赞茶有着"森然可爱不可慢，骨清肉腻和且正"的君子之美；文人誉茶为"冰肌玉骨"的红粉佳人；道士将茶视为"轻身换骨"的通灵瑞草，僧侣们将茶看做是"灵味幽寂"的参禅伴侣……王宫贵族、僧道商贾、文人墨客、平民布衣，或著书作文、或泼墨赋诗、或挥毫作画、或山野放歌，颂茶之功，赞茶之美，都是借茶表达对"真""善""美"的追求，也是在此过程中获得精神的满足与愉悦。

二、美的产生

　　美感又是如何产生的呢？这就涉及需要了解一些审美的基本常识，美感的产生，审美主体、审美客体与审美活动三个要素缺一不可。

　　审美主体是在社会实践特别是审美实践中形成的具有一定审美能力的人。审美主体有着内在的审美需要、审美追求，这是审美活动得以开展的动因；审美主体还具有相应的审美能力与审美标准，这是审美活动得以展开的保证与审美活动必需的评价标准。

审美客体是与审美主体构成对象性关系的另一方，是审美主体认知和审美创造的对象。法国杜夫海纳曾形象地解释了审美主客体之间的关系，他写道，是否说博物馆的最后一位参观者走出之后大门一关，画就不再存在了呢？不是。它的存在并没有被感知。这对任何对象都是如此。我们只能说，那时它再也不作为审美对象而存在，只作为东西而存在。如果人们愿意的话，也可以说它作为作品、就是说仅仅作为可能的审美对象而存在。

审美活动是审美主体对客体审美时产生的复杂的、具体的、动态的个体心理活动过程。这个过程是主体的审美能力具体发生作用的过程，也是审美价值真正实现的过程，包括审美态度、艺术创造、美术设计等。审美是指审美主体（人）对审美客体（事、物）的美的直观感受、体验、欣赏、思维和判断，人通过自己感官和大脑功能同客观事物发生审美关系，从而产生了审美活动。

美感要以客观对象的存在为前提，同时又与审美主体的自身条件密切相关。对审美主体来说，如果没有可感的客观事物作为欣赏对象，主体的感受、体验就会失去依据。另一方面，审美主体也需要具备一定的审美能力。只有当主体具有敏感的感知能力，能对客体对象的审美特质作出特殊的反映，具有一定的意象生成和形象创造能力，这样的主体才能成为审美主体。随着人类社会的不断发展，主体的审美能力也在不断增进。一方面，各种审美客体培养和提高着主体的审美能力；另一方面，主体不断提高的审美能力又促进着审美客体的拓展和丰富。因为主体审美能力的高低，决定着客体能否和在何种程度上进入主体的审美视野，成为审美客体。审美主体与审美客体具有相互依存和相互推动的辩证关系。

对茶道审美而言，其对象都有所指向。审美主体是指对茶、茶事活动、茶艺术作品进行审美的人。审美客体，主要是指茶以及茶事活动，涉及的内容相当广泛。

三、茶道之美涵盖的内容

从茶的属性来说，生长在茶园是一种植物，通过采摘、按不同的工艺流程分别加工成不同的茶类，成为具有一定形状、色泽和香味的茶产品，然后将茶产品按一定的程式或煮或泡之后成为饮料，供人们品尝与饮用。基于美既包括物质也包括精神愉悦，是"普遍愉快的对象"，则茶道之美包括人们在栽培生产、采制加工、烹煮冲泡、品味茶汤的一系列过程中，通过不同方式感受着由茶的色、香、味、声、形所带来的感官愉悦，以及在进行茶事活动过程中所获得的精神愉悦。

1. 茶园之自然生态美

"诗和春都是美的化身，一是艺术的美，一是自然的美。"茶，南方之嘉木，天涵地载人育的灵物，其生于山涧，四季常青，与蓝天白云呼应，与青山绿水相映，枪旗冉冉，随风而舞，是一道天然的风景。人们栽培生产合应天时季节，春风徐拂，鸟啼花开，茶园翠色欲滴，人们呼朋结伴，纤手舞动茶满筐，欢歌笑语阵阵传，人与自然相融，谓之人与天地之和谐。

顾渚行寄裴方舟

唐·皎　然

我有云泉邻渚山，山中茶事颇相关。鹧鸪鸣时芳草死，山家渐欲收茶子。
伯劳飞日芳草滋，山僧又是采茶时。由来惯采无近远，阴岭长兮阳崖浅。
大寒山下叶未生，小寒山中叶初卷。吴婉携筐上翠微，蒙蒙香刺胃春衣。
迷山乍被落花乱，度水时惊啼鸟飞。家园不远乘露摘，归时露彩犹滴沥。
初看怕出欺玉英，更取煎来胜金液。昨夜西峰雨色过，朝寻新茗复如何。
女官露涩青芽老，尧市人稀紫笋多。紫笋青芽谁得识，日暮采之长太息。
清泠真人待子元，贮此芳香思何极。

诗中描述：青翠的茶园位于清泉潺潺的顾渚山上，鹧鸪鸣（即杜鹃鸟），伯劳飞，山僧与采茶女上山忙采茶，露珠也带着清香，人与自然和睦相处。在诗人笔下，水有灵，茶有情，鸟也知人意，正是"同与禽兽居，族与万物并"（《庄子·马蹄》）的人与自然浑然一体的世界，置身其中，谁能不为这和美的景致所倾倒呢？

2. 茶叶生产加工之美

"艺术——美源于劳动，是劳动的派生物和伴随物，是人——作为有意识类的（社会的）存在物——在劳动中产生的认知、情感或思想的一些表现形式，而且始终是合乎自己主体目的的一种表现形式。"茶叶加工过程中，正是通过劳动这一合目的的行为产生了美。采得鲜叶，或蒸或炒、或揉或压、或烘或焙，求得人间一缕馨香，人们顺茶之形，应茶之性，造机巧之具，练制茶之技，暗合人与茶的默契交流，尽展劳动人民的智慧之美。正是在劳动中，人类发现将茶叶晒干有利于收藏，便有了最初的茶叶加工，随着茶叶生产的发展和饮茶文化的丰富，人类不断地改进着茶叶加工的方法与技术，并在一次次的改革与进步中肯定自己的劳动成果，从而把这一劳动过程看作是一种肉体力和精神力的双重审美享受。随着加工工艺的不断进步，促使人们在茶叶制作中的审美经验不断丰富和发展，由简单晒干到压制成饼，由或方或圆的简单造型再到雕龙刻凤的精致繁复，晒青茶叶—蒸青团茶—炒青散茶……六大茶类工艺的形成，促使着茶叶加工技术的全面进步、提升和跨越，这给整个茶叶加工领域带来日新月异的变革，让这一劳动的过程充溢着精彩纷呈之美。

清代乾隆皇帝也正是感慨龙井茶采制工艺的精湛之美，挥毫而作《观采茶作歌》：

> 火前嫩，火后老，唯有骑火品最好。
> 西湖龙井旧擅名，适来试一观其道。
> 村男接踵下层椒，倾筐雀舌还鹰爪。
> 地炉文火续续添，乾釜柔风旋旋炒。
> 慢炒细焙有次第，辛苦功夫殊不少。
> 王肃酪奴惜不知，陆羽茶经太精讨。
> 我虽贡茗未求佳，防微犹恐开奇巧。
> 防微犹恐开奇巧，采茶揭览民艰晓。

诗中"火"指的是寒食节，"火前"与"火后"，是指寒食节禁火之前与之后，可见"应时"而采对于茶品品质优劣起着十分重要的作用。早在唐代，陆羽在《茶经》中就提出："茶树是个时辰草，早采三天是个宝，迟采三天变成草。"

"茶全贵采造"（冯时可《茶谱》），"天下有好茶，为凡手焙坏"。具体而言，若采不应时，则茶品难佳；器不洁、薪不燥，皆会让茶失真香；火候不当，让茶失其翠本色；技艺欠"精妙"，则茶品劣质……天地所赐的灵芽瑞草，在人们从采制到收藏整个过程的"天理浑然"中——应天之时，顺茶之性，得技之理，才能发挥茶的"自然"之性，获得"真香、真色、真味"的茶品。因而，在爱茶懂茶的文人雅士笔下，"骑火""雨前""清明""轻阴"之时节，"慢炒""细焙""抑扬"之造茶场景构成一幅幅生动的采制美景，茶人们陶醉其中，倾诉着对"自然真美""风味清绝"之佳茗的无限憧憬。

3. 茶叶形态之美

形式是美的事物的外在状态，给人以直观真实的体验，是不可或缺的，它让美变得伸手可触，举目可见。可以说没有形式，世界也将不存在，因此，从毕达哥拉斯、亚里士多德到贺拉斯等，对美的形式的探索之步从未停止。就茶而言，一片绿叶，经人工制作后，观其外在形态：其色有翠绿、深绿、黄绿、灰绿、红褐、深褐、银白、乌润……斑斓多彩；其形或方如圭，或圆如月，或纤细如丝，或卷曲如螺，或挺直如针……千姿百态。随着人们对茶叶消费审美需求的日新月异，茶产品的形态将会更加丰富。

4. 品茶环境之美

环境之美，既可以是自然的青山流水，也可以是以插花、焚香、挂画、横琴等营造的品饮氛围。中国文人在艺术创作中常常"情景交融，寓情于景"，王安石有诗云"杨柳鸣蜩绿暗，荷花落日红酣。三十六陂春水，白头相见江南。"他用三句来描写江南那杨柳依依、荷花映日、绿水荡漾的美景，为的是最后一句所表达的无尽的相思与相见的欢欣交织一体的情与意。对于将品茶视为与"琴棋书画"一样赋有文化韵味的活动，历代以来，人们在茶事活动中十分注重品茶环境的选择，清风明月、山石流泉、松林翠竹、亭台楼阁……或焚一柱香、插一枝花，都是营造品茶的环境，这些既是物态的美，同时情景交融中，还被赋予了千丝万缕的情感之美。

5. 茶叶冲泡品鉴之美

茶叶煮泡时，器皿、水、火以及冲泡技艺都是审美的对象，冲泡之后，品鉴过程中，其香、其形、其味传递着人与茶妙不可言的交流。当然，这种美的体验需要有一定的审美素养，如果对茶的审美基本知识一无所知或是知之甚少就很难有较深的体会。深谙冲泡技法的茶人们，往往能从一叶一芽的选取、一杯一盏的甄别、注水斟茶的高低、一啜一饮的品味中，注入一种审美的意味，也能获得更多的精神享受。

6. 茶之功效美

茶饮可解渴提神，明目清心，还有消脂去腻，延年益寿之功，中国人对此有着深刻的认识与运用，在早期诸多的医学书中就有记载。就是在文人们的吟咏诗作中，对茶的功效之美也赞誉有加，如苏东坡抱恙久治不愈，后因茶饮解之，故诗赞"何须魏帝一丸药，且尽卢仝七碗茶"。元稹赞茶醒酒之功"洗尽古今人不倦，将至醉后岂堪夸"。陆希声亦夸茶能醒酒治消渴病（即糖尿病）："春醒病酒兼消渴，惜取新芽旋摘煎。"郑邀则尤其推崇茶消困清神之功："惟忧碧粉散，常见绿花生。最是堪珍重，能令睡思清。"刘言史直言茶让人神清气爽："湘瓷泛轻花，涤尽昏渴神。此游惬醒趣，可以话高人。"……在科技日新月异的今天，茶所具有的抗辐射、降血脂、降血糖、增智力等功效及其机理不断被科学研究所揭示，茶被誉为"灵魂之饮""生命之液""二十一世纪的健康之饮"。

7. 茶叶营销之美

茶叶作为商品进入流通领域，产品的包装、陈设，茶馆、茶店的装修设计等，都暗合着美的规律。这一过程中的美所涵盖的内容较多，有包装的设计，物品的陈设，营销环境的营造，还有人与人的沟通，以及服务过程中的言语交流、仪容仪态等，可以说，既有物质的，又有行为的，还有文化的。

随着茶类的丰富，科技的发展，茶本身呈现的美更加丰富，又加之人们的思想观念已发生了很大的改变，因而涌现出多样化的审美观，但是传统的审美方式和审美观，作为一种历史积淀，传承至今，对人们审美取向、价值观念依然有着深刻的影响。在数不胜数的茶文学艺术作品中，可以看到随着时代的发展，中国茶道以其海纳百川的胸襟与气度包容着与时相应的多样化的表现形式，不论是山涧亲汲山泉，倚石而饮的野外品茗，还是挂画插花、焚香抚琴甚至美人相伴随的茶宴茶会；不论是"杂香有损茶味"对茶真香真味的追求，还是对"花香茶韵两相宜"的喜好，不断丰富的外在表现形式是与时俱进发展的产物，而始终不变的是：从古至今，茶人们对茶园的生态之美、制茶沏茶的技术之精、茶品茶质之真、情意之真、茶境之静、性灵之清、品德之俭的追求与向往。

第二节 经典茶诗词赏析

爱课程网—视频公开课—中国茶道—经典茶文学艺术作品赏析

中国是茶的故乡，是诗的国度，茶很早就渗透进诗词之中，历代诗人、文学家创作了不少优美的茶叶诗词。据统计，自西晋至清末，涉及茶之诗达一万六千首，专写茶之诗也不下二千篇，其内容涉及茶、茶树、茶花、茶园、茶叶、茶具、茶水、茶人、茶品、茶事、茶情、茶趣、茶德、茶缘、茶礼、茶道、茶境……几乎囊括了所有与茶及与饮茶相关的活动。茶诗不仅数量多而且体裁也五花八门，古体诗、律诗、绝句、宫词、竹枝词、回文诗、宝塔诗、顶真诗、联句、试贴诗、碣、词、散曲、套曲、道情、民歌、楹联、子夜歌、嵌字诗、自由诗、俳句……各种体裁一应俱全。

茶诗词是中国诗文化与中国茶相结合的产物，在那些充满着深情厚意的字里行间，分明散发着对茶的赞美，对生活的热爱，对美的追求，一首首的佳篇妙作无不是中国文人饮茶生活情趣和审美理想的诗化，洋溢着迷人的风韵，也是中国茶道美学的诗意呈现。

一、《娇女诗》——茶的生活情趣之美

娇女诗（节选）
晋·左　思

吾家有娇女，皎皎颇白皙。小字为纨素，口齿自清历。

鬓发覆广额，双耳似连璧。明朝弄梳台，黛眉类扫迹。

浓朱衍丹唇，黄吻澜漫赤。娇语若连琐，忿速乃明懵。

握笔利彤管，篆刻未期益。执书爱绨素，诵习矜所获。

其姊字蕙芳，面目粲如画。轻妆喜楼边，临镜忘纺绩。

……

动为垆钲屈，屣履任之适。止为茶荈剧，吹嘘对鼎䥶。

脂腻漫白袖，烟熏染阿锡。衣被皆重地，难与沉水碧。

任其孺子意，羞受长者责。瞥闻当与杖，掩泪俱向壁。

左思（250—305），西晋文学家。字太冲，齐国（今山东）人，出身寒门，相貌不扬，因自小发奋读书，才华出众，行文著作，辞藻优美，著有《三都赋》《咏史诗》等名作，深受大众的欢迎，传说因为大家争相传抄左思的作品，以至洛阳城里纸张供不应求，这就是"洛阳纸贵"的来由。

《娇女诗》是左思描述的日常生活场景，诗中描写了美丽活泼的姐妹俩，不仅外表漂亮，且诗书棋画无一不能，更让读者着迷的是，她们的天真与对自然的热爱，一会儿像鸟儿一样在园子里跑来跑去，一会儿爬到树上，将还没有成熟的果子采了下来，毫不顾忌风吹雨淋，不知劳累地在庭院里嬉戏，追着蝶儿，赏着花儿，等到玩累了，口渴了，为了快点喝上香茶，迫不及待地趴在地上，嘴对着风炉使劲地吹，弄脏了衣裙，弄黑了手脸，大人责备她们，便跑到墙角，小手掩面对着墙壁，带着几分委屈哭泣着。

这是我国历史上最早的涉及茶事活动的诗作。在中国，早期的文人常以酒助兴，诗作品描写酒的相对频繁，从屈原的"奠桂酒兮椒浆"到曹操的"对酒当歌，人生几何"均为酒诗。两晋社会多动乱，文人愤世嫉俗，但又无以匡扶，常高谈阔论，于是出现清谈家，但起初的清谈家如刘伶、阮籍等大多为酒徒，酒后诗思浪漫，常常是天下地上，玄想联翩，与现实却无干碍。恰恰在这时，茶饮在诸多地区逐渐普及，文人开始频繁饮茶，茶开始步入诗坛。左思的《娇女诗》就是鲜活的例证，诗中虽然只是在描写了两个可爱的小女儿吹嘘对鼎、烹茶自吃的日常生活场景，无疑也是当时洛阳仕宦人家饮茶的见证，题材极为平常，却充满了生活气息，呈现的不再是酒人的癫狂与呻吟，而是透着浓郁的生活气息，洋溢着闲居的幸福与快乐。

二、《答族侄僧中孚玉泉仙人掌茶并序》——佳茗之美凭诗扬

答族侄僧中孚赠玉泉仙人掌茶（并序）

唐·李 白

余闻荆州玉泉寺，近清溪诸山，山洞往往有乳窟，窟中多玉泉交流，其中有白蝙蝠，大如鸦。按《仙经》，蝙蝠一名仙鼠，千岁之后，体白如雪，栖则倒悬，盖饮乳水而长生也。其水边，处处有茗草罗生，枝叶如碧玉。惟玉泉真公常采而饮之，年八十余岁，颜色如桃李。而此茗清香滑熟异于他者，所以能还童振枯扶人寿也。余游金陵，见宗僧中孚示余茶数十片，拳然重叠，其状如手，号为"仙人掌茶"。盖新出乎玉泉之山，旷古未觌。因持之见遗，兼赠诗，要余答之，遂有此作。后之高僧大隐，知仙人掌茶，发乎中孚禅子及青莲居士李白也。

> 尝闻玉泉山，山洞多乳窟。仙鼠如白鸦，倒悬清溪月。
> 茗生此中石，玉泉流不歇。根柯洒芳津，采服润肌骨。
> 丛老卷绿叶，枝枝相接连。曝成仙人掌，似拍洪崖肩。
> 举世未见之，其名定谁传。宗英乃禅伯，投赠有佳篇。
> 清镜烛无盐，顾惭西子妍。朝坐有馀兴，长吟播诸天。

李白（701—762），唐代诗人。字太白，号青莲居士。有"诗仙""诗侠""酒仙""谪仙人"等称呼。其作品天马行空，浪漫奔放，意境奇异，才华横溢；诗句如行云流水，宛若天成，堪称中国历史上最杰出的浪漫主义诗人。公元752年（唐玄宗天宝十一载），李白与侄儿中孚禅师在金陵（今江苏南京）栖霞寺不期而遇，中孚禅师以仙人掌茶相赠，李白写下此诗。

前四句描写仙人掌茶的生长环境及作用，得天独厚，以衬序文；然后写仙人掌茶树的形态，"丛老卷绿叶，枝枝相接连"。"曝成仙人掌，似拍洪崖肩"中的曝，即晒，这是目前发现的最早记录晒青的史料。"洪崖"是传说中的仙人。其意是饮用了仙人掌茶，可助人成仙。由"曝成仙人掌"可以看出仙人掌茶是散茶，在明朝"罢团改散"之前，大部分都是团饼茶，所以诗人言"举世未见之，其名定谁传"，"宗英乃禅伯，投赠有佳篇。清镜烛无盐，顾惭西子妍。"赞誉中孚之诗，意境如明月空灵脱俗，让诗人自惭形秽，自比"无盐"。"朝坐有馀兴，长吟播诸天。"吟读如此佳词妙句，让人无比快乐，如入极乐世界。

"李白斗酒诗百篇"，说的是李白的诗酒人生，这样一位醉心于酒的诗仙，

对"仙人掌"的赞誉,似乎更能说明茶在文人的精神世界里开始蔓延,也为茶在诗坛上树立了新的高度。仙人掌茶作为野生晒青茶,因诗仙李白而名扬天下。

三、《饮茶歌诮崔石使君》——"茶道"入诗开先河

饮茶歌诮崔石使君

唐·皎 然

越人遗我剡溪茗,采得金芽爨金鼎。

素瓷雪色飘沫香,何似诸仙琼蕊浆。

一饮涤昏寐,情思爽朗满天地。

再饮清我神,忽如飞雨洒轻尘。

三饮便得道,何须苦心破烦恼。

此物清高世莫知,世人饮酒多自欺。

愁看毕卓瓮间夜,笑向陶潜篱下时。

崔侯啜之意不已,狂歌一曲惊人耳。

孰知茶道全尔真,唯有丹丘得如此。

皎然(720—793至798年间),唐代著名诗僧,俗姓谢,字清昼。今湖州长兴市人,"皎然"为其法号。他的诗文隽丽,格调清淡闲适,多为宣扬禅理与出世思想之作。皎然是茶圣陆羽的"缁素忘年之交",一生嗜茶,留下不少茶诗,从他所写的诗词来看,茶是皎然生活中不可或缺之物。他辟园植茶,并亲临采茶:"伯劳飞日芳草滋,山僧又是采茶时。"还躬身鉴水汲泉:"识妙聆细泉,悟深涤清茗。"常与友人品茶论道,以茶参禅:"清宵集我寺,烹茗开禅牖。"过着简单却无比闲适的生活:"药院常无客,茶樽独对余。有时招逸史,来饭野中蔬。"就是在这种长期的体悟中,皎然品出了"品茶达道",并首次将"茶道"一词写入诗中。

这首茶歌,是皎然同友人崔刺史共品越州茶时即兴之作,"诮"隐含讥嘲之意,为诙谐之言。诗中盛赞剡溪茶(产于今浙江嵊县)清郁隽永的香气,甘露琼浆般的滋味,并生动描绘了三饮的感受:一饮让人清心清神,再饮怡情悦志,三饮便烦忧尽消。通过"三饮达道"探讨茗饮艺术境界,意在倡导以茶代酒。

诗中所言"茶道",不仅是茶禅之道的创始,也是集儒、道、佛三家理念的"茶道"。这与皎然虽是一高僧,却又通儒道之学有着十分密切的联系。首先,"茶道"是儒家之"道"。皎然年轻时自负文华,与唐时名士韦应物、卢

幼平、吴季德、李萼、皇甫曾、杨迢等交谊颇深，常在一起吟诗论道，因而儒家思想熏陶入骨。儒家对"道"看得比生命还重要："朝闻道，夕死可矣。"儒家之"道"有"道路""仁德"等多层意思。皎然正是吸取了这种儒家精神的精髓，他以茶为中介，对待朋友情深义重；以人为本，注重"践行"，摸索种茶、采茶、制茶、泡茶、饮茶的基本原则、方法及其规律，从茶事活动中陶冶情操，体悟人生。其次，"茶道"也是道教养生之"道"。皎然虽是僧人，但曾经入名山、访高士、炼丹砂、烹玉屑，求过道教的长生之道。因此他把饮茶当成可以修炼长生，甚至羽化成仙的"道"："诸仙琼蕊浆""采茶饮之生羽翼"。"茶道"还是佛家"茶禅一味"的"道"：从"一饮涤昏寐"到"三饮便得道"中可见，皎然认为茶可以清心清神，解脱尘世烦恼，从而得"道"，这也是佛家参禅的目的所在。

四、《走笔谢孟谏议寄新茶》——茶之千古绝唱

走笔谢孟谏议寄新茶
唐·卢仝

日高丈五睡正浓，军将打门惊周公。口云谏议送书信，白绢斜封三道印。
开缄宛见谏议面，手阅月团三百片。闻道新年入山里，蛰虫惊动春风起。
天子须尝阳羡茶，百草不敢先开花。仁风暗结珠蓓蕾，先春抽出黄金芽。
摘鲜焙芳旋封裹，至精至好且不奢。至尊之余合王公，何事便到山人家？
柴门反关无俗客，纱帽笼头自煎吃。碧云引风吹不断，白花浮光凝碗面。
  一碗喉吻润，两碗破孤闷。
  三碗搜枯肠，唯有文字五千卷。
  四碗发轻汗，平生不平事，尽向毛孔散。
  五碗肌骨清，六碗通仙灵。
  七碗吃不得也，唯觉两腋习习清风生。
  蓬莱山，在何处？玉川子，乘此清风欲归去。
  山上群仙司下土，地位清高隔风雨。
  安得知百万亿苍生命，堕在巅崖受辛苦！
  便为谏议问苍生，到头还得苏息否？

卢仝（775—835），唐代诗人，自号玉川子，今河北涿州人。幼年就读于武山南麓的石榴寺，聪慧好学，博览群书。检《全唐诗》，卢仝存诗一百零七首，但以茶为题的仅此一首，在古今茶诗中独领风骚，被誉为茶诗中的千古绝唱。

　　此诗是身处偏远之地的作者收到挚友孟简寄来的阳羡茶（当时的贡茶），品尝后一气呵成，作者对好友的感激之情跃然纸上。前三句写的是：送茶军将的叩门声，惊醒了日高丈五犹在睡梦中的诗人，道出了作者一介隐士风骨；派军将送信，表明寄茶人身份也非同一般。密封、加印以见孟谏议之重视与诚挚；开缄、手阅足见作者之珍惜与喜爱。朋友真情尽在行行书信与片片新茶之中，卢仝怎能不为之感动！

　　"闻道新年入山里，蛰虫惊动春风起"，新年一过，春风频吹，万物复苏。"天子须尝阳羡茶，百草不敢先开花"，此诗字面意思为阳羡茶开采很早，隐含着对皇帝的威严与霸道的戏谑。阳羡，今江苏宜兴，当时所产阳羡茶为唐朝时贡茶。接着卢仝描写了茶芽美如珠玉，珍贵如黄金，灵山，春风，再加上"仁风"以及精工制作，才有如此珍美的茶。所谓"仁风"，这里明指和煦的春风，暗里却直指以仁德治国之理。此时，诗人感慨万分：像这样精工焙制、严密封裹的珍品，本应是王公贵胄们享受的，现在竟到这山野人家来了。其中饱含作者对世道的嘲讽，暗藏自嘲之意，还有对这位身居高位的故交相知之情的一片感激之心。

　　"柴门反关无俗客，纱帽笼头自煎吃。"关起柴门，独自一人品饮，也要正衣整冠，足以看出卢仝对茶的无比珍爱，对茶性"高洁"的敬意，尽显儒雅之风度，修身养性之雅趣。

　　"碧云引风吹不断，白花浮光凝碗面。"在诗人的眼里，煎茶时只见碧绿的茶粉浮在碗里，水气袅袅上升，观着如此赏心悦目之茶，不禁探唇品啜，所饮之茶就像一阵春雨，滋润了他的心田。此刻，神清气爽，诗情迸发："一碗喉吻润，两碗破孤闷。三碗搜枯肠，唯有文字五千卷。四碗发轻汗，平生不平事，尽向毛孔散。"看似浅直，实则沉挚。表明了茶的功效：生润解渴，消除孤寂，可激发诗思，抒发不平之气。诗人将无限感慨寓寄于茶，抑郁之情尽散，进入心宽气畅之境。"五碗肌骨清，六碗通仙灵。"语意轻松，笔力凝重。茶饮至此，诗人已与茶相融了，只觉得茶的"洁性"洗尽了心中的凡尘俗污，因而亦觉身心如茶般清心脱俗，仿佛能与神仙互通心意了。"七碗吃不得也，唯觉两腋习习清风生"，饮茶能让人两腋生风，飘飘欲仙，这是一种何等美妙的体验！此七句诗确实非同凡响，妙不可言，道前人所未道，诗意别开洞天，后人常把这一节单独称为《七碗茶歌》，它打破了句式的工稳，在文字上"险入平出"。七碗相连，如珠走板，气韵流畅，愈进愈妙，将品茶的境界描绘得淋漓尽致。

　　"蓬莱山，在何处？玉川子，乘此清风欲归去。"蓬莱山，传说是神仙居住的地方。茶饮到情深意浓时，卢仝似醉非醉，神思缥缈中体验了"群仙"与"苍生"的两种命运。管理下土的"群仙",居高临下,他们怎么能体会到天下"苍生"的艰辛?"堕在巅崖"道出了天下百姓苦苦挣扎、随时面临死亡威胁的悲惨景象。最后一问:"便为谏议问苍生,到头还得苏息否?"充分表达了诗人为民请命的社会良知,流露出诗人无限的惆怅与无奈。卢仝一生爱茶成癖,对他来说,茶不只是一种口腹之欲,还给他开辟了一片广阔的天地,似乎只有在这片天地中,他那颗对人世冷暖的关注之心才能有所寄托。如果说,卢仝的七碗茶抒发了浪漫潇洒的情怀,那么为民请命的这一节则凝聚了庄严的现实主题,从品饮境界升华到普济苍生的博大胸怀,品茶虽让饮者飘然欲仙,但茶人们并不是一味地将不平之意消融在清茶之中,相反,更为清醒地关注国计民生,"修身,齐家,治国,平天下"的理想信念在品茶中更为明朗坚定。

卢仝诗意浪漫化的饮茶境界的描写,广为流传,影响深远,后被文人们引此为典,如"何须魏帝一丸药,且尽卢仝七碗茶""枯肠未易禁三碗,坐听荒城长短更""不用撑肠拄腹文字五千卷,但愿一瓯常及睡足日高时"等。"一瓯瑟瑟散轻蕊,品题谁比玉川子"。"七碗茶歌"在日本也广为传颂,并被演变为"喉吻润、破孤闷、搜枯肠、发轻汗、肌骨清、通仙灵、清风生"的茶道意境。就是在当代,其魅力依旧,杭州西湖"茶人之家"茶楼中的楹联:"一杯春露暂留客,两腋清风几欲仙。"北京中山公园的来今雨轩门联:"三篇陆羽经,七度卢仝碗。"一首诗竟能引起众多人雅士的共鸣并得以广泛引用,在茶诗中实属罕见,誉卢仝为茶中"亚圣"可谓名副其实。

 拓展阅读:范仲淹《和章岷从事斗茶歌》

> 年年春自东南来,建溪先暖冰微开。溪边奇茗冠天下,
> 武夷仙人从古栽。新雷昨夜发何处,家家嬉笑穿云去。
> 露芽错落一番荣,缀玉含珠散嘉树。终朝采撷未盈襜,
> 唯求精粹不敢贪。研膏焙乳有雅制,方中圭兮圆中蟾。
> 北苑将期献天子,林下雄豪先斗美。鼎磨云外首山铜,
> 瓶携江上中泠水。黄金碾畔绿尘飞,碧玉瓯中翠涛起。
> 斗茶味兮轻醍醐,斗茶香兮薄兰芷。其间品第胡能欺,
> 十目视而十手指。胜若登仙不可攀,输同降将无穷耻。
> 吁嗟天产石上英,论功不愧阶前蓂。众人之浊我可清,
> 千日之醉我可醒。屈原试与招魂魄,刘伶却得闻雷霆。
> 卢仝敢不歌,陆羽须作经。森然万象中,焉知无茶星。

商山丈人休茹芝，首阳先生休采薇。长安酒价减千万，
成都药市无光辉。不如仙山一啜好，泠然便欲乘风飞。
君莫羡花间女郎只斗草，赢得珠玑满斗归。

　　宋代流行的斗茶是重在观赏的综合性技艺，包括鉴茶辨质、细碾精罗、候
汤焙盏、调和茶膏、点茶击拂等环节，每个步骤都须精究熟谙，最关键的工序
为点茶与击拂，最精彩部分集中于汤花的显现。衡量斗茶胜负的标准，一是看
茶面汤花的色泽和均匀程度，汤花色泽鲜白、茶面细碎均匀为佳；二是看盏的
内沿与汤花相接处有没有水的痕迹，汤花保持时间较长、紧贴盏沿不散退的为
胜，而汤花散退较快、先出现水痕的则为输。斗茶时，操作者需要心到、手
到、眼到，既认真谨慎、一丝不苟，又运作自如、风致潇洒；观赏者屏息静
声，视操作起落倾旋，观茶汤变幻散聚，既兴味热烈、扣人心弦，又妙趣横
生、雅韵悠深。斗茶时，白色汤花与黑色建盏争相辉映的外部景观，芬芳茶香
与浓郁茶情注人心头的内在感受，不仅给人物质的享受，更能给人带来精神的
愉悦。
　　这首脍炙人口的茶诗，以生动形象的手法描写了宋代斗茶的情形。茶器的
精美，茶汤的优质，茶味的隽永，茶香的悠长，都在诗人笔下一一展现。这不
仅是斗茶的品质、水的优劣、茶技的高低，更是斗美。正如诗中所说"林下
雄豪先斗美"，那茶汤的变幻散聚，那击拂点茶的起落倾旋，那汤色的润泽鲜
白，那茶香的清沁扑鼻，那茶味的妙不可言，于是，满眼跳动的是美的色彩，
满耳飘荡的是美的韵律，满心承载的是美的感受。生命的激情在这里奔流，浓
郁的诗情在这里勃发，一切都幻化出壮丽无比的美的乐章。在写了胜者仿佛登
临仙界和输者犹如战败囚徒的两种表情、两种心态的鲜明对照以后，诗人意犹
未尽，还以夸张豪放的诗句写茶的神奇功效："吁嗟天产石上英，论功不愧阶
前蓂。众人之浊我可清，千日之醉我可醒。屈原试与招魂魄，刘伶却得闻雷
霆。卢仝敢不歌，陆羽须作经。森然万象中，焉知无茶星。商山丈人休茹芝，
首阳先生休采薇。长安酒价减千万，成都药市无光辉。"茶的功效不下于阶前
的瑞草，可使迷惑状态的屈原招回魂魄，可使鼾声如雷的刘伶从沉睡中清醒过
来。卢仝敢不为茶献上一首千古绝唱？陆羽能不为茶书万年经典？万木葱茂的
大山，冥冥悠遥的苍穹，怎能说没有茶业中的伟人？商山四皓不需要再吃灵
芝，首阳先生不需要采薇而食。长安城的酒价，减去千万；成都府的药市，失
掉光辉。最后归结到一点："不如仙山一啜好，泠然便欲乘风飞。"统统不如
饮此佳茗，轻妙地乘风而去。整首诗飘溢着茶味的芬芳，后人常将这首诗与卢

仝的"七碗茶"诗谓之"双璧"。

五、《琴茶》——琴茶相伴岁月长

琴　茶
唐·白居易

兀兀寄形群动内，陶陶任性一生间。
自抛官后春多梦，不读书来老更闲。
琴里知闻唯渌水，茶中故旧是蒙山。
穷通行止常相伴，难道吾今无往还？

白居易（772—846），字乐天，晚年号香山居士，祖籍太原，是中唐后期著名诗人，他一生为官，但仕途坎坷，思想深受儒、道、佛三家的影响。现存其诗作两千八百余首，涉茶诗六十多首，约占唐代茶诗的十分之一，居唐代诗人之冠。

此诗是白居易晚年辞去刑部侍郎的官职，赋闲东都时所作。首联写自己天性开朗，旷达洒脱，与官场中的风气相悖，故寄身官场屡受排挤。"抛官"即辞官，退隐之后无早朝之扰，尽可春眠；年事已高，再无为搏功名而读诗书之累，闲来听琴品茶，无比逍遥自在。

白居易爱茶至深，终日、终生与茶相伴，善于鉴别茶的品质，自称"别茶人"。如果说卢仝的"三碗搜枯肠，唯有文字五千卷"是浪漫夸张的体现，那么白居易的"起尝一碗茗，行读一行书""夜茶一两杓，秋吟三数声""或饮茶一盏，或吟诗一章""无由持一碗，寄与爱茶人"则是现实闲适的写照。在他笔下，茶既是文人雅士可以寄情抒意、富有雅趣的高古之物，同时又是普通百姓可以解渴待客、休闲消遣的平凡之饮，饮茶成了一种雅俗共享又富于生活情趣的艺术，茶的美正如他的诗一样变得那样平易近人，触手可及。在他的带动下，茶诗词数量大为增加，掀起了茶诗词的创作高潮，最终使茶诗取得了与酒诗平分秋色的诗坛地位。

六、《次韵曹辅寄壑源试焙新茶》——茶美如佳人

次韵曹辅寄壑源试焙新茶
宋·苏轼

仙山灵草湿行云，洗遍香肌粉未匀。
明月来投玉川子，清风吹破武林春。

要知冰雪心肠好，不是膏油首面新。

戏作小诗君勿笑，从来佳茗似佳人。

苏轼（1037—1101），字子瞻，号东坡居士，四川眉山人，为"唐宋八大家"之一，是一位富有人格魅力和极有天才的文学巨星。

在宋代文坛上与茶结缘的人不可悉数，但没有一位能如苏轼一样熟谙品茶、评水、烹茶、种茶之法，以茶会友，以茶参禅，以茶作文。他所著《叶嘉传》是茶文学史上的一篇奇文；他"奇茶妙墨俱香"妙对"机峰"的典故成为千古美谈；所作茶联"坐，请坐，请上坐；茶，敬茶，敬香茶"其意深远，耐人寻味；品茶修身是他生活中最为重要的一部分，在这一点上可与唐代"别茶人"白居易相提并论。路上渴了要喝茶："酒困路长惟欲睡，日高人渴漫思茶。"晚上办公要喝茶："簿书鞭扑昼填委，煮茗烧栗宜宵征。"写诗作文要喝茶："皓色生瓯面，堪称雪见羞；东坡调诗腹，今夜睡应休。"起床也要喝茶："春浓睡足午窗明，想见新茶如泼乳。"……无时无事都少不了茶。

曹辅时任福建转运使，亦称漕司，掌管茶事，以佳茗壑源试焙新芽赠东坡，并附诗一首，诗人次韵奉和，以表谢意。曹辅的原诗没有流传开，东坡这首诗却成了咏茶的名篇。

全诗给人们勾画出一幅美丽的图画：在缥缈的仙山上，洁白的流云悠然飘过，山上灵草幻化的仙子用白云洗遍每一寸香肌，不加粉黛，丽质天成。在月明之夜乘一阵清风，来到西子湖畔，投奔自己的知己——玉川子（诗人自喻），她的到来带来了武林（杭州）的春天。我对她的喜爱不仅是因为她容颜娇艳，更因为她蕙质兰心、冰雪聪明。我兴之所至写下这首小诗。你千万不要嘲笑我，在我的心里，从来佳茗似佳人。因为佳茗与佳人都是外表脱俗清丽，更为重要的是心灵的纯洁、情操的高尚，胸襟的宽广和气度的脱俗。

明月，指团茶。武林是旧时杭州的别称，以武林山得名。心肠，此指茶的内质。膏油是指在茶饼面上涂一层膏油，这是当时流行的一种作法。特别要指出的是"不是膏油首面新"的"不是"两字意思是"不只是"。全诗用词典雅，拟人描写精彩，画面感强，意境优美，确是咏茶诗中的佳作。此诗之后，茶与佳人同美广为认同。后来的茶诗词中多有传承或模仿他的这种创作方法，如宋代毛滂《德清五兄寄清茶》："玉角苍坚已照人，冰肝寒洁更无尘。"孙觌《饮修仁茶》的"幽姿绝媚妩"；杨万里《谢木韫之舍人分送讲筵赐茶》："故人气味茶样清，故人风骨茶样明。"清代汪琬《与武会玩月因取东坡句赋此歌》："有月如佳人，娟娟眉妩长。有茗如佳人，澹澹肌理香，与君啜茗佳对月，深秋风味两奇绝。"

 拓展阅读

茶

宋·秦 观

茶实嘉木英，其香乃天育。芳不愧杜蘅，清堪掩椒菊。

上客集堂葵，圆月探奁盝。玉鼎注漫流，金碾响丈竹。

侵寻发美鬯，猗狔生乳粟。经时不销歇，衣袂带纷郁。

幸蒙巾笥藏，苦厌龙兰续。愿君斥异类，使我全芬馥。

诗人首先高度赞扬茶"芳"不逊"杜蘅"，"清"可比"椒菊"，以象征美好的"杜蘅"和高洁的"椒菊"衬托出茶之美，准确把握茶外在"幽芬"和内在"清雅"的特质。然后提出对当时"入贡者以龙脑和膏，欲助其香"，即在茶中添加香料风尚的极力反对，"愿君斥异类，使我全芬馥"。为了保持茶的洁性，诗人认为不能在茶中加入"异类"，这无疑是对茶内在精神"清"的准确把握。诗人观茶动情，将自己的志向寄寓品茗之中，生发对生活理念的深沉思索：红尘纷杂，唯有不落入俗世，与"异类"同流合污，才能实现自身的高洁之志。诗人秦观生活在茶风盛行的宋代，当时品茗会友是文人们的常事，诗人就是从日常生活中最平凡的题材入手，语言"清新妩丽"（王安石评秦观诗语），展现生活情趣，流露诗人的"心声"。

七、《宝塔茶诗》——形神俱美赞香叶

宝 塔 诗

唐·元 稹

茶，

香叶，嫩芽，

慕诗客，爱僧家。

碾雕白玉，罗织红纱。

铫煎黄蕊色，碗转曲尘花。

夜后邀陪明月，晨前命对朝霞。

洗尽古今人不倦，将至醉后岂堪夸。

元稹（779—831），字微之，河南河南府（今河南洛阳）人，唐朝著名诗人。这首咏茶之作，具有形式美、韵律美、意蕴美，在诸多的咏茶诗中别具一

格，精巧玲珑，堪称一绝。形式上，一字增至七字，搭造一个"宝塔"形的结构，令人耳目一新；韵律上，全部押的是险韵，一气呵成，展现了高超的驾驭文字的功力。意蕴上，用明月、朝霞、罗织、红纱诸意象，给人华而不奢、色彩斑斓而不目眩、纤巧清丽的视觉享受。

全诗一开头，直点主题——茶，茶是嫩芽，气味芬芳。第三句采用倒装句，说茶深受"诗客"和"僧家"的爱慕。第四句写的是烹茶，因为古代饮的是饼茶，所以先要用白玉雕成的碾把茶叶碾碎，再用红纱制成的茶罗把茶筛分。第五句写烹茶先要在铫中煎成"黄蕊色"，尔后盛在碗中浮饽沫。第六句谈到饮茶，不论早晚，想喝就喝。结尾时，指出茶的妙用，不论古人或今人，饮茶都会感到精神饱满，特别是酒后喝茶有助醒酒。所以，元稹的这首宝塔茶诗，先后表达了三层意思：一是从茶的本性说到了人们对茶的喜爱；二是从茶的煎煮说到了人们的饮茶习俗；三是就茶的功用说到了茶能提神醒酒。

八、《寒夜》——以当茶酒情更浓

寒　夜

宋·杜耒

寒夜客来茶当酒，竹炉汤沸火初红。
寻常一样窗前月，才有梅花便不同。

杜耒（？—1225），南宋诗人。字子野，号小山，南城（今属江西）人。诗中所描述的正是以茶待客的情形：在寒冷的夜晚，远方的客人到来，没有酒款待，且借一杯热情四溢的香茶，表达了主人的敬意，温暖了客人的心。窗外，如水的月光洒在傲雪的梅花上，一切是那样温馨，就是以这种生活中极为平常的事茶礼仪为素材，却勾画了一幅友人相聚无比和乐的寒夜品茶图，正是"一杯春露暂留客，两腋清风几欲仙"。（图5-1）

图5-1　以茶待客

九、《品令·茶词》——言有尽意无穷

品令·茶词
宋·黄庭坚

凤舞团团饼。恨分破，教孤令。金渠体静，只轮慢碾，玉尘光莹。汤响松风，早减了二分酒病。

味浓香永。醉乡路，成佳境。恰如灯下，故人万里，归来对影。口不能言，心下快活自省。

黄庭坚（1045—1105）是北宋著名诗人，为盛极一时的江西诗派开山之祖，字鲁直，号山谷道人，晚号涪翁。因嗜茶也写过许多茶诗词，专门咏茶的就有近40首，因其是江西分宁人，所以被人称为"分宁茶客"。黄庭坚在这些茶诗词中，淋漓尽致地倾诉了爱茶的脉脉情怀，品茶的淡淡雅兴，茶事历历可数，茶谊依依动人。其中广为传诵的就是这首《品令·茶词》。

此词开首写茶之名贵，宋初进贡茶，先制成茶饼，然后以蜡封之，饰以龙凤图案。皇帝往往分赐近臣龙凤团茶以示恩宠，足见茶之珍贵。接着描述碾茶，唐宋人品茶十分讲究，须先将茶饼碾碎成末，经过精细加工，碾成琼粉玉屑，以水煎之，水沸如松涛之声。煎成的茶，清香袭人，未及口品，已酒醒神清。换头处以"味浓香永"承前接后。在赞茶味之美时，作者推陈出新："醉乡路，成佳境。恰如灯下，故人万里，归来对影"，此句原本出于苏轼《和钱安道寄惠建茶》："我官于南（时苏轼任杭州通判）今几时，尝尽溪茶与山茗。胸中似记故人面，口不能言心自省。"作者用"灯下""万里归来对影"烘托品茶的氛围，意境又得以升华，形象也更为鲜明，通过"妙悟"将品茶的美妙意境喻为故人万里归来，那种相视无言，但心意相知相通之美妙神奇心境。

这种快活，是将沉重的沧桑之感，冶炼成一派从容的笑容，透视生命的清朗。它是绿野田园中一阵清风，心灵交流的一面旗幡，人生旅程的一座驿站，情感世界的一种净化。宋代胡仔在《苕溪渔隐丛话》中说："鲁直诸茶词，余谓《品令》一词最佳，能道人所不能言，尤在结尾三四句。"在宋代茶词作者中，没有谁能像黄庭坚一样如此淋漓尽致地描绘出品茗的感受了。

十、《解语花·题美人捧茶》——美人伴茶更风流

解语花·题美人捧茶
明·王世贞

中泠乍汲，谷雨初收，宝鼎松声细。柳腰娇倚。熏笼畔，斗把碧旗碾试。兰芽玉蕊。勾引出、清风一缕。擎翠娥、斜捧金瓯，暗送春山意。

微衾露鬓云鬓。瑞龙涎犹自，沾恋纤指。流莺新脆。低低道：卯酒可醒还起？双鬟小婢。越显得、那人清丽。临饮时，须索先尝，添取樱桃味。

王世贞（1526—1590），字元美，号凤洲，又号弇州山人，太仓（今江苏太仓）人，明代文学家、史学家。该词以清词丽句，将美人煎茶、捧茶的神态写得绰约动人，饮茶者却"添取樱桃味"，无限风流。将品美人与品茶相嵌得天衣无缝，成为茶界美谈。

"美人伴茗"貌似庸俗，实则蕴藏洒脱的名士风度与文人心态，正如文人狎妓被视为风雅之举一样，美人更助茶美的情趣得到时人的赞赏。王世贞之弟王世懋亦填《解语花·题美人捧茶》之词："堪爱素鬓小髻，向瑶芽相映。"后亦有不少以美人相伴烹茗的效仿者。如龚自珍《调笑四首》（其三）"烹茗、烹茗，闲数东南流品。美人俊辩风生，皮里阳秋太明"等。

十一、《竹枝词》——浪漫情缘一盏牵

图 5-2　茶女之美

竹 枝 词

清·郑板桥

溢江江口是奴家，郎若闲时来吃茶。

黄土筑墙茅盖屋，门前一树紫荆花。

郑板桥（1683—1765），名燮，字克柔，号板桥，"扬州八怪"之一，世称其诗、书、画三绝，在山东范县、潍县为官十几载，政声颇佳。

郑板桥爱竹亦爱茶，一生写了不少茶联、茶诗，如《招隐寺访旧》五首之三："茶枪新摘蕊，莲露旋收珠。小盏烹涓滴，青光浅浅浮。"咏的是名茶。《寄许衡山》云："好事春泥修茗灶，多情小碗覆诗阄。"咏的是茶灶。在一幅墨竹画上题诗云："我亦有亭深竹里，酒杯茶具与诗囊。"道出了他对竹、茶、诗的一往情深。

郑板桥宰潍县时，于乾隆十二年（1747）秋，临时调到济南参加乡试工作，在济南锁院，作行书《扬州杂记长卷》，文中记述了他43岁那年，因饮茶认识了17岁的饶五娘，二人订下终身。在朋友的帮助下，第二年郑板桥与比他小26岁的饶五娘在兴化结婚。他的这次艳遇，茶担当的是月下老人，成就了才子佳人的奇特篇章。郑板桥对这次在扬州郊外饮茶获美女甚为得意，在数年之后，他还念念不忘。此首竹枝词也是影射出他与饶五娘的美好相遇：黄土墙、茅盖屋、紫荆花，衬托一位如水般清纯美丽的女子，倚在门口盼望心上人登门吃茶，多么浪漫的少女情怀。

此外，郑板桥还留下了很多有名的茶联，潍坊市博物馆里藏有他一副木刻楹联："雷纹古鼎八九个；日铸新茶三两瓯。"这里写到的"日铸茶"，又名日注茶、日铸雪芽。清康熙巡游江南时，品尝了醇香扑鼻的日铸茶，赞不绝口，从此日铸茶岁岁朝贡，引起了文人墨客的兴趣，颂扬之声不绝。潍坊市工艺美术研究所里藏有一副木刻联云："墨竹一枝宣德纸；香茗半瓯成化窑。"把"香茗"与"墨竹"、"成化窑"与"宣德纸"相提并论。他为扬州一家叫青莲斋的茶馆写的楹联是："从来名士能评水；自古高僧爱斗茶。"他考举人前，在镇江焦山别峰庵读书，寓居时间较长，几次作联咏茶，如为焦山海若庵题的楹联为："楚尾吴头，一片青山入座；淮南江北，半潭秋水烹茶。"焦山自然庵有他题写的对联云："汲来江水烹新茗；买尽青山当画屏。"将名茶好水、青山美景融入茶联。在其家乡，他曾用方言俚语写过茶联，如："扫来竹叶烹茶叶；劈碎松根煮菜根。"这种对百姓日常生活写照的茶联，使乡亲们读来感到格外亲切。

十二、《一枝春·嫩展旗枪》——旗枪之美杯中展

一枝春·嫩展旗枪
清·俞 樾

序：茶瓯中有一茎树立，俗名茶仙，主有客来。

嫩展旗枪，有灵根袅袅，亭亭斜倚。伶仃乍见，便是蘧菇仙子。纤腰倦舞，又罗袜、踏波而起。休误认、杯内灵蛇，负了雨前清味。

天然一茎摇曳。爱云花雾叶，青葱如此。擎瓯细品，漫拟苦心莲蕊。灵机偶动，又添得、喜花凝聚。应卜取、佳客连翩，桂舟共舣。

俞樾（1821—1906），字荫甫，自号曲园居士，浙江德清城关乡南埭村人。清末著名学者、文学家、经学家、书法家。

此词展示了茶叶在杯中冲泡后的美景（图 5-3）。一杯香茗，在诗人眼中就是仙境，杯中芽叶尽展，如旗如枪，翩翩起舞，又仿佛是仙女下凡，飘落人间，裙袂飞扬，风姿卓绝，如此美景让人不忍心品饮，但又怕错过了品尝到杯中这杯雨前茶的清美之味。品味之余，添花佐味，更加浪漫之趣。谢在杭在《五杂组》中写道："凡花之奇香者，皆可点汤。《遵生八笺》云，'芙蓉可为汤'；然今牡丹、蔷薇、玫瑰、桂、菊之属，采以为汤，亦觉清远不俗，但不若茗之易致也。"明清时也有人在茶中加花加调味品饮用的风俗。乔吉作《卖花声·香茶》云："细研片脑梅花粉，新剥珍珠豆蔻仁，依方修合凤团春。醉魂清爽，舌尖香嫩，这孩儿那些风韵。"写的是将梅花、豆蔻与凤团茶合饮，其味清鲜香嫩，品饮之趣跃然纸上。

图 5-3 杯中茶舞

拓展阅读

　　茶诗词为我们展现了一个诗情画意的茶文化天地，从古至今有无数佳作妙篇，赏析诗词书画，可以透越时空，捕捉作者的匠心独运，品茶情趣，也是提高艺术修养、丰富茶文化知识的重要途径。闲暇之时，以下著作中的名篇皆可助雅兴：《且品诗文将饮茶》（刘伟华，2011）、《中国品茶诗话》（蔡镇楚，2004）、《中国茶美学研究——唐宋茶诗词与当代茶美学思想建设》（朱海燕，2009）。

第三节　经典茶散文小说赏析

　　唐诗宋词、明清的散文小说，皆代表了与之相应的那个时代的文学风尚，与诗词相比，散文、小说在形式上相对松散。散文以或抒情或记叙，语言优美，表达作者强烈的情感为特色；小说以刻画人物形象为中心，通过完整的故事情节和环境描写来反映社会生活，其中人物、情节、环境为三要素。

　　唐代以前，由于茶只是供帝王贵族享受的奢侈品，加之科技尚不发达，在小说中，茶事往往在神话志怪传奇故事里出现。东晋干宝《搜神记》中的神异故事"夏侯恺死后饮茶"，一般认为成书于西晋以后、隋代以前的《神异记》中的神话故事"虞洪获大茗"，南朝宋刘敬叔《异苑》中的鬼异故事"陈务妻好饮茶茗"，还有《广陵耆老传》中的神话故事"老姥卖茶"，这些都开了小说记叙茶事的先河。唐宋时期，有关记叙茶事的著作很多，但其中多为茶叶专著或茶诗词；不过，《唐书》、封演的《封氏闻见记》等，宋代祝穆等著的《事文类聚》也有关于茶事的描绘。明清时代，记述茶事的多为话本小说和章回小说。在我国六大古典小说或四大奇书中，如《三国演义》《水浒传》《金瓶梅》《西游记》《红楼梦》《聊斋志异》《三言三拍》《老残游记》等，无一例外地都有茶事的描写。清代的蒲松龄，大热天在村口铺上一张芦席，放上茶壶和茶碗，用茶会友，以茶换故事，终于写成了《聊斋志异》。在书中众多的故事情节里，也多次提及茶事。在刘鹗的《老残游记》中，有专门写茶事的"申子平桃花山品茶"一节。在施耐庵的《水浒传》中，则写了王婆开茶坊和喝大碗茶的情景。在众多的小说中，描写茶事最细腻、最生动的莫过于《红楼梦》。《红楼梦》全书一百二十回，谈及茶事的就有近三百处。

散文是一个庞杂的体系，几乎凡不是韵文的作品都可以归入其中。古今茶文琳琅满目，就体裁而言，有赋，如杜育《荈赋》、梅尧臣《南有嘉茗赋》等；有记，如欧阳修《大明水记》和《浮槎山水记》、唐庚《斗茶记》等；有序，如皮日休《茶经》序、吕温《三月三日茶宴序》等；有跋，如沈周《跋〈茶录〉》等；有传，如陆羽《陆文学自传》、苏轼《叶嘉传》等；有表，如柳宗元《代武中丞谢新茶表》、丁谓《进新茶表》等；有启，如杨万里《谢傅尚书惠茶启》等；有颂，如周履靖《茶德颂》等；有铭，如李贽《茶夹铭》、张岱《瓷壶铭》等；有檄，如张岱《斗茶檄》等。此外尚有大量的记事、记人、写景、状物的叙事和抒情茶文。

一、杜育《荈赋》——一幅生动的茶山品茶图

荈　赋

晋·杜　育

灵山惟岳，奇产所钟。瞻彼卷阿，实曰夕阳。厥生荈草，弥谷被岗。承丰壤之滋润，受甘露之霄降。月惟初秋，农功少休；结偶同旅，是采是求。水则岷方之注，挹彼清流；器择陶简，出自东隅；酌之以匏，取式公刘。惟兹初成，沫沉华浮。焕如积雪，晔若春敷。若乃淳染真辰，色责青霜。白黄若虚。调神和内，倦解慵除。

杜育（约282—311），又称杜毓，字方叔，晋襄城邓陵人。《荈赋》是我国茶史上第一篇全过程记载茶的种植到品饮的散文。作者用简练优美的文字勾画出一幅绝佳的茶山品茶图：作者在秋天农忙闲暇时，率同好友结伴入茶山采茶，并制成茗茶。作者由岷江清流中，汲取清新的活水烹茶，煮开泉水，将钟山灵秀气、承霄降甘露的茗茶粉末置于东方出产的陶器中，调制成茶汤。等茶汤调妥后，效法大雅公刘以匏瓜制成的瓢饮酒，用瓢分茶飨友。茶汤中颗粒较粗的茶末下沉，较细的茶末精华浮在瓢面。匏面光彩如皑皑的积雪，明亮如春熙阳光。这篇赋依次铺叙了茶叶生长的情况："弥谷被岗"，"承丰壤之滋润，受甘霖之霄降"；茶农采茶的情景："结偶同旅，是采是求"；以及煮茶用水、用器情况："岷水""陶简"；最后描绘了茶叶煎成之后"焕如积雪，晔若春敷"的美妙情形，以及人们饮后的感受。本文对于深入研究晋代茶的烹饮方式，具有很高的参考价值。

在这篇赋中，呈现了相当完整的品茗艺术要素。

其一，茗茶。野外亲采亲制之末茶，汤色雪白，杜育赞美为奇产所钟。

其二，水品。茶山旁岷江中之清流，合于《煎茶水记》中所言："夫茶烹于所产处，无不佳也，盖水土之宜。"

其三，炭火。不详，煮火疑用鼎。

其四，茶器。置于福建建安的瓷器调制茶汤。再用瓢分茶飨客，六朝人往往用瓠瓜制成的瓢饮茶。

其五，品茗环境。秋天、四川茶山、临流、佳友。

《荈赋》流传较为广泛，后来唐代顾况著《茶赋》、宋代吴淑著《茶赋》、黄庭坚著《煎茶赋》，都是《荈赋》的继承和发展。《荈赋》作为现在所见到的最早的以茶为主题的文学作品，堪称茶道美学萌芽的典型文学作品。

二、苏轼《叶嘉传》——塑造"清白可爱"的茶君子

叶　嘉　传
宋·苏　轼

叶嘉，闽人也，其先处上谷。曾祖茂先，养高不仕，好游名山。至武夷，悦之，遂家焉。尝曰："吾植功种德，不为时采，然遗香后世，吾子不必盛于中士，当饮其惠矣。"茂先葬郝源，子孙遂为郝源民。至嘉，少植节操。或劝之业武，曰："吾当为天下英武之精。一枪一旗，岂吾事哉！"因而游，见陆先生。先生奇之，为著其行录，传于世。方汉帝嗜阅经史时，时建安人为谒者侍上。上读其行录而善之。曰："吾独不得与此人同时哉！"曰："臣邑人叶嘉，风味恬淡，清白可爱，颇负其名，有济世之才，虽羽知犹未详也。"上惊，敕建安太守召嘉，给传遣诣京师，郡守始令采访嘉所在，命赍书示之。嘉未就，遣使臣督促。郡守曰："叶先生方闭门制作，研味经史，志图挺立，必不屑进，未可促之。"亲至山中，为之劝驾，始行登车。遇相者揖之曰："先生容质异常，矫然有龙凤之姿，后当大贵。"嘉以皂囊上封事。天子见之曰："吾久饫卿名，但未知其实耳，我其试哉！"因顾谓侍臣曰："视嘉容貌如铁，资质刚劲，难以遽用，必捶提顿挫之乃可。"遂以言恐嘉曰："砧斧在前，鼎镬在后，将以烹子，子视之如何？"嘉勃然吐气曰："臣山薮猥士，幸惟陛下采择至此，可以利生，虽粉身碎骨，臣不辞也。"上笑，命以名曹处之，又加枢要之务焉。因诚小黄门监之。有顷报曰："嘉之所为，犹若粗疏然。"上曰："吾知其才，第以独学，未经师耳。"嘉为之屑就师，顷刻就事，已精熟矣。上乃勅御史欧阳高、金紫光禄大夫郑当时、甘泉侯陈平三人，与之同事。欧阳嫉嘉初进有宠，"曰：吾属且为之下矣。"计欲倾之。会天子御延英，促召四

人。欧但热中而已，当时以足击嘉。而平亦以口侵凌之。嘉虽见侮，为之起立，颜色不变。欧阳悔曰："陛下以叶嘉见托吾辈，亦不可忽之也。"因同见帝，阳称嘉美，而阴以轻浮訾之。嘉亦诉于上。上为责欧阳，怜嘉，视其颜色，久之。曰："叶嘉真清白之士也，其气飘然若浮云矣。"遂引而宴之。少选间，上鼓舌欣然曰："始吾见嘉，未甚好也。久味之，殊令人爱。朕之精魄，不觉洒然而醒。《书》曰：'启乃心，沃朕心。'嘉之谓也。"于是封嘉为钜合侯，位尚书。曰："尚书，朕喉舌之任也。"由是宠爱日加。朝廷宾客，遇会宴享，未始不推于嘉。上日引对，至于再三，后因侍宴苑中，上饮逾度，嘉辄苦谏。上不悦曰："卿司朕喉舌，而以苦辞逆我，余岂堪哉！"遂唾之。命左右仆于地。嘉正色曰："陛下必欲甘辞利口，然后爱耶？臣言虽苦，久则有效。陛下亦尝试之，岂不知乎？"上顾左右曰："始吾言嘉刚劲难用，今果见矣。"因含容之，然亦以是疏嘉。嘉既不得志，退去闽中。既而曰："吾未如之何也已矣。"上以不见嘉月余。劳于万机，神荼思困，颇思嘉，因命召至。喜甚，以手抚嘉曰："吾渴见卿久也。"遂恩遇如故。上方欲以兵革为事，而大司农奏计国用不足，上深患之，以问嘉。嘉为进三策，其一曰："榷天下之利，山海之资，一切籍于县官。"行之一年，财用丰赡，上大悦。兵兴有功而还。上利其财，故榷法不罢。管山海之利，自嘉始也。居一年，嘉告老，上曰："钜合侯其忠可谓尽矣。"遂得爵其子。又令郡守择其宗支之良者，每岁贡焉。嘉子二人，长曰抟，有父风，袭爵。次曰挺，抱黄白之术。比于抟，其志尤淡泊也。尝散其资，拯乡间之困，人皆德之。故乡人以春秋伐鼓，大会山中，求之以为常。

赞曰：今叶氏散居天下，皆不喜城邑，惟乐山居。氏于闽中者，盖嘉之苗裔也。天下叶氏虽伙，然风味德馨，为世所贵，皆不及闽。闽之居者又多，而郝源之族为甲。嘉以布衣遇天子，爵彻侯，位八座，可谓荣矣。然其正色苦谏，竭力许国，不为身计，盖有以取之。夫先王用于国有节，取于民有制，至于山林川泽之利，一切与民。嘉为策以榷之，虽救一时之急，非先王之举也。君子讥之，或云：管山海之利，始于盐铁丞孔仅、桑弘羊之谋也。嘉之策未行于时，至唐赵赞始举而用之。

如前所述，苏东坡别出心裁将茶之美与人之美相提并论，"从来佳茗似佳人"流芳千古。此《叶嘉传》一文则以新颖的创意将茶直接称为"叶嘉先生"，叶是茶叶，嘉者美者，其中的深刻寓意值得我们细细品味。

叶嘉闽人反映福建茶叶举世闻名的事实；叶氏子孙"散居天下"说明普遍产茶、用茶；"喜欢山居"揭示茶的习性及其生长环境；"貌似黑铁，资质刚而劲"是经过精心制作后茶的形状；"龙凤之姿"影射贡茶中的龙团、凤团；“风味恬淡，其气飘然若浮云”是茶性的写照；“言辞苦涩”是茶味的写照；“捶提顿挫，闭门制作”象征制茶程序；“砧斧鼎锅置于面前身后、煮烂、粉身碎骨”既略写饮茶方法，又示知部分茶具；“醒我精魄”“喉舌之官”阐明茶的功效；宣召叶嘉进京、选拔叶氏子孙入贡、山海特产专卖是列举榷茶、贡茶法；乡亲每逢春季会合山中寻求描述了采茶活动；叶氏子孙慷慨散资帮助乡里困难反映了茶农靠茶叶买卖谋生；封“钜合侯”突出饮茶是普遍受到欢迎的民俗。

苏东坡凭借其生花妙笔，以滑稽有趣的独特手法，通篇无一茶字，却句句写的都是茶。将茶的历史和茶的德行拟人化来描述，既描写了宋人的饮茶方式和对茶的认识，又刻画了“叶嘉”的淡雅清高的品德。

事实上，这正是苏轼自我人格的表白。他博览文史，品格高洁，怀着“奋励有当世志”（苏轼墓志铭）的宏大抱负走上政治舞台，以“忘躯犯颜”“直言敢谏”自许，力图干一番经世济时的事业。曾是一个舍身报国、奋勇进取、风节凛然的儒者，因此在《叶嘉传》中他以健笔刻画“容貌如铁，资质刚劲，清白可爱，气质恬淡若浮云，敢于为主粉身碎骨”的叶嘉形象，实则是寄托立功报国的壮志豪情，抒发自己立志高洁、完善德行的人格追求。自此文一出，“叶嘉”便成为茶的美称，茶的这一“清白”君子形象亦得到世人的认可。

三、杨维桢《煮茶梦记》——茶香入梦太虚境

煮茶梦记

元・杨继桢

铁龙道人卧石林。移二更。月微明及纸帐。梅影亦及半窗。鹤孤立不鸣。命小芸童。汲白莲泉燃槁湘竹。授以凌霄芽为饮供。道人乃游心太虚。雍雍凉凉。若鸿蒙。若皇芒。会天地之未生。适阴阳之若亡。恍兮不知入梦。遂坐清真银晖之堂。堂上香云帘拂地。中着紫桂榻。绿璠几。看太初易一集。集内悉星斗文。焕煜爚熠。金流玉错。莫别爻画。若烟云日月。交丽乎中天。玉露凉。月冷如冰。入齿者易刻。因作太虚吟。吟曰。道无形兮兆无声。妙无心兮一以贞。百象斯融兮太虚以清。歌已。光飙起林末。激华氛。郁郁霏霏。绚烂淫艳。乃有扈绿衣。若仙子者。徒容来谒。云名淡香。小字绿花。乃捧太元杯。酌太清神明之醴以寿。予侑以词曰。心不行。神不行。无而为。万化清。寿毕。纾徐而退。复令小玉环侍笔牍。遂书歌遗之曰。道可受兮不可传。天无形兮四时以言。妙乎天兮天天之先。天天之先复何仙。移间。白云微消。绿衣

化烟。月反明予内间。予亦悟矣。遂冥神合元。月光尚隐隐于梅花间。小芸呼曰。凌霄芽熟矣。

杨维桢（1296—1370）是元末明初著名文学家、书画家。字廉夫，号铁崖、铁笛道人，又号铁心道人、铁冠道人、铁龙道人、梅花道人等，晚年自号"老铁""抱遗老人""东维子"，会稽（浙江诸暨）枫桥全堂人。

在《煮茶梦记》中，作者以优美的文字描绘出一个茶人缥缈而美妙的梦。时过二更，月照梅花的夜晚，铁龙道人独卧石床并命童仆小芸汲来白莲泉泉水，点燃湘竹枯枝，烹清香的凌霄茶。在烹茶过程中，作者的心伴随着茗烟而神游于缥缈无际的太空，恍然如梦进入月宫，读《易经》，眼观变化莫测的爻画，创作空灵的《太虚吟》，接受绿衣仙子的美酒，酒后又写了一首歌。歌罢收合神思，方知是梦，梦醒后白云消散，仙女化烟，只有明月依旧照在梅花间。这时小芸大声地叫："凌霄茶熟了!"全文表现出茶人拓落出尘，以明月为伴，与仙子为友，在太空中无拘无束地漫游的精神追求。这种人、茶、境、思浑然一气，在品茶过程中，空灵虚静，心驰宏宇，神冥自然的境界，正是老庄道学所追求的"含道独往，弃智遗身"的境界，也正是茶道的最高境界。

四、田艺蘅《煮泉小品》——品水兼品人

煮泉小品·跋
明·田艺蘅

……夫泉之名，有甘、有醴、有冷、有温、有廉、有让、有君子焉。皆荣也。在广有贪，在柳有愚，在狂国有狂，在安丰军有咄，在日南有淫，虽孔子亦不饮者有盗，皆辱也。予闻之曰："有是哉，亦存乎其人尔。天下之泉一也。惟和士饮之则为甘，祥士饮之则为醴，清士饮之则为冷，厚士饮之则为温；饮之于伯夷则为廉，饮之于虞舜则为让，饮之于孔门诸贤则为君子。使泉虽恶，亦不得而污之也。恶乎辱？泉遇伯封可名为贪，遇宋人可名为愚，遇谢奕可名为狂，遇楚项羽可名为咄，遇郑卫之俗可名为淫，其遇跖也，又不得不名为盗。……子艺曰："噫！予品泉矣，子将兼品其人乎？"

田艺蘅（1524—?），明代文学家。字子艺，浙江钱塘（今杭州）人。爱泉成痴，自谓得"泉石膏肓"，听老人言当"煮清泉白石，加以苦茗，服之久久"方可治愈，"遂依法调饮，自觉其效日著。因广其意，条辑成编"，计五千字，分"源泉""石流""清寒""甘香""宜茶""灵水""异泉""江水""井水""绪谈"十部分。

"跋"从人文的角度出发，将水品与人品相提并论。这是因为，自古以

来，先哲们就认定了水是万物之源，是智慧和善美的象征，值得君子仿效。《管子·水地篇》云："水者何也？万物之本源，诸生之宗室也。"老子曰："上善若水，水善利万物而不争。"孔子认为："智者乐水，仁者乐山。"孔子认为水中有道，水具有德、义、勇、法、正、察、善、志诸种美好的品行。所以荀子在《宥坐》中言："是故君子见大水必观焉。"君子观水，以审视自己的言行，意在提高个人修养。

本文可谓道出中国文人对水审美情趣所在，品泉"兼品人"，这也是中国"比德"审美理论指导下的审美趣味，如明代文人郑邦霑云："春来欲作独醒人，自汲寒泉煮茗新"，诗人以寒泉试茗，是为了让自己在万人皆醉的世情中保持清醒。

五、袁枚《随园食单·茶酒单》——徐徐咀嚼得真味

随园食单·茶酒单·武夷茶
清·袁 枚

余向不喜武夷茶，嫌其浓苦如饮药。然丙午秋，余游武夷到曼亭峰、天游寺诸处，僧道争以茶献。杯小如胡桃，壶小如香橼，每斟无一两，上口不忍遽咽，先嗅其香，再试其味，徐徐咀嚼而体贴之，果然清芬扑鼻，舌有余甘。一杯以后，再试一二杯，释躁平矜，怡情悦性。始觉龙井虽清而味薄矣；阳羡虽佳而韵逊矣。颇有玉与水晶，品格不同之故。故武夷享天下盛名，真乃不忝。且可以瀹至三次，而其味犹未尽。

袁枚（1716—1797），清代诗人、散文家。字子才，号简斋，晚年自号仓山居士、随园主人、随园老人，汉族，钱塘（今浙江杭州）人。

《茶酒单》是最早记录武夷茶的泡饮与品质特点的文献资料。袁枚作为浙江钱塘人，习惯饮用江浙名茶阳羡、龙井，初时不习惯饮用滋味浓酽的武夷茶。乾隆丙午，他游福建武夷山时，寺庙僧道向他献茶，小壶、小杯冲泡，然后嗅香品味，品出了武夷茶之妙，体会到龙井虽清但不如岩茶醇厚，阳羡虽好不如岩茶有韵。这种小壶小杯冲泡、小口细品的品茶方式就是后来盛行于闽粤地区的功夫茶艺。至于如何"徐徐咀嚼"才能品味茶之甘香，这种功夫没有长时间的练习是难以达到的。仅就品尝茶之芳香而言，清代梁章钜《归田琐记》指出茶之香味可分为四个品级："一曰香，花香小种之类皆有之。今之品茶者以此为无上妙谛矣，不知等而上之则曰清，香而不清，犹凡品也。再等而上之则曰甘，香而不甘，则苦茗也。再等而上之则曰活，甘而不活，亦不过好茶而已。活之一字，须从舌本辨之，微乎微矣，然亦必瀹以山中之水，方能悟

此消息。"品茶至此,真是"茶翁之意不在茶,在乎山水之间也"。它已超越人们的生理需要,而进入超然物外的茶道境界了。

六、曹雪芹《红楼梦·栊翠庵茶品梅花雪》——高雅脱俗论茶道

红楼梦四十一回(节选)
清·曹雪芹

……当下贾母等吃过茶,又带了刘姥姥至栊翠庵来。妙玉忙接了进去。至院中见花木繁盛,贾母笑道:"到底是他们修行的人,没事常常修理,比别处越发好看。"一面说,一面便往东禅堂来。妙玉笑往里让,贾母道:"我们才都吃了酒肉,你这里头有菩萨,冲了罪过。我们这里坐坐,把你的好茶拿来,我们吃一杯就去了。"妙玉听了,忙去烹了茶来。宝玉留神看他是怎么行事。只见妙玉亲自捧了一个海棠花式雕漆填金云龙献寿的小茶盘,里面放一个成窑五彩小盖钟,捧与贾母。贾母道:"我不吃六安茶。"妙玉笑说:"知道。这是老君眉。"贾母接了,又问是什么水。妙玉笑回:"是旧年蠲的雨水。"贾母便吃了半盏,便笑着递与刘姥姥说:"你尝尝这个茶。"刘姥姥便一口吃尽,笑道:"好是好,就是淡些,再熬浓些更好了。"贾母众人都笑起来。然后众人都是一色官窑脱胎填白盖碗。

那妙玉便把宝钗和黛玉的衣襟一拉,二人随他出去,宝玉悄悄的随后跟了来。只见妙玉让他二人在耳房内,宝钗坐在榻上,黛玉便坐在妙玉的蒲团上。妙玉自向风炉上扇滚了水,另泡一壶茶。宝玉便走了进来,笑道:"偏你们吃梯己茶呢。"二人都笑道:"你又赶了来餐茶吃。这里并没你的。"妙玉刚要去取杯,只见道婆收了上面的茶盏来。妙玉忙命:"将那成窑的茶杯别收了,搁在外头去罢。"宝玉会意,知为刘姥姥吃了,他嫌脏不要了。又见妙玉另拿出两只杯来。一个旁边有一耳,杯上镌着"瓟斝"三个隶字,后有一行小真字是"晋王恺珍玩",又有"宋元丰五年四月眉山苏轼见于秘府"一行小字。妙玉便斟了一斝,递与宝钗。那一只形似钵而小,也有三个垂珠篆字,镌着"点犀盉"。妙玉斟了一盉与黛玉。仍将前番自己常日吃茶的那只绿玉斗来斟与宝玉。宝玉笑道:"常言'世法平等',他两个就用那样古玩奇珍,我就是个俗器了。"妙玉道:"这是俗器?不是我说狂话,只怕你家里未必找的出这么一个俗器来呢。"宝玉笑道:"俗说'随乡入乡',到了你这里,自然把那金玉珠宝一概贬为俗器了。"妙玉听如此说,十分欢喜,遂又寻出一只九曲十环一百二十节蟠虬整雕竹根的一个大海出来,笑道:"就剩了这一个,你可吃的了这一海?"宝玉喜的忙道:"吃的了。"妙玉笑道:"你虽吃的了,也没这些

茶糟蹋。岂不闻'一杯为品，二杯即是解渴的蠢物，三杯便是饮牛饮骡了'。你吃这一海便成什么？"说的宝钗、黛玉、宝玉都笑了。妙玉执壶，只向海内斟了约有一杯。宝玉细细吃了，果觉轻浮无比，赏赞不绝。妙玉正色道："你这遭吃的茶是托他两个福，独你来了，我是不给你吃的。"宝玉笑道："我深知道的，我也不领你的情，只谢他二人便是了。"

妙玉听了，方说："这话明白。"黛玉因问："这也是旧年的雨水？"妙玉冷笑道："你这么个人，竟是大俗人，连水也尝不出来。这是五年前我在玄墓蟠香寺住着，收的梅花上的雪，共得了那一鬼脸青的花瓮一瓮，总舍不得吃，埋在地下，今年夏天才开了。我只吃过一回，这是第二回了。你怎么尝不出来？隔年蠲的雨水那有这样轻浮，如何吃得。"黛玉知他天性怪僻，不好多话，亦不好多坐，吃过茶，便约着宝钗走了出来。……

《红楼梦》一书中有300多处涉及茶的描写，而若论茶道之精妙，皆推妙玉之论，并集中体现在第四十一回"栊翠庵茶品梅花雪，怡红院劫遇母蝗虫"的精彩描写中（图5-4），这场茶事活动的主要人物即为妙玉：通过这样的生活饮茶场景，从妙玉的择茶择水、选器论饮中，尽现妙玉之"高雅脱俗"的独到饮茶之道。

图5-4 栊翠庵品茶

择茶之道：妙玉为贾母奉上了一杯老君眉。为何贾母不喜欢六安茶？六安茶产于安徽六安，明代始称"六安瓜片"。清朝时列为贡品，有清心明目，提神消乏，通窍散风之功效。而关于老君眉，有人认为是福建的白茶，也有人认为是湖南岳阳所产君山茶，不论是福建所产，还是湖南所产，在名气上当时应比不过六安茶，而只是一款口感清淡的好茶而已。妙玉之所以如此安排，只是因为贾母年事已高，又饭后不久，六安茶虽名贵，但口感相对较浓，刺激性也较清淡的老君眉要大，怕养尊处优的老太太受不了，这从刘姥姥之语"好是好，就是淡些，再熬浓些更好了"得到进一步印证，故作者的这种安排，从细微处体现妙玉非同寻常的因人择茶之道。

择具之道：给贾母献茶用的是"海棠花式雕漆填金云龙献寿小茶盘"，小茶盘里装着成窑五彩小盖盅；给随贾母同来的众人的茶盏都是"一色官窑脱胎填白盖碗"。吃"梯己茶"时，妙玉用风炉扇滚了水，给宝钗的茶杯是"觚瓟斝"，后有一行小真字是"晋王恺珍玩"，又有"宋元丰五年四月眉山苏轼见于秘府"一行小字；给黛玉的是"点犀盉"；给宝玉先是自己吃茶用的"绿玉斗"，后又拿出"九曲十环一百二十节蟠虬整雕竹根"的大杯。就连妙玉贮藏梅花雪水也是用"鬼脸青"茶瓮。这一系列就是达官贵族也瞠目结舌的珍稀茶具，亦体现了妙玉极富文化品位的择具之道。

宝钗，其貌"脸若银盆，眼如水杏"，与宝玉有着"金玉良缘"，"觚瓟斝"之具乃珍稀之物，符合宝钗富贵荣华之身份。觚，女子破瓜即成婚之意，"斝"有孤苦之意，正应了"纵然是齐眉举案，到底意难平"，在这里暗隐将与宝玉成婚之喜，但这并不意味着圆满幸福的生活，宝玉依然心系黛玉，最终以出家方式赴"木石前盟"。黛玉，"两弯似蹙非蹙罥烟眉，一双似喜非喜含情目"，自有一段风流韵味，与宝玉有"木石前盟"，两情相悦，心意相通，"点犀盉"一具，用犀牛角制作而成，同样是珍稀之物，但以独特更胜贵气，暗指"心无彩凤双飞翼，心有灵犀一点通"之意，传达宝黛之间"灵犀相通"的情感。然而处于封建社会背景的一对恋人，终未能喜结连理，"盉"暗指黛玉夭折，留下"镜中花，水中月"之叹。而"与众浊男不一样"的宝玉，却得妙玉慧眼相识，"仍将前番自己常日吃茶的那只绿玉斗来斟与宝玉"。"仍将"一词表明宝玉曾来栊翠庵吃茶，且每次妙玉都以自用的茶具为宝玉斟茶，显然极具洁癖的妙玉对宝玉是礼遇有加的；而对于"粗俗"的刘姥姥用过的茶杯，妙玉则是十分嫌恶，只想丢弃。宝玉惜老怜贫，便提议将杯子送给刘姥姥，因她"卖了可以度日"。妙玉听了，想了一想，点头说道："这也罢了。幸而那杯子是我没吃过的，若我使过，我就砸碎了也不能给他。你要给他，我也不管你，只交给你，快拿了去罢。"两者一对比，便可知妙玉在心里已视宝玉为知己，有着不一般的情愫，正如惜春所言："妙玉虽然洁净，毕竟尘缘未断。"

择水之道：妙玉精通茶道，讲究品茶用水当是十分自然的，就连款待众人之茶，用的都是"旧年蠲的雨水"，其非同凡响的用水之道跃然纸上。在吃

"梯己茶"时，她则更为精心地选用"五年前我在玄墓蟠香寺住着，收的梅花上的雪"。当黛玉误以为也是"旧年蠲的雨水"时，竟被妙玉视为"俗人"，驳斥道："隔年蠲的雨水那有这样轻浮"。可见，在妙玉眼里"不辨水者"即为"俗人"，这比许次纾"无水不可论"之言更胜一等，体现出生活应用美学之趣。

品饮之道：妙玉除了讲究茶味"轻浮"，还更进一步追求的是文化上的品位，其论"一杯为品，二杯即是解渴的蠢物，三杯便是饮牛饮骡了"，显然是崇尚"小口品啜，寻其韵味"的贵族小姐饮茶方式，卢仝"七碗生风"体现的是浪漫与大气，妙玉之道展示的是高雅精致之韵。

清代《京都竹枝词》："开谈不说《红楼梦》，读尽书诗也枉然。"《红楼梦》已经成为老百姓衡量一个读书人的文化水准，可见《红楼梦》一书在当时的普及程度和广泛的影响力。书中所塑造带有一丝不染凡尘的仙风道骨的妙玉深入人心，她精于茶事，无论是择水还是择器皆极其讲究，与爱茶的才子们相比，妙玉在茶道妙理上毫不逊色，且将一位女性对爱情的向往、生活的热情、物质生活的洁净、精神的高洁皆倾注在一盏清茶里，而她的才华横溢，正昭示着"女子无才便是德"的陈腐评判标准已逐渐失去地位。妙玉在这场茶事活动中是掌握整个择水用具权的主人翁，这与多数文人引以风流的"美人伴茗"的最大区别是，这里的"佳人"不再是作为烘托氛围的审美客体，而是充满自我审美意识的审美主体。

 拓展阅读

从古至今，无数中外文人雅士曾在品茗谈笑间留下精妙名句，有的言简意赅，有的情深意长，有的极富哲理，阐发着茶道精神，倾吐着闲适优雅的生活情怀。

现摘录一些品茶妙句如下：

鲁迅《喝茶》："有好茶喝，会喝好茶，是一种'清福'。不过要享这'清福'，首先就须有工夫，其次是练习出来的特别的感觉。"

周作人《喝茶》："茶道的意思，用平凡的话来说，可以称作是'忙里偷闲，苦中作乐'，在不完全的现世享乐一点美和和谐，在刹那间体会永久。"

张抗抗《说绿茶》："绿茶之妙，妙在清淡。……绿茶在我，是一种淡泊，一种娴静，一种清爽，一种平和。"

苏童《一杯茶》："喝一杯好茶，领略茶中的绿色和香气，浮躁蠢动的心有时便奇异地安静下来，细细品味了竟然怀疑这是大自然馈赠我们的绿色仙药，它使我们在纷乱紧张的现实中松弛了许多。"

何为《佳茗似佳人》："玻璃杯里条索整齐的春茶载沉载浮，茶色碧绿澄清，茶味醇和鲜灵，茶香清幽悠远，品饮时顿感恬静闲适，可谓是一种极高的文化享受。"

埃德蒙·沃勒在《饮茶皇后》一诗中赞美："月亮、桂花是美的，可怎能与茶相比啊！"

内厄姆·塔特称茶为"健康之液，灵魂之饮"。

卡洛斯·邱吉尔感慨："生命在哪里？它在茶中。"

珀西·谢利喜爱茶到了疯狂的程度，他甚至坦言："就让我痛饮吧，让我成为殉茶的第一人！"

浪漫主义诗人拜伦称茶是中国的泪水，他深情倾诉："我感动了，为你，中国的泪水——绿茶女神！"

弗朗西斯·索尔塔兹在茶诗《瓶与壶》中赞道："美而神奇的茶叶啊，你生在东方的伊甸园吧？山野中的芳馨啊，你散发自东方的中国！"

湖畔诗人柯勒律治则慨叹："为了喝到茶而感谢上帝！没有茶的世界难以想象——那可怎么活呀！我幸而生在有了茶之后的世界。"

第四节　经典茶书画艺术作品赏析

有关描绘茶事、煮茶、品茶、茶具等内容的书法、绘画统称为茶书画艺术作品，它与中国茶文化发展、中国书画艺术的发展紧密相连。书画家们在纸绢上书画着自然和生活，在笔墨中宣泄自己对茶对人生的感受。这些与茶有关的独特的艺术作品，因历史而显露出永恒魅力，令我们回味无穷。

一、茶事绘画

中国茶画的出现大约在盛唐时期。陆羽作《茶经》，已经设计茶图，但从其内容看，还是表现烹制过程，以便使人对茶有更多了解，从某种意义上，类似当今新食品的宣传画。唐人阎立本所作《萧翼赚兰亭图》，是世界最早的茶画。画中描绘了儒士与僧人共品香茗的场面。张萱所绘《明皇和乐图》是一幅宫廷帝王饮茶的图画。唐代佚名作品《宫乐图》，是描绘宫廷妇女集体饮茶的大场面。唐代是茶画的开拓时期，对烹茶、饮茶具体细节与场面的描绘比较具体、细腻，不过所反映的精神内涵尚不够深刻。

五代至宋，茶画内容十分丰富。有反映宫廷、士大夫大型茶宴的，有描绘士人书斋饮茶的，有表现民间斗茶、饮茶情景的。这些茶画作者，大多是名家大手笔，所以在艺术手法上也更提高了一步，其中不乏茶画的思想内涵，而对茶艺的具体技巧不多追求。元明以后，各种社会矛盾和思想矛盾加深。所以这一时期的茶画内容也向更深邃的方向发展，注重与自然契合，反映社会各阶层的茶饮生活状况。清代茶画重杯壶与场景，而不去描绘烹调细节，常以茶画反映社会生活。特别是康乾鼎盛时期的茶画，以和谐、欢快为主要基调。

1. 唐·阎立本《萧翼赚兰亭图》

阎立本（？—673），雍州万年（今陕西西安临潼县）人，贵族出身，唐代早期画家。父阎毗为隋代官宦，既是画家，又擅长建筑工程。兄立德亦是一位画家。阎立本曾作过掌管皇家营造事业的"将作大臣"。显庆中曾代兄任工部尚书。总章元年（668）官至"右相"，故世有"左相（姜恪）宣威沙漠，右相（阎立本）驰誉丹青"之谓。阎立本擅长人物画，注重人物个性特点和心理活动的刻画。其画的风格是"结构严谨，气魄宏大"。

《萧翼赚兰亭图》（图5-5）描绘了唐太宗派萧翼从辨才和尚手中诱骗晋代书法家王羲之书《兰亭序》真迹的故事。画面上，机智狡猾的萧翼和疑虑为难的辨才和尚被画家刻画得惟妙惟肖。此外，画面上还清楚可见另一番情景：一老仆人蹲在风炉旁，炉上置一锅，从其器形可辨当是《茶经》中所提

图5-5　萧翼赚兰亭图

到的"轻"（釜）。观其景，锅中的水已煮沸，碾好的茶末刚放入，老仆人手持"茶夹子"欲搅动"汤花"。另一边，有一童子弯着腰，手执茶托盏，小心翼翼地准备将茶水倒入盏中。矮几上，放置着茶碗、茶罐等饮茶器皿。这幅画不仅记载了古代僧人以茶待客的史实，而且再现了1 000多年前饮茶所用的茶器茶具以及烹茶方法。

在中国历史上精于茶事的僧人不乏其人，种茶、制茶、饮茶成为僧人生活的一个重要的组成部分。历史上不少佛门名茶，如普陀佛茶、蒙山茶等均由僧人种植、创制。"饮茶破睡"，茶成为佛门弟子参禅的最佳饮品。由于僧人的爱好和推崇，饮茶之风很快影响到民间，唐人《封氏闻见录》中所记"开元中，泰山灵岩寺有降魔师，大兴禅教，学禅务于不寐，又不餐食，皆许其饮茶。人自怀挟，到处煮饮，从此转相仿效，遂成风俗……王公朝士无不饮者……"，《萧翼赚兰亭图》为唐代僧人好饮茶并以茶待客提供了史料依据。

2. 唐·佚名《宫乐图》

《宫乐图》（图5-6）描绘了唐代宫廷女士们饮茶休闲的美好时光。画中一共画有后宫女士十二人，体态丰满，神情闲雅。画面中央是一张大型方桌，后宫嫔妃、侍女十余人，围坐、侍立于方桌四周，团扇轻摇，品茗听乐。中四人，吹乐助兴，所持用的乐器，自右而左，分别为筚篥、琵琶、古筝与笙。侍立的二人中，复有一女击打拍板，以为节奏，从桌底倦着的小狗可以猜测乐声轻柔。

图 5-6 宫乐图

方桌中央放置一只很大的茶釜（即茶锅），画幅右侧中间一名女子手执长柄茶杓，正在将茶汤分入茶盏里。她身旁的那名宫女手持茶盏，侧耳细听乐曲，因入神而忘记了饮茶，斜对面的一名宫女则正在细品茶汤，立在身后的侍女轻轻扶着，仿佛害怕她茶醉。

3. 宋·刘松年《撵茶图》和《茗园赌市图》

刘松年（约1155—1218）是南宋孝宗、光宗、宁宗三朝的宫廷画家。钱塘（今浙江杭州）人。尤善人物画，后人把他与李唐、马远、夏圭并称为"南宋四家"。所画人物画，或为历史故事，或描写人们的生活和劳动场景，或描写贵族、士大夫的生活，造型典雅，用笔清丽。据记载，刘松年一生画了不少茶画，想必他亦是一个好茶之人。

刘松年作《撵茶图》（图5-7）为我们了解唐宋制茶的历史、碾茶的工具和方法提供了形象资料。画面的左前方，一仆役坐在矮几上，手执磨把正在转动石磨，另一仆役站在桌旁，一手执茶汤瓶，一手执茶盏，正欲注茶于盏中。桌面上还放着茶瓯（汤盆）和其他茶舟、茶碗等器具，桌角处挂着一方茶巾，在棕叶太湖石旁，有一储茶饼用的茶瓮，上面覆盖着用于封口防潮之箬叶。图右侧画三人：一僧伏案执笔作书，一人相对而坐，似在观赏，又似在等待，另一人坐其旁，正展卷欣赏，作兴奋又惊叹之状。相传画中高僧就是中国历史上的"书圣"——怀素。在此，我们不必去追求其传说是否真实，仅就画家将两仆役的茶事与高僧文人之吟诵、挥毫安排在一幅画面上且不分主、衬，这已充分说明，当时煮茶之事已从一般厨房杂事中分离出来，已经将有关茶事所用的器具、侍从的操作方法以及煮茶过程作为一种美的技艺来欣赏和推崇。同时也证明了，茶已经成为佛门僧人和文人生活中不可缺少的东西。

图 5-7　撵茶图

刘松年的另一幅《茗园赌市图》（图 5-8）再现了宋代民间品茶情景和"斗茶"的习俗。画中一茶贩挑着茶担，上面盖着茶棚，茶担上写着"上等江茶"的招贴，担内放着各式茶具，担右侧一妇人身着开襟低胸衣，一手提茶篮，一手执茶盘，身旁一童子，手捧茶碗。担左侧 5 人，姿态表情各异，正在进行"茗战"，即评定其色、香、味、形的优次等级并决出进贡朝廷的上等茶。发展到宋以后，文人雅士与茶家通过斗茶来切磋制茶技巧，交流品茶艺术，民间亦有以斗茶赌胜负的活动。斗茶在当时，无论是对文人还是百姓来说，都是一大乐事。从画面的人物衣着看，这些男人、女人、大人、孩子皆为村夫百姓，从他们的动作和神态中，再现了宋代崇尚饮茶达"举国皆痴"的历史。

图 5-8　茗园赌市图

4. 宋·赵佶《文会图》

宋徽宗赵佶（1082—1135），擅诗文，精书画。他的"瘦金体"书法和工笔画在中国美术史上独树一帜。

《文会图》（图 5-9）描绘了一个共有 20 个人物的文人聚会场面。在优美的庭院里，池水、山石、朱栏、杨柳、翠竹交相辉映。巨大的桌案上有丰盛的果品和各色杯盏。文士们围桌而坐，或举杯品饮，或互相交谈，或与侍者轻声细语，或独自凝神而思，而有的则刚刚到来。旁边的一个桌几上，侍者各司其职，有的正在炭火炉旁煮水烹茶，有的正在一碗一碗地分酌茶汤。从图中可以清晰地看到各种茶具，其中有茶瓶、茶篮、茶碗、茶托、茶炉等。名曰"文会"，显然也是一次宫廷茶宴。整幅画面人物神态生动，场面气氛热烈，体现了"郁郁夫文哉，举国好饮茗"的气象。

图 5-9　文会图

5. 元·赵孟頫《斗茶图》

赵孟頫（1254—1322），元代书画家，字子昂，号松雪道人，是我国画史上影响较大的山水、人物、花鸟、书法无所不能的大艺术家和文艺理论家。《斗茶图》（图 5-10）中的人物造型、用笔线条展现了他古朴、自然、简率的绘画风格。《斗茶图》描绘四人，身边放着几副茶担，左前一人，足登草鞋，一手执茶碗，一手提茶桶，袒胸露臂，似在夸耀自己的茶质最好，其神态表露出自己有稳操胜券之把握。身后一人双袖卷起，正将茶汤注入碗中，其旁站立两人，双目凝视，正在观看这场"茗战"的胜负。从画面人物衣着看，当是春夏之交，画面人物的表情流露出一种对新茶上市的喜悦之情。斗茶始于唐盛于宋，至元代始衰，可以说此幅《斗茶图》倾注了作者对旧日山河的怀念之情。

图 5-10　斗茶图

6. 明·唐寅《事茗图》

唐寅（1470—1523），初字伯虎，后更字子畏，号六如居士，江苏人。出身商人之家，少有才名，极有天赋，29岁时中应天府解元，但又因考场舞弊被牵连入狱，从此绝望仕途，纵情山水，广游交友，以诗文书画终其一生，世有"江南第一风流才子"之称。在吴门四家中，他的画路最宽，艺术修养最为全面，造型笔墨技巧最高，诗词、书法、人物画、山水画、花鸟画无一不精。

《事茗图》（图5-11）纵31.1 cm，横105.8 cm，是一幅体现明代茶文化的名作，现藏故宫博物院。根据后纸有陆粲于嘉靖乙未写的"事茗辩"，"事茗"姓陈，是书法家王宠的邻友，王宠为唐寅的儿女亲家，故陈氏与唐寅也交往甚多。此图即是以陈氏之名号为图名、并描绘陈氏幽居品茗的情景。

图 5-11　事茗图

《事茗图》画面构图严谨，别出新意，山水之景，或远或近，或显或隐，近者清晰，远者朦胧，既有清晰之美，又有朦胧之韵。近景巨石侧立，墨色浓黑，皴染圆润，凹凸清晰可辨；远处峰峦屏列，瀑布飞泻，松竹林立；画的正中，一条清溪蜿蜒汩汩流过，在溪的左岸，清雅屋舍环抱于四面幽谷之中，屋舍下方有流水，屋顶云雾缭绕，一派自然清新之风，宛如世外桃源。沉浸在这世外桃源的是谁呢？透过大开的房门，清晰可见一人端坐，品读诗书，案头置有茶壶、茶盏，品茶就读之意韵荡然飘出。屋外右边，一老者手持竹杖，行在小桥中，身后一抱古琴的小童紧跟其后，抑或是相约抚琴品茗之逸客？透过画面，流水潺潺似乎隐约入耳，茶釜中水声瑟瑟，幽幽茶香扑鼻而来，静态的画面处处有着人与自然在天地间的呼吸之美，时刻拨动着文人的心弦。这正是"隐逸"文人理想化的品茗读书、听琴寻韵的雅致生活场景。

卷左上有自题诗款曰："日长何所事，茗碗自赍持。料得南窗下，清风满鬓丝。"清闲的日子无所事事，伴松竹，依山水，汲清泉，烹香茗，读诗书，清风徐徐，其乐融融，作者向往闲适隐归的生活，遁迹山林的志趣尽展笔下。

卷右有乾隆题诗："记得惠山精舍里，竹炉瀹茗绿杯持。解元文笔闲相仿，消渴何劳玉常丝。"落款附记："甲戌闰四月雨，余几暇，偶展此卷，因摹其意，即用卷中原韵，题之并书于此。御笔。"并盖有"乾隆御赏之宝"印。一代爱茶帝王对这种品茗乐读的隐逸生活似乎充满着憧憬。

画中有诗，诗中有画，唐寅在《事茗图》这幅题画诗中融入了对茶的钟爱，虽有些许淡淡的惆怅，却更有一种淡泊隐逸、潇洒释然的情怀，让这幅画在浓淡相间、虚实相生之间透出深邃的境界，呈现一种世外桃源的美景。

7. 明·文徵明《惠山茶会图》

文徵明（1470—1559），与唐寅少时即为友，共耽古学，游从甚密。文徵明一生中作有与茶相关的诗篇一百五十多首，著有《龙茶录考》。同时还创作了不少茶画，传世作品有《惠山茶会图》《品茶图》《陆羽烹茶图》等，其中《惠山茶会图》最具代表性。

《惠山茶会图》（图5-12）纵22 cm，横67 cm，现藏北京故宫博物院，描绘的是正德十三年（1518）二月十九日清明时节，文徵明携同好友蔡羽、汤子重、王履约、王履吉等人游览惠山相聚品茗的情景。品茶择水有讲究，惠山泉当时被誉为江南一带第二泉，深受茶人的推崇。文徵明曾诗咏《咏惠山泉》："少时阅《茶经》，水品谓能记。如何百里间，惠泉曾未试？……吾生不饮酒，亦自得茶醉。"茶会在一青翠连绵的深山中举行，凉亭内端坐在惠山泉井旁的两位茶人，一位展卷而阅，一位笑意聆听，似乎正在乐谈品泉之道。亭子旁摆有茶几、汤瓶、茶盏、茶灶等用具，一侍童正在为烹茶事忙，几旁一茶人立身拱手作揖，正在迎客，顺其目光所向，在丛林隐蔽的曲径上，有两文士在山中曲径上攀谈着，漫步而来。画面色泽明丽、工秀俊雅，充满宁静、祥和的氛围。画前引首处有蔡羽书的"惠山茶会序"，后纸有蔡明、汤珍、王宠各书记游诗，诗画相应，抒情达意。体现出明代这些"隐居"的文人虽身居世外，却聚与众乐，安享一分与自然相融的宁静。

图5-12 惠山茶会图

8. 清·王树毂《四友图》

王树毂（1649—?），字原丰，号无我，又号鹿公，晚号粟园叟，杭州人。

人物笔法出自陈洪绶，人物衣纹秀劲清丽，设色古雅，一时间画人物者争相效仿。所作《四友图》描绘了文人品茶吟诗作画的情景。四位头戴官帽，身着官服的文人，围坐在一大榻旁，其中一人，一手托腮，一手执笔于砚上舐墨，榻上书卷已展，似在冥思苦想觅佳句；另一站立者靠近展卷者，窃窃私语。一美髯长者坐于榻上方，手执书卷，呼唤童子上茶。榻旁，一侍童正提壶向杯中注茶，一旁矮桌上放置一茶炉，炉上有一带梁的茶壶，另一童子正在炉边煽火煮茶，桌上还放有木瓢、汲水茶罐等物。观图中四位人物的长相、衣着，像是一老者出题，让三位后生吟诗作赋以对状。又像四人正在进行诗画笔会，一站立者似诗赋刚作完，卷轴握于背后，并相告于另一人，长者桌前的砚台已盖合，诗罢收卷，正挥手呼童子上茶以品之，另一人手托腮下，也许因为其灵感不能来，故迟迟不得动笔，也许只有待喝茶后，才能诗如泉涌。文人品茶吟诗作画的情景被画家描绘得栩栩如生。

9. 近代·吴昌硕《花开茶熟图》和《品茗图》

吴昌硕（1844—1927），原名俊，字昌硕，浙江安吉人。他擅长诗、书、画、篆刻，30多岁才开始学画，将书法的行笔、章法、体势及篆刻的运刀融入绘画中，形成具有金石味的独特画风。他曾自述："我平生得力之处在于能以书法作画。"吴昌硕一生爱梅、嗜茶、嗜壶，创作了多幅梅花茶具题材的作品，如《花开茶熟图》，几枝梅花纵横恣肆，枝头几点红梅，枝下一把提梁泥壶，一个带把茶杯，构图极其简单，然而笔力却深厚老辣。其上有题画诗一首："折梅风雪洒衣裳，茶熟凭谁火候商；莫怪频年诗懒作，冷清清地不胜忙。"《品茗图》（图5-13）亦描绘梅花和茶壶，题画诗："梅梢春雪活火煎，山中人今仙乎仙。"在古人看来，雪洁白晶莹，纯净且从天而降，因而备受茶人的喜爱。清人袁枚有诗"就地取天泉，扫雪煮碧茶"，白居易有"融雪煎香茗"句，辛弃疾有"细写茶经煮香雪"词。这些表达了古人用雪水煮香茗的快乐。吴昌硕多画梅花、茶壶，孤独、怀念故人的情感尽在其笔下的红梅、茶具中，也许正因为有这茶友、梅兄、壶弟为伴，他才能攀上艺术巅峰。

图5-13　品茗图

二、茶事书法

茶和书法的珠联璧合，可以追溯到汉代之前，《汉印分合韵编》中有多种写法的"荼"字。又据报载，曾在湖南长沙魏家大堆 4 号汉墓出土有古文物石质"荼陵"（即今湖南的茶陵）官印一枚。这说明茶作为艺术的表现内容至少在两千年前就登上了书法的大雅之堂了。茶助文思，文人爱茶，其中书法家更是数不胜数。从颜真卿、怀素、苏东坡、黄庭坚到倪云林、徐文长、郑板桥、吴昌硕，他们都以优美的诗文、精湛的书法写茶、赞美茶，创作出了许多优秀的作品。唐代是书法艺术的盛行时期，也是茶叶生产的发展时期，书法中有关茶的记载也逐渐增多。

宋代可谓茶人迭出，书家群起，无论在中国茶业和书法史上，都是一个极为重要的时代。茶叶饮用由实用走向艺术化，书法从重法走向尚意。不少茶叶专家同时也是书法名家。比较有代表性的是"宋四家"之一的蔡襄（字君谟）。蔡襄一生好茶，作书必以茶为伴。蔡襄不仅在制茶实践上有独到之处，更有著作《茶录》，《茶录》书迹本身便是一幅有名的佳作，历代书家多有妙赞。除此之外，蔡襄还有《北苑十咏》《精茶帖》等有关茶的书迹传世。宋代《宣和书谱》对蔡襄书法作如是评论："大字巨数尺，小字如毫发；笔力位置，大者不失缜密，小者不失宽绰。……尤长于行，在前辈中，自有一种风味。"

唐宋以后，茶与书法的关系更为密切，有茶事内容的作品也日益增多。流传至今的佳品中，苏东坡的《一夜帖》和《啜茶帖》、米芾的《苕溪咏茶诗帖》、郑燮的《竹枝词》、徐文长的《煎茶七类》、汪巢林的《幼孚斋中试泾县茶》等都极负盛名，至于近现代的作品则更有层出不穷之势。

1. 唐·怀素《苦笋帖》

现存最早的记述茶事的佛门手札是唐代怀素的《苦笋帖》（图 5-14）。怀素（725—785），唐代名僧，法名藏真，俗姓钱。该帖虽仅寥寥十几个字，"苦笋及茗异常佳，乃可径来。怀素上"，但在怀素存世的书法作品中，却是相当著名的一件作品。

《苦笋帖》的书法笔势俊健，穷极变化，行笔迅稳，一气呵成，其字忽大忽小，其笔忽轻忽重，其笔意忽断忽连，豪放中透出清秀之气，在线条柔美飞动跳跃之中，又现出力可扛鼎之笔（帖中"乃""及"二字中的撇笔最为有力）。在欣赏《苦笋帖》时，我们能得到一种如观绘画、如观公孙大娘舞西河剑般的韵律美感。《苦笋帖》让我们有幸目睹了中国书法史上草书大家的

图 5-14 苦笋帖

豪放风采，同时其尺牍内容又表明了大书法家爱茶的雅趣，成为研究怀素和研究怀素与茶的重要而可靠的资料。

2. 宋·苏轼《啜茶帖》

"道源无事，只今可能枉顾啜茶否？有少事须至面白。孟坚必已好安也。轼上，恕草草。"《啜茶帖》（图5-15），也称《致道源帖》，是苏轼于元丰三年（1080）写给道源的一则便札，22字，纵分4行，行书，故宫博物院收藏。曾入编《苏氏一门十一帖》。内容是通音问，谈啜茶，说起居，落笔如漫不经心，而整体布白自然错落，丰秀雅逸。

图5-15　啜茶帖

3. 宋·米芾《苕溪诗帖》

米芾（1051—1107），字元章，号襄阳漫士、海岳外史、鹿门居士，人称"米南宫""米颠"。宣和时召为书画学博士。元章天资高，能诗文，工画，山水人物自成一家，世称"米家云山"。擅书法，工楷、行、草、篆、隶诸体，以行书成就高。其与苏轼、黄庭坚、蔡襄并称"宋四家"。传世名迹颇多，如《苕溪诗帖》《蜀素帖》《虹县诗卷》《吴江舟中诗卷》及《珊瑚帖》等。《苕溪诗贴》（图5-16）是米芾行书的重要代表作品。此帖是以米芾游苕溪时的诗作书写。其书写风格最近《兰亭序》，富于变化，挥洒自如，法度整然而又时出新意，潇丽、超逸的意趣流露于笔端。《蜀素帖》是传世米帖中，唯一书写在丝织物上的行书作品。《苕溪诗帖》也是米芾经意之作，笔法清健，结构潇丽，有晋朝王献之的笔意。

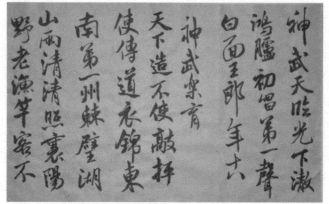

图5-16　苕溪诗帖

4. 明·徐渭《煎茶七类》

图 5-17　煎茶七类

作品《煎茶七类》（图 5-17）的内容如下：

（1）人品。煎茶虽微清小雅，然要领其人与茶品相得，故其法每传于高流大隐、云霞泉石之辈，鱼虾麋鹿之俦。

（2）品泉。山水为上，江水次之、井水又次之。并贵汲多，又贵旋汲，汲多水活，味倍清新，汲久贮陈，味减鲜冽。

（3）烹点。烹用活火，候汤眼鳞鳞起，沫浡鼓泛，投茗器中，初入汤少许，候汤茗相浃却复满注。顷间，云脚渐开，浮花浮面，味奏全功矣。盖古茶用碾屑团饼，味则易出，今叶茶是尚，骤则味亏，过熟则味昏底滞。

（4）尝茶。先涤漱，既乃徐啜，甘津潮舌，孤清自萦，设杂以他果，香、味俱夺。

（5）茶宜。凉台静室，明窗曲几，僧寮、道院，松风竹月，晏坐行吟，清谭把卷。

（6）茶侣。翰卿墨客，缁流羽士，逸老散人或轩冕之徒，超然世味者。

（7）茶勋。除烦雪滞，涤醒破睡，谭渴书倦，此际策勋，不减凌烟。

是七类乃卢仝作也，中多甚疵，余忙书，稍改定之。时壬辰秋仲，青藤道士徐渭书于石帆山下朱氏之宜园。

徐渭（1521—1593），字文长（初字文清），号天池山人、青藤道士等，山阴（今浙江绍兴）人，是明代杰出的书画家和文学家。徐渭自称：“吾书第一、诗二、文三、画四。”如此的评价，可见他对自己的书法是相当自信的。后人也称其“八法之散圣，字林之侠客”，评价不可谓不高。徐渭的书法多作行、草书，除了师法晋唐名家外，主要是汲取了宋代米芾、黄庭坚及元代倪瓒之神韵，由此而表现出自己的艺术性格来，他的传世作品多为 56 岁以后所作。《煎茶七类》带有较明显的米芾笔意，笔画挺劲而腴润，布局潇洒而不失严谨，与他的另外一些作品相对照，此书多存雅致之气。

拓展阅读

　　本章从浩瀚如烟的茶文学艺术作品中只选取了极少数的作品进行赏析，在形式上，还有楹联、歌舞等没有列入。学生课后可以广泛涉猎，每一件作品皆是作者品茶情趣的凝结，不仅折射了不同时期的茶审美观，也是当代茶学艺术创作的源泉。

　　楹联，又称"对联""联语""联句"等。楹，即古代堂屋前部的柱子，因为早期的对联多题刻在堂屋前的壁柱之上，所以称为"楹联"。楹联是我国特有的传统文化遗产，是汉语言文学与书法有机结合的一种艺术表现形式。以下茶联颇值玩味：

　　（1）瓶里梅花谷外莺，烟中茶语窗前月。

　　（2）幽窗棋罢指犹凉，宝鼎茶闲烟尚绿。

　　（3）茶烟梧月书声，竹雨松风琴韵。

　　（4）茶亦醉人何必酒，书能香我无须花。

　　（5）溪上奇茗因君煮，海南沉香为书薰。

　　（6）美酒千杯难成知己，清茶一盏也能醉人。

　　（7）只缘清香成清趣，全因浓茶有浓情。

　　（8）千载奇缘，无如好书良友；一生清福，只在茗碗炉烟。

　　（9）泉声茶韵，领略几许禅机，过去未来现在；
　　　　　月色竹影，普示无边圆觉，碧莲白象青狮。

　　（10）劳心苦，劳力苦，苦中寻乐，再拿一壶酒来；
　　　　　为名忙，为利忙，忙里偷闲，且吃七碗茶去。

　　（11）七弦妙曲，乐乐乐师之心；
　　　　　一杯清茶，解解解元之渴。

　　中国的茶歌茶舞，历史悠久，丰富多彩。传统茶歌则源于茶农上山采茶时的口头创作，并在口头流传的过程中，不断加以完善，再加入故事情节，以载歌载舞的形式展示，它充分反映了茶农的思想、情感和愿望，也是各个历史时代社会风貌及风土人情、生活情趣的真实写照。茶歌茶舞以它自身特有的艺术魅力和风韵，赢得了人们的喜爱和青睐。如"打茶调""敬茶调""献茶调"等采茶调，"采茶扑蝶"等茶舞，以《请茶歌》《挑担茶叶上北京》《采茶舞曲》《请喝一杯酥油茶》《想念乌龙茶》等为代表的茶歌在全国广为流传，一批著名歌唱家进入到茶歌的演唱行列，使茶歌的传唱更加风靡。如著名歌唱家李谷一演唱的《前门情思大碗茶》，以唱甜歌出名的杨钰莹演唱的《茶山情歌》，著名女歌唱家关牧村演唱的《三月茶歌》，著名歌唱家宋祖英演唱的《古丈茶歌》等，唱响乐坛，红遍大江南北并流传海外，是茶歌的领军之作。真可谓是：茶香飘四海，茶歌飞天外。在新中国音乐发展史上，留下了华彩篇章。

　　有关茶文学艺术作品的赏析还可参阅图书：（1）《茶道茗理》（阮浩耕，2006）；（2）《翰墨茗香》（于良子，2003）。

复习思考题

1. 背诵卢仝《七碗茶歌》，并结合实际体会谈一谈你的理解。
2. 阅读一篇茶事散文，体会作者如何茶中悟道。
3. 给家人或朋友赏析一幅茶画。

主要参考文献

　　[1] 廖群. 中国审美文化史（先秦卷）[M]. 济南：山东画报出版社，2000.

　　[2] 祁志祥. 中国美学通史 [M]. 北京：人民出版社，2008.

　　[3] [法] 杜夫海纳. 美学与哲学 [M] 北京：中国社会科学出版社，1985.

　　[4] 蔡镇楚，施兆鹏. 中国名家茶诗 [M]. 北京：中国农业出版社，2003.

　　[5] 刘伟华. 且品诗文将饮茶 [M]. 昆明：云南出版集团有限责任公司，2011.

　　[6] 于良子. 翰墨茗香 [M]. 杭州：浙江摄影出版社，2003.

　　[7] 陈宗懋. 中国茶叶大辞典 [M]. 北京：中国轻工业出版社，2000.

　　[8] （唐）欧阳询撰，汪绍楹校. 艺文类聚（下册）·荈赋，82 [M]. 第 2 版. 上海：上海古籍出版社，1999.

第六章　茶道与养生

爱课程网—视频公开课—中国茶道—茶道与健康养生

知识提要

　　我国古代的医学家对茶的保健价值早就有着深刻的认识。近年来，随着科学技术的发展，茶的养生功能除了众所周知的提神、明目、益思、除烦、利尿外，对由生活水平提高、工作节奏加快所引发的人体代谢不平衡的调节功能也不断被人们发现和利用，茶已被公认为 21 世纪的健康饮品。"茶道"作为一种以茶为主题的生活礼仪，通过沏茶、赏茶、品茶，达到静心、清神的目的，有助于陶冶情操、去除杂念，亦已被实践证明是行之有效的养生之道。

　　人体健康包括生理健康和心理健康两个方面，本章从茶所具有的生物活性功能成分和茶所具有的文化意蕴两方面揭示以茶养生怡情的物质和文化基础，以引导品饮者在茶道体验中增强体质，改善健康状况，达到长寿长乐的养生目标。

学习目标

1. 了解茶有益身体健康的物质基础。
2. 理解茶道文化与性情陶冶的关系。
3. 掌握茶所具有的养生功能的常识。
4. 讲究科学饮茶。

第一节　以茶养身的物质基础

　　养生，即是保养生命之意，古时也称为摄生、道生。早在两千多年前，中国医学典籍中就有不少具体论述养生保健的篇章。伴随着悠久的中国文明史的推进，中国传统医学积累了丰富的养生经验，形成了系统的养生理论。古人将人的精神和肉体看作一个整体，认为人是精、气、神三者的统一体。一个人的生命力的旺盛和免疫功能的强大主要靠人体的精神平衡、内分泌平衡、营养平衡、阴阳平衡、气血平衡等来实现。中医理论认为，每个人就是一个"小宇宙"，使人体充满活力的是"元气"，人体阴阳协调是"元气"正常运行的基本保证。茶"致清导和"，使人清热降火，益思安神，阴阳调和，正有中医所说的安神固本之功。

　　中国古代的医学家对茶的养生保健功能有着深刻的认识。据《神农本草》记载："神农尝百草，日遇七十二毒，得茶而解之。"其中的"茶"即茶的古称。三国时期的神医华佗在《食论》中说："苦茶常服，可以益思。"唐代药学家陈藏器在《本草拾遗》中提出："止渴除疫，贵哉茶也……诸药为各病之药，茶为万病之药。"明代大医学家李时珍不仅充分肯定了"茶为万病之药"的观点，而且在《本草纲目》中对这一观点进行了阐析："茶苦而寒，阴中之阴，最能降火，火为万病，火降则上清矣。"即是认为茶苦后回甘，有降火之功，而茶苦中有甘的特性，常常引发人们对人生滋味的感悟。

　　如果说我国古代医学家、养生家对茶的医疗保健之论多是经验之谈，那么现代医学对茶与人体健康的深入研究，则借助科技充分证明了茶所具有的保健之功。联合国粮农组织（FAO）研究认为："茶叶几乎可以证明是一种广谱的，对多种人体常见病有预防效果的保健食品。"著名营养学家于若木也指出："据现代医学、生物学、营养学对茶的研究，凡调节人体新陈代谢的许多有益成分，茶叶中大多数都具备。现代科学不但对茶叶的几乎所有成分都分析清楚了，而且把它抗癌、防衰老以及提高人体生理活性的机理均已基本研究清楚了。"茶有益于养生，有利于健康，是因为茶中含有丰富的与人体健康有着密切联系的功能成分，包括茶多酚类、生物碱类、氨基酸类等。

一、茶多酚类

茶多酚（Tea Polyphenols）是茶叶中酚类有机化合物的总称，是茶叶中重要的化学成分之一，也是最主要的茶功能成分，约占茶叶干物质的 20%~35%，主要由儿茶素类化合物、黄酮类化合物、花青素、酚酸等组成，其含量因产地、季节、品种、嫩度等因素而异，一般来说，大叶种、夏季茶、嫩度高的原料中茶多酚含量要高些。儿茶素类约占茶多酚总量的 70%，它是茶叶发挥药理保健作用的主要活性成分，医学界也称为"维生素 P 群"。现将已经证实的茶多酚的主要功能分述如下。

1. 抗氧化作用

茶多酚是很好的抗氧化剂，具有很强的抗氧化活性和清除自由基的能力。有研究表明，其主成分儿茶素类化合物的防止脂肪酸过氧化的功效比维生素 E 强 14~18 倍。茶多酚类物质还能竞争性地与自由基结合，终止自由基的链反应，从而起到延缓衰老的功效。

茶多酚还可抑制黑色素细胞的异常活动，减少黑色素分泌和阻止脂质过氧化，有效减少色素生成，从而对皮肤起到美白少斑作用。在紫外线较强的云南省，人们的皮肤很少受到紫外线的伤害，原因之一就是常饮茶。

茶多酚还能提高体内抗氧化酶的活性，提高免疫功能，提高细胞对辐射的抗性，保护并修复造血细胞和骨骼细胞，促进造血功能，帮助辐射损伤组织恢复。目前，已有一些临床试验中用茶多酚片剂对一些癌症病人进行辅助治疗，以减轻化疗和放疗带来的危害，改善病人的食欲和睡眠等。

2. 调节血脂，预防心脑血管疾病

茶多酚用于临床医学后，大量的医案证实，它对人类"头号杀手"——心脑血管疾病的疗效十分显著。据有关试验表明，茶多酚能明显降低高血脂症人群血清总胆固醇（TC）、甘油三酯（TG）、低密度脂蛋白胆固醇（LDL-C），提高高密度脂蛋白胆固醇（HDL-C），降低载脂蛋白 apoB100 和 apoA1，影响 LDL 的氧化修饰。茶多酚调节血脂的途径之一是与脂类结合，最终通过粪便将脂质化合物排出体外；另外一个途径是在肝脏抑制胆固醇的合成，从而起到调节血脂、预防心脑血管疾病的作用。

3. 防癌抗癌

研究表明，茶多酚防癌抗癌功能的实现主要有以下方式：（1）抑制肿瘤细胞 DNA 的复制，减少癌细胞繁殖；（2）通过抑制细胞周期素的表达来抑制肿瘤细胞的生长周期；（3）能抑制肿瘤细胞的增殖，诱导癌细胞的凋亡。同时，还可以抑制治疗肿瘤过程中的白细胞和血小板减少。

4. 减肥功能

研究发现，茶多酚可从四个方面调节脂肪代谢，从而产生减肥效果：一是抑制与脂肪合成相关酶的活性，减少脂肪的积累；二是使促使脂肪酸的代谢，促使脂肪的分解；三是抑制食欲，从而降低食量；四是抑制对营养物质（糖类）的吸收，如通过抑制蔗糖酶、葡萄糖苷酶、淀粉酶等的活性减少机体对碳水化合物的吸收，防止过多糖类化合物转化为脂肪。正因为茶多酚具有较好的减肥效果，目前国内外一些企业已将茶多酚取代麻黄碱用于减肥产品的生产。

二、生物碱类

生物碱亦称为植物碱，是一类碱性含氮有机化合物，也是茶叶中一类重要的生物活性成分。茶叶中的生物碱主要是咖啡碱、茶叶碱、可可碱三种嘌呤碱，其中咖啡碱的含量最高，约占茶叶干重的 2.0% ~ 4.0%，茶叶碱的含量一般为 0.05%，可可碱则占 0.002%。茶叶中的生物碱含量与品种、产地、季节、原料嫩度有一定相关性，一般而言，大叶种、嫩度高、夏茶中的生物碱含量较高一些。

茶叶中含有的各种生物碱的主要功能见表 6-1。茶叶生物碱在一个健康成人体内的半衰期（即转化所摄取的咖啡碱的一半所用的时间）大约是 3 h ~ 4 h，使人兴奋的过程中不会伴有继发性抑制或对人体产生毒害作用。就咖啡碱而言，因为茶叶中存在多酚类物质，其所含的咖啡碱与合成咖啡碱对人体的作用有很大的区别，合成咖啡碱会因累积在人体造成毒害，而茶叶中的咖啡碱 7 天左右便可以排出体外。

表 6-1　茶叶中的生物碱

种类及名称	主要生物活性
咖啡碱	（1）可使人精神振奋，增强思维能力和记忆力，提高工作效率；（2）通过刺激肠胃促进胃液的分泌，从而增进食欲，帮助消化；（3）可刺激膀胱，加速排尿；（4）可强化血管壁弹性，有弛缓平滑肌作用，有极好的强心作用，可消除支气管和胆管的痉挛；（5）可抵抗酒精、烟碱、吗啡等的毒害作用；（6）可直接兴奋呼吸中枢，急救呼吸衰竭
茶叶碱	（1）可兴奋神经中枢；（2）有较咖啡碱更强的强化血管和强心作用；（3）可弛缓平滑肌；（4）可扩张肾微细血管，加速尿液的分泌
可可碱	与咖啡碱和茶碱的作用相似，其兴奋中枢的作用稍弱，而利尿作用持久性更强

三、蛋白质与氨基酸类

蛋白质是生命活动中最重要的基本物质，生命的构成离不开蛋白质，生命的根本现象如繁殖、遗传、运动也都离不开蛋白质。茶叶中蛋白质的含量占干物质重 20%～30%，但溶于水的不到 2%，这部分水溶性蛋白质是形成茶汤滋味的成分之一。

氨基酸是组成蛋白质的基本物质，茶叶中游离氨基酸总量约占干物质总量的 1%～4%，主要有茶氨酸、谷氨酸、精氨酸、丝氨酸等 20 余种。除了构成蛋白质的天然氨基酸外，茶叶中还含有 6 种非蛋白质氨基酸，它们是茶氨酸、豆叶氨酸、谷氨酰甲胺等，其中茶氨酸是形成茶叶香气和鲜爽度的重要成分，与绿茶香气形成关系极为密切，是茶叶中最重要的一种游离氨基酸，占茶叶游离氨基酸总量的 50% 以上，以芽类春茶含量最高。

研究表明，茶氨酸具有以下功效：（1）促进神经生长和提高大脑功能，从而增强记忆力，改善和提高学习效果；（2）增强人体免疫力，改善肾功能，延缓衰老；（3）具有增加肠道有益菌群和减少血浆胆固醇的作用；（4）抗脑中风、抗血管性痴呆，对帕金森氏症、老年痴呆症及传导神经功能紊乱等疾病有预防作用；（5）增加脑中"多巴胺"的数量，减轻焦虑和缓解压力；（6）降压安神，对咖啡碱的兴奋作用有一定抑制作用，缓和其对中枢神经的兴奋作用，因而可以改善睡眠。

由于多数消费者每天的茶叶饮用量一般不足 15g，而每天因饮茶进入人体的蛋白质、氨基酸的量最多不超过 1g，因此，通过饮茶来补充蛋白质和氨基酸，作用是非常有限的。

四、茶叶中的多糖与纤维素

茶叶中的糖类含量占干物质总量的 20%～25%，是干茶中成分含量相对较高的一类物质，包括单糖、双糖和多糖三类。单糖和双糖易溶于水，含量为 0.8%～4.0%，是构成茶叶滋味的物质之一。茶叶中的多糖包括淀粉、纤维素、半纤维素和果胶等物质，除淀粉外，其他多糖可认为是膳食纤维。

茶多糖是茶叶复合多聚糖的习惯简称，是糖类的大分子聚合物质，一般在粗老茶叶中含量多些。近年的研究发现，茶多糖具有多种生物活性，主要表现在以下几个方面：

1. 降血糖作用

有关试验结果表明，茶多糖是茶叶中一种主要的降血糖物质，不同产地、品种及不同加工工艺的茶叶，由于茶多糖组成或结构不同，故降血糖效果也有所不同。

2. 抗凝血及抗血栓作用

茶多糖可抑制血栓形成的很多环节，如能明显抑制血小板的黏附作用，有效降低血液黏度，从而发挥显著的抗凝作用，延长血凝时间，从而减少血栓的形成。

3. 增强机体免疫功能

茶多糖可有效增强机体免疫力。大量药理和临床研究发现，天然多糖对机体免疫功能的影响主要通过激活巨噬细胞、激活网状内皮系统、促进各种细胞因子（干扰素、白细胞介质、肿瘤坏死因子）的生成等方式和途径来实现。

4. 对心脑血管疾病的影响

动物实验研究发现，普洱熟茶中的多糖蛋白复合体具有较强的降血脂功能。茶多糖可降低血清中低密度脂蛋白胆固醇，而低密度脂蛋白胆固醇能使胆固醇进入血管引起动脉粥样硬化。茶多糖还能与脂蛋白酯酶结合，促进动脉壁脂蛋白酯酶入血而起到抗动脉粥样硬化的作用。

5. 抗辐射效果

茶多糖有明显的抗放射性伤害的作用，对机体的造血功能有保护作用。动物实验表明，以 γ 射线照射白鼠后，服用茶多糖的白鼠可以保持血色素平稳，红细胞下降较少，血小板的波动也很正常。

6. 抗癌及抗氧化作用

多糖不仅能激活巨噬细胞等免疫细胞，而且是细胞膜的成分，能强化正常细胞抵御致癌物侵袭，提高机体抗病能力。近期研究表明，茶多糖能提高 HepG2 细胞的活性，故茶多糖在一定程度上具有防癌作用。另外，研究发现粗老茶有抗氧化作用的原因，主要是其中的茶多糖对超氧自由基和羟自由基等有显著的清除作用，而且一定浓度的茶多糖还能提高抗氧化酶活性。

五、茶叶色素

茶叶色素包括水溶性与脂溶性两大类。水溶性茶叶色素主要是指花青素及由茶叶中无色的儿茶素经过氧化脱氢聚合转化而生成的茶红素、茶黄素和茶褐素。红茶中茶黄素含量一般占干物质总量的 0.3%~1.5%，茶红素含量一般占干物质总量的 5%~11%。叶绿素、类胡萝卜素等属于脂溶性色素。

水溶性茶叶色素是具有很强药用和保健功能的生物活性物质。据普洱茶水提物对淀粉酶、果糖酶及麦芽酶的半抑制浓度实验结果，普洱茶具有开发成新的 α-糖苷酶抑制剂的潜力，这可能与茶色素的作用有关。另外，红茶提取物中的茶黄素也具有增强胰岛素活性的作用。

现代医学界认为，茶色素的提取和在医疗中的实际应用，是茶医学兴起的标志，也是国饮向国药发展的标志。茶色素的临床实验医学研究表明，茶色素对高血脂治疗总有效率达 61.2%～92.4%，对治疗脑梗塞、老年痴呆症、脂肪肝、冠心病等均有显效。茶色素还有抗癌和改善亚健康状态的功效。

六、芳香类物质

茶叶中的芳香物质是指茶叶中易挥发性物质的总称。芳香物质在茶叶中含量很低，一般鲜叶中含 0.02%，绿茶中含 0.005%～0.02%，红茶中含 0.01%～0.03%，但其种类却很复杂。据研究，鲜叶中香气成分化合物为 50 种左右；绿茶香气成分化合物达 100 种以上；红茶香气成分化合物达 300 种之多。茶叶中的芳香物质主要是由醇类、醛类、酮类、酸类、脂类、内脂类、酚类、过氧化物类、芳胺类、碳氢化合物类等构成。不同类的芳香类物质相组合，构成了清香、花香、果香、乳香、甜香、嫩香、毫香、鲜爽气等不同的茶叶香型。不同的芳香类物质在不同的温度下挥发，使得茶香变化无穷，魅力无限。迄今为止，已经鉴定分离的茶叶芳香物质约有 700 种，但其主要成分仅为数十种，如香叶醇、顺-3-已烯醇、芳樟醇及其氧化物、苯甲醇等。茶叶香气是决定茶叶品质的重要因子之一，所谓茶香实际是不同芳香物质以不同浓度组合，并对嗅觉神经综合作用所形成的茶叶特有的香型。茶叶香气的形成和香气浓淡，既受不同茶树品种、采收季节、叶质老嫩的影响，也受不同制茶工艺和技术的影响。

芳香类物质虽然不是人体必需的营养素，但茶的芳香不仅增强了茶的品质感，也能使人心情愉悦。经试验研究，茶叶香气使脑部活动得到加强，引起快乐舒适之感。现代医学有香气疗法，闻茶香不仅是一种独特的精神享受，而且有益于身心健康。香气疗法的机理是：通过香气对神经的作用使人感到精神爽快、身心放松；同时，使香气成分进入人体帮助维持和促进人体功能的正常化。在喝茶时，茶叶香气成分被吸入体内后，会引起脑波的变化、神经传达物质与受体的亲和性的变化以及血压的变化等，不同成分会引起大脑的不同反应、兴奋或镇静等。茶叶纯正的香气，使品饮者嗅觉器官得到享受的同时也引起了大脑愉悦的刺激感受，因此饮茶令人神清气爽，心旷神怡。

七、维生素

维生素也称为"维他命"，它是人体生长发育和维持健康所必需的一类有机化合物。茶叶中含有丰富的维生素类，其含量占干物质总量的 0.6%~1%。维生素类也分水溶性和脂溶性两类。由于饮茶通常主要是采用冲泡饮的方式，所以脂溶性的维生素几乎不能溶出而难以被人吸收。水溶性维生素有维生素 C、维生素 B_1、维生素 B_2、维生素 B_6、维生素 B_{12}、维生素 P 和肌醇等，以维生素 C 含量最多，尤以高档名优绿茶中含量为高，一般每 100 g 高级绿茶中维生素 C 含量可达 250 mg 左右，最高可达 500 mg 以上。维生素 C 在茶汤中的含量高低与冲泡水温有密切关系，即水温越高，保持量越低，故欲要保留茶汤中较多的维生素 C 含量，泡茶水温不宜过高，且泡茶时间不宜过长。在茶叶储藏中，维生素 C 易受光、热、氧影响，发生氧化而含量渐渐降低。茶叶中的 B 族维生素的维生素 B_2、烟酸以及叶酸含量较为丰富，其中茶叶中维生素 B_2 含量比一般植物高，约含有 1.2 mg~1.7 mg/100 g，且以春茶芽头含量最高；而含量较低的成分，如维生素 B_1 的含量约为 70 μg~150 μg/100 g。维生素 B 类的含量因茶类而异，一般成熟叶含量略高于嫩芽，老叶较低，春夏茶较高，秋茶较低。茶叶中维生素 E 含量比蔬菜和水果中含量要高，可以和柠檬媲美。一般茶叶维生素 E 的含量为 50 mg~70 mg/100 g，含量高的可达 200 mg/100 g。绿茶中的维生素 E 含量比红茶高。

中国营养学会对全国营养调查报告表明，因为膳食结构不合理，我国居民维生素摄入不足和不均衡的现象普遍存在，由此影响了其他营养素的吸收，从而影响人体的身心健康和智力发育。调查报告认为，我国民众普遍缺乏维生素 B_1、B_6 和维生素 C，严重缺乏维生素 A 和维生素 B_2。在每百克茶叶中含有维生素 A 417 μg~628 μg、维生素 B_1 0.1 mg~0.36 mg、维生素 B_2 0.17 mg~0.35 mg、维生素 B_6 0.28 mg~0.46 mg，维生素 C 100 mg~500 mg，因此，多喝茶有利于补充人体所缺乏的维生素，提高人体免疫力，预防多种疾病。

八、矿物质类

人体必需的微量元素要靠多种膳食合理搭配来供给。茶叶中含有人体所需的大量元素和微量元素，大量元素主要是磷、钙、钾、钠、镁、硫等；微量元素主要是铁、锰、锌、硒、铜、氟和碘等。一些人体必需的微量元素在普通膳食如蔬菜、水果中往往含量极低无法检出，而在茶叶中的含量较丰富，如锌、钒、镍、钴、氟等。中医认为"药补不如食补",常喝茶是补充人体所需的微量元素的有效方法。

硒和锌是我国人民日常膳食中普遍含量不足的两种微量元素。硒是人体内最重要的抗氧化酶——谷胱甘肽过氧化物酶的活动中心元素,具有很强的抗氧化能力,保护细胞膜的结构和功能免受活性氧化和自由基的伤害,因而具有抗癌、抗衰老、维持人体免疫功能等效果。人体缺硒时肌体容易早衰,使人失去活力,看起来比实际年龄苍老许多,严重缺乏时还会导致心肌病变及心力衰竭等心血管病。在硒含量较低的地区,克山病发病率较高,通过提高膳食中硒的含量可降低发病率。在缺硒地区普及饮用富硒茶是解决硒营养问题的有效方法。茶叶中硒的含量为 0.02 ppm~3.85 ppm,硒在茶汤中的浸出率约为 10%~25%,常饮富硒的茶可帮助维持人体组织的柔软性,维持红细胞和白细胞的正常功能,防止细胞癌变,清除自由基,减缓组织老化,还可解除体内因汞、砷、铅等过量摄入引起的中毒。此外,对于女性而言,硒能防治更年期综合征。对于男性而言,硒是制造精液的必需物质,同时也参与前列腺素的新陈代谢,能有效提高性功能。

锌被称为"生命火花"和"夫妻和谐素",它是合成蛋白质、DNA 的必要物质。人体内酶的合成和活性也都离不开锌,缺锌会引起味觉异常、厌食、发育迟缓、创伤愈合缓慢、智力低下。锌还是生殖器官成长发育的重要物质,特别是男性,缺锌时产生睾丸素的能力会降低。锌在水果、蔬菜、谷类、豆类中的含量相当低,动物性食品是人体锌的主要来源,而茶叶中的锌含量高于鸡蛋和猪肉中的含量,尤其是绿茶,每克绿茶平均含锌量达 73 μg,高的可达 252 μg,每克红茶中平均含锌量也有 32 μg,而且锌在茶汤中的浸出率高达 75%,易被人体吸收,因而茶叶被列为锌的优质植物营养源。

九、脂类

脂类、蛋白质、糖类并列称为人类的三大营养素,脂类是脂肪和类脂的总称。茶叶中脂类的含量约占干重的 2%~3%。相对人体对脂类的日常需要量而言,茶叶中的脂类含量微不足道,但它有助于人体对茶叶中脂溶性维生素(如维生素 D、E、K)的吸收。

由于茶叶中含有较多种类的营养保健化学成分,在国际医学会议上确认的 6 种保健饮品(绿茶、红葡萄酒、豆浆、酸奶、骨头汤、蘑菇汤)中,茶名列首位。在美国《时代》杂志推荐的十大健康食品(茶、三文鱼、菠菜、西兰花、大蒜、葡萄酒、西红柿、坚果、燕麦、蓝莓)中,茶也名列首位。尽管如此，茶叶与任何食品、饮料一样，营养成分也有其局限性，要充分发挥茶的保健功效还有赖于建立科学的膳食观，正如《内经》指出的："五谷为养，五果为助，五畜为益，五菜为充，气味合而服之，以补精益气。"即膳食要多样化，营养要平衡，不可偏食。

第二节　以茶怡情的文化意蕴

一个人要想达到健康长寿的目的，必须进行全面的养生保健：第一，道德与涵养是养生的根本；第二，良好的精神状态是养生的关键；第三，思想意识对人体生命起主导作用；第四，科学的饮食及节欲是养生的保证；第五，运动是养生保健的有力措施。只有全面科学地对身心进行自我保健，才能达到防病、祛病、健康长寿的目的。人若能保持心情愉悦、神清气爽、阴阳协调，免疫力自然增强，万病自易痊愈。由此可见，性命双修才能健康长寿。

中华茶文化是物质文明与精神文明的结合，是自然科学与社会科学的联姻，也是文学艺术与社会风尚的融汇。它既给予人们物质的享受，同时又给予人们精神的愉悦和熏陶。

茶道讲求的是精神内涵。在饮茶等茶事活动中融入哲理、伦理、道德，通过茶的品饮来修身养性，陶冶情操，品味人生，参禅悟道，达到精神上的洗礼和人格上的澡雪，这就是饮茶的最高境界——茶道。茶德，是历代茶人崇尚和追求的目标，也是茶文化的核心内涵。茶性蕴含着茶德，茶品即人品。古人把饮茶的好处归纳为"十德"：以茶散郁气，以茶驱睡气，以茶养生气，以茶除病气，以茶利礼仁，以茶表敬意，以茶尝滋味，以茶养身体，以茶可行道，以茶可雅志。陆羽在《茶经》中提出的"精行俭德"，说明茶的美好品质应与品德美好之人相配。陆羽在《茶经·一之源》开宗明义地指出："茶者，南方之嘉木也。"茶被称为嘉木，是因为茶的生长、体型、特色和内质等具有刚强、质朴、清纯和幽静的本性，且生长在山野的砾壤或黄土中，不失坚强、幽深；她凝聚阳光雨露，"性洁不可污"；茶汤晶莹清澈，茶香怡人，给予人们幽雅的享受。人对茶的理解，就是人对生活的一种理解，一种静观，一种品鉴，一种回味，茶如人生；品茶品人生，茶延伸到人们的精神世界里，就是一种境界，一种理念，一种智慧，一种品格。

中国素有"礼仪之邦"之称，茶道也可以说是一种礼节现象，在中国，饮茶之风与各区域习惯融合逐渐形成了各地的茶俗文化，并演变为各民族的礼俗，成为优秀传统文化的组成部分和独具特色的一种文化模式。茶道中包含了中华民族的民族信仰，以雅为主，着重于表现诗词书画、品茗歌舞，它曾是士大夫阶层追求雅致生活而志向清高，不与世俗同流合污的象征；随着历史发展，茶道以艺载道，茶艺以道驭艺，茶艺与茶道相辅相成，茶道更注重精神层面的内容和形式，融合了儒家、道家和释家的哲学思想。现代社会物质文明和精神文明建设的发展，给茶道注入了新的内涵和活力，在这一新时期，茶道内涵及表现形式正在不断扩大和延伸。

一、茶为国饮

俗话说："开门七件事，柴米油盐酱醋茶。"还有人将一日三餐称为"茶饭"，这些都说明茶与人的生活密切相关。茶是色、香、味、形四美俱全之物，正与人们追求真善美、追求超越的精神相契合。人们在美的意境中品出岁月的艰辛、人生的真谛、生活的美丽。

茶品性纯，廉俭育德。茶出自深山幽谷，得益于自然造化成就了茶的秉性高洁，不入俗流，似乎在告诫人们"静以养身，俭以养德"。寻常百姓家行廉俭之道，信奉粗茶淡饭、清静为怀，在艰苦的劳作中安守本分、不慕荣华富贵，面对物欲得失的诱惑，不计得失、不趋炎附势、清净处世、持家创业，如此一来，人生自是怡然自得、内心无愧、淡泊坦然。当今社会交往甚多，以茶会友更成为一种重要社交形式。各类茶会茶宴以其简朴脱俗之美，开廉俭务实之风尚。全国各地的茶馆虽档次不同、装饰不一，但大都以简朴自然为主调，体现廉俭之茶德。

茶的俭淡、精清、恬静、中和的特质，与现代人的心理需要正相契合，对不少人而言，品茶生活已成为人生旅途和心灵的"安定所"。茶能使人与人之间和谐相处、其乐融融，同时茶饮还具有清新、雅逸的天然特性，能静心、静神，有助于陶冶情操、去除杂念、修炼身心。可以说，"茶为国饮"已是无需多言的既成事实，并将代代相传。

二、茶蕴哲理

北宋苏东坡曾总结人生赏心十六件事：清溪浅水行舟、微雨竹窗夜话、客至汲泉烹茶、隔江山寺闻钟、晨光半柱茗茶……如此种种，无不袒露出雅致的人文情怀，令人心驰神往。中国古代的文人雅士喜爱品茶，通过饮茶这样一个过程来求得内心的宁静，同时清冽的茶水也给他们贯注了澄澈无比的创作源泉，激发了他们的创作思维。纵观中华历史长河，著名诗人有茶诗，书法家有茶帖，画家有茶画，从最古老的诗歌总集《诗经》到诗的全盛时期的代表作《全唐诗》，从宋词到元曲，从明清小说到近代文坛，无论哪种文学形式都有关于茶的描写，这些作品或是鸿篇巨制，或是清雅小品，作者们或借茶表现自己高洁的品质，或借茶表明人生的种种感悟，正所谓"人生如茶，茶如人生"。

自陆羽《茶经》中倡导"为饮最宜精行俭德之人"以来，中国古代士大夫阶层历来十分注重"俭、清、和、静"的茶道传统，这四个字既是文化礼俗，又是对人的素质的要求，也是中华民族历来提倡的高尚的人生观和处世哲学，在今天依然有着重要的价值，值得大力弘扬。

1. 俭

"勤俭节约、艰苦奋斗"是中华民族优良的文化传统和民族精神，也是我们事业取得成功的重要法宝。崇俭，就是倡导勤俭、朴实、清廉的个人思想品德与社会道德风尚。俭于饮食，不伤脾胃；俭于交游，寡过息劳；俭于嗜欲，优游自得，自然长寿。

以茶崇俭、以俭育德历来是中国茶道精神的精义。陆羽认为煮茶的锅如果用银制"涉于侈丽"就是一种崇俭的观念，而且他还在《茶经》中追溯了自远古神农至唐代诸多有关饮茶的名人轶事，其中不乏以茶崇俭的例子。如齐国的宰相晏婴以茶为廉，他吃的是糙米饭，除少量荤菜，只有茶而已。魏晋南北朝时，提倡"以茶养廉"，时人用送茶表征对抗奢靡之风的意愿。晋代的陆纳以茶待客，反对铺张，不让他人玷污了自己俭朴的清名。

以茶示廉、以茶示俭就是以茶修德，修廉俭之德，省己之过失。自省、审己、清醒看待自己、正确对待他人等深刻的人生哲理，都可在品茶的过程中领悟和达到。而茶能作为省己的一大中介，而且是最好的中介之一，乃因其自身固有的无可比拟的"洁性"。人性之"洁"与茶性之"洁"对等，因此茶成为历代哲人与文人标举廉俭之德的意象。经过千百年的发展，勤俭节约、艰苦奋斗已经成为我们民族的一种精神、一种作风、一种象征，进而形成了一种可以遗传的文化基因。随着时代的发展，它还将不断地被赋予新的内涵。

2. 清

清心如水，清水即心。微风无起，波澜不惊。浮躁之气源于心，沉于脾。欲修其身需养其性，宁心以清气。一个"清"字，可以涵盖"德""俭""廉""正""静""真"等茶文化的诸多内涵。"清"，来源于茶的自然品质，它是与茶叶、茶饮、茶艺相关的清气、清和、清雅，是与修养、品德、情操有关的清心、清静、清平，给人以清新扑面、满目清润的深切感受，可化积郁之气，致清和之健。品茶是心灵的歇息，是心性的修养，是心情的放松，最讲究的是茶要"清、香、甘、活"；水要"清、轻、甘、冽"；心要清明虚静；境要清幽高雅；器要清洁精美；茶友要有冲淡绝尘之清逸，不污时俗之清高，以及栖神物外之清灵。"清"字，不仅传承了中国茶道美学所追求的以"清"为美的崇高意境，而且在浊世红尘中，提醒世人多一分清醒，多一分清白，多一分清廉。

茶可修炼清静平和的心境，营造优雅清静的环境和空灵静寂的氛围，帮助人们静心思虑，达到物我两忘。使人心平神静，自省自察，去除烦躁，化解心结，于清思静观中看庭前花开花落，望天空云卷云舒，发现生活中多种多样的福地洞天。"清"是与从政为官相关的清正、清白、清廉。清茶一杯，淡如水，清如茶，明如镜，敬于民。

唐代裴汶在《茶述》中说："其性精清，其味淡洁，其用涤烦，其功致和。"唐代诗人韦应物在《喜园中茶生》的诗中写下"洁性不可污，为饮涤烦尘"的名句。

3. 和

"和"是人与自然大天地、人体自身小天地"五行"相生相克达到和而不同、和谐平衡的过程。"和"是自我心灵的宁静和谐，长寿者心常欢喜，五脏六腑都安泰自得。"和"具有平和心境之效，可以成为抚慰心灵、拯救自我的良方，具体包括八个方面："和"可以养"爱心"，以使仁者爱人；可以养"德心"，以使人精行俭德；可以养"静心"，以使人宁静致远；可以养"苦心"，苦其心志，苦尽甘来；可以养"凡心"，唯是平常心，方可清心境；可以养"放心"，放下繁忙的工作，放松绷紧的神经，放开功名利禄的念想，放掉喜怒哀乐的心绪；可以养"专心"，专心致志，用心体会，充满恭敬，饱含感恩；可以养"和心"，和谐中庸。八心安宁，人自和静，便能感悟人生、领悟真谛、提升觉悟，看世界碧海蓝天，山清水秀，风和日丽，月明星朗，以臻于修炼身心、净化自我、道德圆满、心灵和谐之境。

茶道中"和"的基本含义包括和谐、和美、和敬、平和等，其中主要是和谐。通过以"和"为本质的茶事活动，创造人与自然的和谐以及人与人之间的和谐。茶文化关于"和"的内涵既包含儒、佛、道的哲学思想，又包括人们认识事物的态度和方法，同时也是评价人伦关系和人际行为的价值尺度。

第一，"和"既是中国茶道的哲学基础，又是中国茶礼的核心，从哲学上讲中国茶道之"和"源于《周易》中的"保合太和"。茶道是在吸收儒、释、道三家哲学思想的基础上形成的。虽然三家对"和"的阐释各不相同，但"和"则是三家共通的哲学思想理念。儒家推崇的是中庸之道，《中庸》说："喜怒哀乐未发谓之中，发而皆中节谓之和，中也者，天下之大本也，和也者，天下之达道也。"指出了"和"与"中"的关系，"和"包含中，"持中"就能"和"。因而儒家提倡在人与自我的关系上必须节制而不放纵；在人与自然的关系上表现为亲和自然，保护自然；在人与人、人与社会的关系上倡导"礼之用、和为贵"。佛教中的"和"提倡"父子兄弟夫妇、家室内外亲属，当相敬爱，无相憎嫉"，并强调"言色相和"，这是一种舍弃根本的"和"。特别是在茶道中的"茶禅一味"强调，人如果要脱离苦海，就须六根清净，明心见性。道家追求"天人合一"，"致清导和""物我两忘"的境界，这种"和"表达了人们崇尚自然、热爱生命、追求真善美的理念。总之，儒、释、道三家关于"和"的哲学思想贯穿于茶道之中，既是自然规律与人文精神的契合，也是茶之本性的体现，同时也是特定时代的文人雅士对人生价值追求的目标，如儒家是基于治世的机缘，佛家则是缘于淡泊出世的操节，道家又赖于尊人贵生的精神等。

第二，"和"是人们认识茶性、了解自然的态度和方法。茶，得天地之精华，钟山川之灵秀，具有"清和"的本性，这一点，已被人们在长期的社会生产生活实践中所认识。陆羽在《茶经》中关于煮茶风炉的制作所提出的"坎上巽下离于中"与"体均五行去百疾"，是依据"天人合一""阴阳调和"的哲学思想提出来的。陆羽把茶性与自然规律结合起来，表达了"和"的思想与方法。煮茶时，风炉置在地上，为土；炉内燃烧木炭，为木、为火；炉上安锅，为金；锅内有煮茶之水，为水。煮茶实际上是金、木、水、火、土五行相生相克达到平衡的过程，煮出的茶汤有利于人的身体健康。另外陆羽还对采茶的时间、煮茶的火候、茶汤的浓淡、水质的优劣、茶具的精简以及品茶环境的自然等论述，无一不体现出"和美"的自然法则。

第三，"和"是规范人伦关系和人际关系的价值尺度。中国茶文化"和"的精神，主要表现在客来敬茶，以礼待人，和诚处世，互敬互重，互助互勉等。通过饮茶、敬茶，形成了茶礼、茶艺、茶会、茶宴、茶俗以及茶文学等多种茶的表现形式，而实质内容则是以茶示礼、以茶联谊、以茶传情，而达到的目的则是以茶健身，以茶养性，以茶表德。

从礼学角度讲，这能促进国家的可持续发展，促进世界和平。正所谓，一人通过喝茶，可以修身养性达到"和气"；一个家庭喝茶，可以和和美美，更加"和睦"；一个社会都喝茶，大家可以和诚共处形成"和谐"社会；一个世界喝茶，国家之间可以求同存异，"和平"共处。

4. 静

人们对茶的品饮，除了外在的环境之外，重要的还必须有内在的心境。所谓静，有两层含义：一是身静，要活动身体，但不要让身体过于劳累；二是心静，遇事不要轻易动心，对于外界的各种纷扰和刺激要泰然处之。遇上喜怒哀乐之事，外表可以顺应，但内心要努力做到岿然不动，心境如古井一般平静。仁者安静，安于义理，所以仁者寿。因此，怀揣一颗平常心，对于一切顺其自然，处之泰然。这不仅有着深邃的人生哲理，而且蕴含着养生长寿奥秘。

自然环境与人的心境和谐一致，人就能真正地放松自己，进入忘我的境界，达到修身养性，品味人生的目的。茶要静品，心要静笃，老子曾说："圣人之心静乎，天地之鉴也，万物之镜也。"苏东坡也认为："神以静舍，心以静充，志以静宁，虑以静明，其静有道。"因为静可虚怀若谷，静可内敛含藏，静可洞察明澈，静可体道入微。在宁静中淡泊精神，锻炼人格，超越自我，达到宁静致远。

茶人心境的形成和创造，来自于"虚静"。中国古代先哲们对虚静早有深刻的阐述，道家认为，圣人的心虚静至极，可以像镜子一样真实地反映天地万物；儒家则以静为本，致良知，止于至善；佛家认为，人的心灵不为名利欲望所占据，谓虚，人的思想不受外界的干扰，谓静。这种虚静，既顺乎茶之本性，又合乎人之心性。因此，虚静的心境，可以说是茶人的性情。性情之真来源于人对茶的品赏，人在工作的忙碌之后，生活的余暇之时，端起茶杯细啜慢品。当茶汤静静地浸润人们的心田时，人的心灵就在虚静中得到净化，精神也就在虚静中得到升华，这样就可以尽享怡然自得的人生之乐。心烦时，茶能让人静下来。人一旦静下来就会更理性，理性了看问题的角度就会更立体，于是心里的一些纠结、郁闷和想不开会慢慢化解。由此看来，人们品茶，不仅仅是生理的需要、生活的要求，更重要的是对心性的修炼、品质的涵养和人格力量的锻造。人们若以宁静淡泊的心情，旷达超逸的襟怀去品茶，就能得到道德力量的扩充和精神境界的提升，从而就能更好地享受大自然赐予人类的真趣。

宋徽宗《大观茶论》以"雅静之韵致"一语，涵括品茗真趣。雅与俗正相对立，雅俗判然有别，前者指文明、美好、高尚；后者则指粗鄙、平庸、贪嗜。人类文明的进步是一个趋雅避俗的过程。宋徽宗又有"雅尚"一语，旨在以茶饮倡导一种雅尚风气。梁实秋也以"风雅"一词，直指品茗风味并扩及于茶人的风度。以"雅静之韵致"为旨趣的茶文化，能否引导出当今社会的人文价值取向的转换，在文明进步中发挥出其重要的功能，值得我们高度重视。刘贞亮绝妙的"雅志"命题——"以茶可雅志"，非但没有过时，而且应当结晶出茶文化理念。

　　明代许次纾在《茶疏》中提出了品茶的适宜时候为"心手闲适，披咏疲倦，意绪纷乱，听歌拍曲。歌罢曲终，杜门避事。鼓琴看画，夜深共话。明窗净几，佳客小姬。访友初归，风日晴和。轻阴微雨，小桥画舫。茂林修竹，酒阑人散。儿辈斋馆，清幽寺观，名泉怪石"等，此外，历代文人雅士选择茶境时，离不开松、竹、梅、兰与琴、棋、书、画等，这些既是人与自然沟通时对"真"的追求，也是人文精神与自然精神交相涵摄时对美的感悟，更是天、地、人、茶、水、情在哲学境界上的共同升华。

　　总而言之，养生之道就是循天之道养其生。心理影响生理，生理影响身体，"怒伤肝、喜伤心、忧伤脾"，养生之道，从心开始。茶道可养心、静心和清心，以茶载道可以使人安生、养生和乐生，培养"和、静、清、俭、怡"的精神，这些也是与社会的可持续发展及人的全面发展的要求相适应的。

　　在当今社会，茶为国饮，茶文化应发挥出更多地社会功能。现代社会的茶道养生理论与实践，还需在前人的理论研究和实践的基础上，在继承古代文人墨客茶德精髓的同时，符合现代人生活中所追求的道德规范，适应现代社会精神文明发展的需要，提升自我，达到"道法自然，返璞归真"的精神境界。

第三节　茶的养生之功

　　传统观念中，人们认为健康就是"机体处于正常运作状态，没有疾病"。1989 年，世界卫生组织（World Health Organization，WHO）深化了健康的概念，认为健康应包括躯体健康、心理健康、社会适应良好和道德健康，要求人们应从这四个方面来综合评判一个人的健康。1999 年 WHO 对健康又做出了最新定义："Health is a dynamic state of complete physical，mental，spiritual and social well-being and not merely the absence of disease or infirmity." 即"健康是身体、精神和社会适应上的完美动态，而不仅是没有疾病或是身体不虚弱"。与当初的定义相比，把精神状态也纳入健康范畴，而且强调了健康是一个动态的概念。

　　WHO 提出了衡量人类肌体健康和精神健康的新标准，可以简单地概括为：肌体健康的"五快"以及精神健康的"三良好"。肌体健康的"五快"是：（1）吃得快——进餐时，有良好的食欲，不挑剔食物，并能很快吃完一顿饭；

（2）便得快——一旦有便意，能很快排泄完大小便，而且感觉良好；（3）睡得快——有睡意，上床后能很快入睡，且睡得好，醒后头脑清醒，精神饱满；（4）说得快——思维敏捷，口齿伶俐；（5）走得快——行走自如，步履轻盈。精神健康的"三良好"是：（1）良好的个性人格。情绪稳定，性格温和；意志坚强，感情丰富；胸怀坦荡，豁达乐观。（2）良好的处世能力。观察问题客观、现实，具有较好的自控能力，能适应复杂的社会环境。（3）良好的人际关系。助人为乐，与人为善，对人际关系充满热情。人体健康是心理健康和生理健康的统一，两者是相辅相成、互相依存的。生理健康是心理健康的基础，心理健康反过来又促进生理健康。当人生病时，往往会情绪低落、萎靡不振或烦躁不安，影响工作和学习，而心理不健康往往会导致冠心病、高血压、糖尿病和癌症等疾病，还会使人的社会适应能力遭到破坏，直到无法进行正常的家庭生活和社会生活。

茶是一种精神健康的饮品，茶道精神强调的是天人合一，从小茶壶中探求宇宙玄机，从淡淡茶汤中品悟人生百味。中国茶道精神提倡和诚处世，以礼待人，奉献爱心，以利于建立和睦相处、相互尊重、互相关心的新型人际关系，以利于社会风气的净化。在当今的现实生活中，由于生活节奏快，竞争激烈，以致人心浮躁，心理易于失衡，人际关系紧张。而茶道、茶文化是一种雅静、健康的慢文化，它能使人们绷紧的心灵之弦得以松弛，倾斜的心理得以平衡。

茶是人进入精神世界的通道，是打开智慧、健康和幸福的大门。喝茶品茗，含蓄内敛、宁静致远，可以调节人的心态和情绪，获得养心修德的功效。

一、古代茶人对精神健康的追求

自从茶树被发现以来，人类就一直在研究茶的各种功能，从最早作为药用开始，古人在日常的生活中逐渐认识了饮茶的生理功能、心理功能和社会功能。其中的心理功能强调的就是修身养性，即今天所说的脑健康和精神卫生范畴。历代很多茶人都在诗歌等文学典籍中对茶叶与精神健康作了详细的描述。

唐代诗人卢仝在《走笔谢孟谏议寄新茶》诗中写道："一碗喉吻润，二碗破孤闷。三碗搜枯肠，惟有文字五千卷。四碗发轻汗，平生不平事，尽向毛孔散。五碗肌骨轻，六碗通神灵。七碗吃不得也，惟觉两腋习习清风生……"文中"二碗破孤闷"生动描述了茶叶对人的心理精神健康的积极作用，喝茶能够消除人心中的孤独和苦闷，给人以愉悦的感受。

唐代刘贞亮爱好饮茶，并提倡饮茶修身养性，他在《饮茶十德》中将饮茶的功德归纳为十项："以茶散郁气，以茶驱睡气，……"其中"散郁气"

"养生气"表达出饮茶能消散集结在人心中的忧郁之气，增加人的生气，即茶对人的精神状态有调节作用；"利礼仁""表敬意""可雅志""可行道"，即如今的中国茶道精神，他不仅把饮茶作为养生之术，而且作为一种修身得道的方式了。

唐代皎然在《饮茶歌诮崔石使君》中写到："一饮涤昏寐，情思爽朗满天地。再饮清我神，忽如飞雨洒轻尘。三饮便得道，何须苦心破烦恼……"在他的另一首诗《饮茶歌送郑容》中也写到"丹丘羽人轻玉食，采茶饮之生羽翼。……常说此茶祛我疾，使人胸中荡忧栗。日上香炉情未毕，乱踏虎溪云，高歌送君出。"两首诗中都描述了皎然推崇饮茶，强调饮茶功效不仅可以除病祛疾，涤荡胸中忧虑，振奋人的精神，甚至会有踏云而去、羽化飞升而得道之感。

明代文学家、江南四大才子之一的徐祯卿在《秋夜试茶》诗中说道："静院凉生冷烛花，风吹翠竹月光华。闷来无伴倾云液，铜叶闲尝紫笋茶。"当"闷来无伴"时，诗人便借品尝茶叶来消除寂寞，摆脱孤寂。

二、现代茶道养生与精神健康

人是万物之灵，是大自然之骄子，在每一个人的心灵深处都有着与生俱来的回归自然、亲近自然的原始冲动。中国的汉字很奇妙，茶字草字头，木字底，当中是人字，即"人在草木中"，即"人在山水中"，这是一种自然和谐的养生状态。可以说，品茶是人与大自然进行精神交流和感情沟通的较佳方式。

随着社会的进步和茶文化的兴起，现代人越来越追求精神文化方面的享受。人们认识到清新的绿茶如春光扫去心中烦恼；热情的红茶如寒冬中的太阳给人温暖；凝重的黑茶如星光璀璨的夜空让人变得安宁；典雅的乌龙茶如一湾清泉忘却人生的纷争。人们无论从事什么职业，从政府官员到普通老百姓，从专家学者到中小学生，从白领到蓝领，均可以在其中找到自己最需要、最爱的茶，找到心灵的慰藉。

"品茶者，独品得神。"当一个人按照茶道理论的要求去品茶时，悠悠袅袅的茶烟、淡然无极的茶味、妙不可言的茶香、怡神舒心的茶境，以及茶人自己清静虚空的心境，都可使得茶人的身心达到高度的放松，进入一种忘我的、奇妙的意境。人体这个"小宇宙"便会与大宇宙产生最亲切的交流，你便会用一颗敏感的心去怜惜花儿的妩媚，去聆听山林的合唱，去抚摸流水的颤动，去感受落叶的静美。一片残荷、一丝细雨、一朵白云、一阵微风都会让你心旷神怡，浑然忘我。这种美妙的感觉和无穷的乐趣对人的身心健康是十分有益的。

其次，人在特定的社会环境中生活，在人的心灵深处也都存在着对人间真诚友情的渴望。方毅同志曾写过一副对联："美酒千杯难成知己，清茶一盏也能醉人。"中国茶道不仅讲究"独品得神"，而且注重"对品得趣""众品得慧""以茶为媒"。茶是人与人之间互相沟通、交友联谊的最好媒介。喝茶时，人最容易敞开心扉，让友情的阳光照进心灵深处。归纳起来，茶道的功能大致可分为以下几点：

1. 雅心

即通过茶艺活动及品茗，提高个人道德品质和文化修养。茶，大多数人都会喝，但并非每个人都能品出茶之真味、茶之真韵。而品茶的体验，也因人而异，有人认为"绿茶如水彩画，乌龙茶如水粉画，普洱茶如古典油画"，有人说"喝绿茶是为解渴，喝乌龙茶为休闲感觉，喝普洱茶是高尚生活的感觉"，有人道"绿茶如少年人生，生机勃勃；红茶如人到中年，如日中天；黑茶如老年，睿智深沉"；有人云"岁月如歌，男人似茶"。茶道追求"俭""清""静""和"的精神境界，侧重于个人修身养性。品尝名茶、鉴赏茶具、观看茶艺，可以给人以美的享受，陶冶情操。当前，洁净雅致，茶香芬芳，兼具商务、联谊、休闲、娱乐、美育等功能的茶馆已成为现代人们交际的重要场所之一。

2. 敬客

茶缘如结，茶香如魂，茶情似海。客来敬茶，是一种传承几千年的重情好客的礼俗。一杯香茗，既表示对客人的尊敬，也表示以茶会友、谈情叙谊的至诚心情。茶文化是应对人生挑战、协调人际关系的益友。茶道中蕴含着"和""敬""融""理""伦"的中华传统美德，侧重于调整人际关系，要求和诚处世，敬人爱民，化解矛盾，增进团结。

3. 行道

茶，虽然能刺激人体令人兴奋，但它对于人体总是亲而不乱，嗜而敬之，使人沉静、理智地面对现实。茶文化的雅静、清新与健康，可以使心灵之弦得以松弛，倾斜的心理得以平衡。同时，它对于改变社会不正当消费行为，创建精神文明，促进社会进步等方面具有积极作用。"大道至简"，一杯清茶，倡导利于社会健康和谐发展的"廉俭""朴素"生活方式。

4. 抒情

茶，承载家人的亲情，传递朋友的友情，沟通乃至成全恋人的爱情，浓化人际礼尚往来的交情。无论是邀约三、五好友谈天说地，或情侣对饮倾心交流，或独自闲坐怡情养性，茶都是最好的媒介。茶，也承载着人的性格。有人云："女人如茶，好茶似好女人。"绿茶"汤清叶绿"，因而绿茶女人气质典雅，高贵大方，深藏不露，创造时尚；红茶"醇如甘浓，鲜红明亮"，因而红茶女人是时尚的贯彻者和补充者，捕捉时尚，追赶流行，构建城市的亮丽风景线；花茶是绿茶与红茶（再与香花拼合窨制）的混合体，所以花茶女人是绿茶女人与红茶女人的中和体，平易而亲和，简单而平凡。

"文武之道，一张一弛。"现代人无论是从政还是经商，无论是做工还是务农，无论从事什么行业都面临着激烈的竞争，都要全力去奋斗、去拼搏。若能偷得浮生半日闲，抽个空，静下心来品品茶，那就好像是到了心灵驿站，终日紧绷着的心弦得以松弛，疲倦的心也可得到歇息。最近国际上正悄悄兴起的"慢生活"，正是对高速运转、争分夺秒的工业化社会的生活方式进行的修正与补充。所谓的"慢生活"，即在高度紧张的生活中，在某个生活环节或某一时刻放慢脚步，去细心体验生活的乐趣。选择匆忙，当然是无可厚非的追求，而选择慢，却是一种重视自我的生活态度。正因为如此，"慢生活"于 1986 年在意大利兴起后，目前已发展到 50 多个国家，并有席卷全球之势。

给自己所爱的茶留一席空位，就是给心灵一个休憩的空间。泡一杯茶，在婉转优雅的茶香下静静品茗，伴随着幽幽茶香韵润调节下，心情趋于平静，不再为社会人间浮躁而停留哀叹，不再为凡尘事俗的名利而追逐，感受停靠在心间那一份超脱和洒脱。赶路，有时候需要在路边歇一歇；活着，有时候需要让心静一静。让疲惫的身躯歇一歇吧！寻一个角落，让心灵在嘈杂的世间得到安宁，然后捋一捋心事，叙一叙亲情、爱情和友情，你会发觉换一种活法，这世界原来如此美好！

三、茶的养生保健功效

1. 提神益思

现代医学研究证明，茶的提神益思功能，主要由三个因素起作用。一是茶叶中的茶碱、咖啡碱可使中枢神经兴奋并增强肌肉收缩力，增强新陈代谢作用。二是茶汤中的茶氨酸能提高人的学习能力，增强记忆力。茶汤中的铁盐在血液循环中也起着良好作用。三是茶叶中的芳香物质可醒脑提神，使人精神愉快，消除疲劳，提高工作效率。

2. 利尿通便

茶的利尿功能主要是茶叶中生物碱的作用。多饮茶有利于预防尿道和肾结石，并可解除自来水中氯化物的毒害。茶的通便功能主要是由于茶多酚可加强大肠的收缩和蠕动，茶皂素具有促进小肠蠕动的作用。因此，多饮茶可使人体内新陈代谢所产生的有毒有害物质及时排出体外，从而保障人体健康。

同时，品茶时全身微微出汗，有利于人体细胞内新陈代谢产生的毒素随汗液排出体外，茶是使人体内各器官和细胞保持清洁的最佳清洗剂。

3. 固齿防龋

茶树是一种能从土壤中富集氟元素的植物，氟有固齿防龋作用。有研究结果表明长期用茶水漱口的儿童龋齿率降低 80%。茶多酚类化合物可杀死齿缝中能引起龋齿的病原菌，不仅对牙齿有保护作用，而且可去除口臭。

4. 消炎灭菌

儿茶素、茶黄素及酚对肠炎病菌有显著抗菌作用。对黄色葡萄球菌、伤寒杆菌等多种致病细菌也有明显的抑制作用，此外，茶多酚还对百日咳菌、霍乱菌、白癣菌等病原菌有抗菌作用，对流感病毒、肠胃炎病等有抗病毒辅助作用。用茶水擦身或浴足，5~7 周后体癣、足癣的症状可完全消除。

5. 解毒醒酒

人体的主要解毒器官有两个——肝与肾，其中肝脏解毒功能最强。肝可在相关酶系的催化下，把外来毒物及内生毒物通过氧化、还原、水解等反应转化为无害物质。肾脏主要是通过调节体液及酸碱平衡，经血液循环，以尿的形式把毒物与废物排泄到体外。现代医学研究已查明茶可明显增强肝、肾的代谢功能，并保护肝、肾不受损害。

茶的解毒作用是多方面的。对于细菌性中毒，茶多酚等物质能与细菌的蛋白质结合，使细菌的蛋白质凝固变性，导致细菌死亡。对于现代化工业社会给人们造成的汞、铅、镉等重金属中毒，茶可使这些金属沉淀并加速排出体外。对于轻度酒醉而言，茶能醒酒，实质上也是一种解毒，即减少乙醇对人体的毒害。人在饮酒后主要是依靠肝脏把血液中的酒精分解成水和二氧化碳，水解过程需要维生素 C 作为催化剂，饮茶一方面可补充维生素 C，另一方面茶中的咖啡碱可加速肝脏对酒精的分解，从而达到醒酒的作用。但是，若严重酒醉的人用浓茶解酒，茶中的咖啡碱会使中枢神经高度兴奋，心跳更快，这无疑是"雪上加霜"，不仅会加重酒醉的程度，而且有可能导致心脑血管疾病。

6. 降脂、降压

高血脂是指血浆中所含脂类（包括甘油三酯、磷脂、胆固醇和游离脂肪酸）超出正常水平的临床症状。高血压是指心脏收缩压或舒张压较正常升高的临床症状。

现代医学研究证明，许多中老年人的常见病，如脑溢血、冠心病、动脉粥样硬化、血栓、肥胖症等都和高血脂有关。茶叶中的儿茶素能与脂类结合，并通过粪便排出体外；茶皂素可减少肠道对食物中的脂肪的吸收。日本流行医学调查结果表明，在 60 岁以上的人群中，没有饮茶习惯的人冠心病患病率为 3.1%，偶尔饮茶者患病率为 2.3%，而连续三年饮茶者的患病率仅为 1.4%。

高血压是现代生活方式造成的人类常见病，我国成年人的平均患病率为 4.9%，茶叶中的咖啡碱、儿茶素能使血管壁松弛并保持弹性，从而扩展血管的有效直径，使血压降低。茶叶中还含有少量的芦丁，芦丁也具有维持毛细血管韧性及降血压的功效。

7. 美容养颜

人体肠内排泄物滞留，肠壁的吸收作用会导致血液中带有对人体有害的物质，使人面部出现暗疮、粉刺、黑斑，因此，排便不畅会影响皮肤的健康状态。而茶能通过清洗人体内的新陈代谢物，使人的皮肤更加光泽有弹性。同时，喝茶可以通过控制饮食起到减肥作用，使人形体健美。茶中富含锌元素且易被人体吸收，人体内的各种酶都含有锌，所以茶可使人的新陈代谢更旺盛，促进骨骼、器官、皮肤良好生长发育。茶中的维生素 C、E，可抗氧化、抗衰老，保持皮肤弹性，抑制肌肤上的色素沉积，预防色斑形成。加上茶中的芳香族物质能使人心情愉悦，神清气爽，这样自然可以达到美容养颜的良好效果。

8. 保肝明目

茶的保肝明目功能主要是茶叶中含有多种维生素和儿茶素。其中，胡萝卜素被人体吸收后，可增强视网膜的辨色力，因此，多饮茶可明目。

茶中的儿茶素可防止血液中的胆固醇在肝脏沉淀。苏联的医学家曾对 57 名慢性肝炎患者作过观察，实验证明了儿茶素对病毒性肝炎和酒精中毒引起的慢性肝炎有明显疗效。

9. 防辐射、抗癌变

第二次世界大战时，广岛原子弹爆炸后的幸存者中，不少人因受到原子辐射，相继发生怪病陆续死亡。日本的调查发现，嗜茶者以及迁移到茶区居住，并大量饮茶的蒙难者不仅存活率高，而且体质良好。这一调查使科学家对茶的防辐射作用发生了浓厚兴趣并进行了大量的实验。有的科学家用从茶叶中提取的多酚类化合物饲养白鼠，然后再用致死剂量的放射性锶-90 对白鼠进行辐射处理，结果发现，用茶多酚饲养的大白鼠大部分存活，而对照组的白鼠则全部死亡。因此，日本人把茶称为"原子时代的饮料"，不少专家建议，经常接触放射源或天天看电视的人要多饮茶。

现代医学认为茶是一种防癌性饮料。茶中抗癌的有机物主要是茶多酚、茶色素、茶碱和多种维生素，抗癌的无机物主要是硒、锌、钼、锰等。我国预防医学院最近报道了对 140 种茶叶进行的活体实验，大量实验数据都证明了茶水对人体致癌性亚硝基化合物的形成有阻断作用，并能有效抑制癌基因与 DNA 共价结合。

10. 抗衰老

长生不老是人类自古以来的梦想。在中国，"长生不老""健康长寿"是日常生活中最常用的祝福，从秦始皇蓬莱求宝到汉武帝深宫炼丹，从彭祖不老的传说到黄帝百岁的传说，足可以看出，无论是王侯将相，还是黎民百姓，都同样渴望着健康长寿，先辈们从饮食、运动、医药等角度进行了广泛探讨，并形成了众多的养生理论。

现代科学认为，人虽然不可能"长生不老"，但是延缓衰老、延长寿命已成为可能。人为什么会衰老？多数专家认为衰老的主要原因是人体内产生过量的"自由基"引起的。自由基是人体在呼吸代谢过程中产生的一种化学性质非常活泼的物质，它在人体中使不饱和脂肪酸氧化，并产生祸脂素，这种祸脂素在人的手、脸等皮肤上沉积，就形成所谓的"老年斑"，在内脏和细胞表面沉积，就促使脏器衰老。而现代医学研究证明了茶多酚及其氧化物具有清除自由基即抗氧化功能，因而长期饮茶可以抗衰老。有人曾对 100 位百岁以上长寿老人进行调查，结果发现 95% 都是爱喝茶的老人，其中 70% 的长寿老人日饮茶量在 5g 以上。还有统计资料表明，香港是我国最长寿的城市，专家们认为这与香港人普遍嗜茶有关。

四、不同茶类的主要功效

目前，我国茶园种植面积已超过 257.90 万公顷，位居世界第一。虽然茶产业的增产潜力和发展前景良好，但是茶产业的产销不平衡问题仍然客观存在，应以茶叶保健功效为宣传的突破口，引导消费者认识饮茶对健康带来的好处，促进我国茶叶人均消费量。同时，也要避免进行"饮茶包治百病"的夸大宣传。

由于不同茶类中的有效成分不同，因此，所表现出的保健功效也有所不同，例如，在降低甘油三酯的效果上，黑茶和乌龙茶>红茶和绿茶；在减肥作用上，乌龙茶>黑茶>红茶>绿茶；在降低总胆固醇的效果上，黑茶和绿茶>乌龙茶和红茶；在提高高密度脂蛋白胆固醇的效果上，普洱茶活性最强。在抗辐射效果上，绿茶、红茶和白茶均有较好效果；在抗过敏作用上，红茶>绿茶；在杀菌效果上，白茶>绿茶>黑茶等；在抗病毒作用上，普洱茶>绿茶、乌龙茶。

通过宣传和倡导茶的保健功效，使茶成为健身、养心、和谐、益思的大众饮品，从而使饮茶不仅起到增强人民体质、陶冶性情、丰富人生等重要作用，更为弘扬中国传统文化作出贡献，这是当代茶人的神圣使命。

复习思考题

1. 茶叶中主要有哪些保健功能成分？
2. 茶叶所含茶多酚、咖啡碱、茶氨酸、茶色素以及茶多糖的功能分别是什么？
3. 如何理解茶道中"俭、清、和、静"的文化内涵和养生之道？
4. 茶叶的保健功效主要有哪些？不同茶类的保健功效有些什么特点？

主要参考文献

［1］陈宗懋，甄永苏主编. 茶叶的保健功能［M］. 北京：科学出版社，2014.

［2］林治. 茶道养生［M］. 西安：世界图书出版公司，2012.

［3］邵宛芳主编. 普洱茶保健功效科学读本［M］. 昆明：云南科技出版社，2014.

［4］佚名. 全方位彰显中华茶文化的魅力［N］. 市场报，2002-05-01.

［5］田真. 古今茶文化概论［M］. 北京：北京航空航天大学出版社，2011.

［6］林治. 中国茶道［M］. 西安：世界图书出版公司，2009.

［7］郭亨贞，谢旭等. 刍议现代健康概念的分层［J］. 西北医学教育，2006，14（2）：132-134.

［8］董建文. 中国茶医学［M］. 天津：天津科学出版社，2002.

［9］云南省普洱茶协会编. 普洱茶保健功效科学揭秘［M］. 昆明：云南科技出版社，2008.

［10］黄晓琴. 茶文化的兴盛及其对社会生活的影响［M］. 杭州：浙江大学出版社，2003.

［11］丛书编委会. 大中国上下五千年——中华茶文化［M］. 北京：外文出版社，2010.

［12］屠幼英. 茶与健康［M］. 西安：世界图书出版公司，2011.

第七章　茶道与产业

爱课程网—视频公开课—中国茶道—茶道的产业基础

知识提要

中国茶道以茶为媒，是中国茶文化的重要内涵，也是中国文化走向世界的重要载体和桥梁。中国茶道的发展是随着整个社会的经济、政治的发展而同步推进，它是一个内涵在不断完善、不断进步的学科体系。

茶产业是中国传统文化的一个现实载体，是横跨第一、二、三产业的综合型产业。中国茶产业的发展与中国茶道的发展息息相关。

本章基于茶道发展的产业基础、茶与现代人生活的关系以及茶道发展的趋势三个不同的层面，展望通过科技创新元素与茶道文化元素有机结合，促进中国茶产业发展和推动中国茶道传播到全人类的美好愿景。

学习目标

1. 了解目前我国茶产业的发展动态。
2. 了解茶在现代人日常生活中的应用。
3. 了解中国茶道的未来发展趋势。

第一节　当代茶产业的蓬勃发展

茶被誉为是继火药、造纸、活字印刷术、指南针四大发明之后，中国人民贡献给全人类的第五大发明。茶产业作为中国传统文化的一个现实载体，通过茶道发展的产业现状可展望中国茶道的未来。

一、当代中国茶产业发展历程

中国是茶的发祥地，被誉为"茶的祖国"。中国茶叶的发展史就是一部世界茶叶的发展史。当代中国茶业的发展依据发展目标和路径分为以下四个阶段：

第一阶段是增加茶叶产量阶段（1950—1978）。这一时期发展茶业的主要途径是依靠扩大种植面积，增加茶叶总产量，满足茶叶内销和出口的需要。

第二阶段是提高茶园单产阶段（1979—1990）。改革开放以后，我国茶产业步入依靠科技促进发展的新阶段。这一阶段，茶园面积虽增长缓慢，但茶叶产量增长迅速。1989 年茶园面积、产量分别为 106.5 万公顷、53.5 万吨。茶园面积仅比 1978 年增长 1.7%，但产量比 1978 年增长 1 倍。

第三个阶段是提高茶叶品质阶段（1990—2000）。1990 年以来，我国茶园面积基本稳定，茶叶产量增长缓慢，调整茶叶产品结构、提高茶叶品质成为该阶段茶业发展的主要任务。

第四个阶段是综合发展阶段（2001 年至今）。该阶段随着我国经济社会的快速发展和国际影响力的快速提升，文化对于整个茶产业影响力的进一步扩大，实现了产业科技与文化的融合互动，产生了巨大的综合效益。

总体而言，中国茶产业朝着面积增大、产量提升的方向发展，但是在不同的时间阶段增长速度是不同的。尤其是在步入 2000 年以后，中国经济真正步入发展"高速路"的同时，中国茶业的发展速度不断加快，中国茶园总面积和可采摘茶园面积连年扩大，茶叶产量逐年提高，茶业产值连年增加。中国茶园总面积、茶叶总产量居世界第一，茶叶消费市场发展快速，茶叶生产继续保持增产增收的态势，中国茶产业呈现蓬勃发展的新局面。

二、中国茶产业发展现状

1. 中国茶叶生产现状

改革开放以来，中国茶产业得到了迅速发展。自 2005 年超过印度后，中国成为世界第一茶叶生产大国，茶园面积和茶叶产量均居世界第一。2013 年，尽管中国西南地区和长江中下游地区遇严重春旱与伏旱，中国茶产业仍保持快速增长势态。根据农业部种植业管理司的数据，2013 年中国茶园面积、茶叶产量及产值继续增产增收并创历史新高，茶叶总产值首次突破千亿元大关，分别达到 246.9 万公顷、189 万吨和 1 106.24 亿元，分别同比增长 9.6%、8%、17.7%。从茶叶产值的增幅明显大于茶园面积和茶叶产量的增幅中可以看出，中国茶叶生产正在由依赖面积扩张和产量增加的粗放发展向提高茶叶品质和综合利用率的集约发展转变。

（1）茶园面积稳定增加。2010 年版的中国茶产业研究报告显示，2009 年，中国茶树种植面积约占世界茶园面积的 50%，居世界第一位。如图 7-1 所示，全国茶园面积从 2000 年的 108.9 万公顷增长至 2013 年的 246.9 万公顷，年均增长率为 6.5%。在这 14 年里，中国的茶叶总面积一直呈现快速增长的趋势。

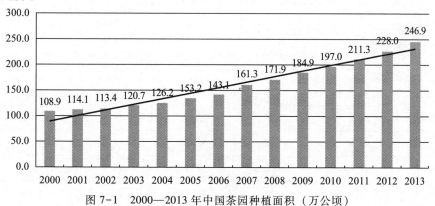

图 7-1 2000—2013 年中国茶园种植面积（万公顷）

数据来源：中国统计年鉴（2013）

表 7-1 表明，不同省份的茶园面积增长速度不一。2010 年至 2013 年四年间，除重庆和甘肃外，其他省区茶园面积均有所增加。其中茶园面积年平均增长率最大的是贵州省，为 16.5%。值得注意的是，一些传统茶区如浙江（0.7%）、云南（2.4%）和福建（5.1%），其茶园面积的年平均增长率都明显低于全国平均值（7.1%），由此可推测，这些地区的茶园的扩张速度在今

后将逐渐减缓。

另外，近四年里我国主要产茶省份的面积排名也相对有所改变，但变化不大。其中，云南省茶园面积连续四年稳居全国第一，贵州省茶园面积凭借较高的增长速度从 2010 年的全国排名第五到 2011 年赶超湖北省，跃身全国第二位。

表 7-1   2010—2013 年我国各省茶园面积（万公顷）

地区	2010 年茶园面积	2011 年茶园面积	2012 年茶园面积	2013 年茶园面积	年平均增长率（%）
江苏	3.0	3.3	3.3	3.4	4.2
浙江	18.0	18.0	18.5	18.4	0.7
安徽	13.0	13.7	14.0	15.5	6.1
福建	20.0	20.7	21.3	23.2	5.1
江西	5.6	6.2	6.7	7.3	9.0
山东	1.9	2.6	2.7	2.3	6.1
河南	8.7	11.2	12.6	9.8	3.9
湖北	21.2	22.9	26.0	29.2	11.2
湖南	9.3	9.9	10.4	11.5	7.5
广东	3.8	4.2	4.1	4.4	5.2
广西	5.0	6.8	7.0	6.3	8.0
重庆	4.3	4.4	4.4	3.6	-5.8
四川	21.2	23.2	25.1	28.4	10.2
贵州	19.8	25.8	32.7	31.3	16.5
云南	37.3	37.7	38.7	40.1	2.4
陕西	7.9	9.1	10.2	11.0	11.6
甘肃	1.2	1.0	0.9	1.1	-3.4
合计	201.2	220.7	235.3	246.9	7.1

数据来源：农业部种植业管理司

（2）茶叶产量持续增加。如图 7-2 所示，我国茶叶产量继续保持高速增长势头，从 2001 年的 70 万吨增长至 2013 年的 193 万吨，年均增长率为9.0%。根据国际茶叶委员会（ITC）统计数据显示，2010 年中国茶叶产量上升到 148 万吨，占世界茶叶总产量的 35.4%；2011 年中国茶叶产量 162 万吨，占世界茶叶总产量的 36.4%；2012 年中国茶叶产量 180 万吨，占世界茶叶总产量的 38.7%。据统计，2013 年全球茶叶产量 481.9 万吨，同比上升 4.57%，再创历史新高，中国茶叶产量 193 万吨，同比上升 3.37%，占全球茶叶总产量38.39%，与 2012 年基本持平。

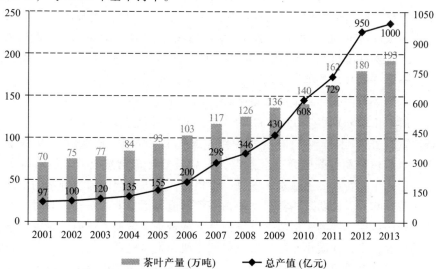

图 7-2　2001—2013 中国茶叶市场产量及规模

数据来源：国家统计局

从产茶地区来看，根据中国茶业年鉴数据显示，2013 年，云南、贵州、湖南、湖北、四川、福建、浙江、安徽、河南和广东分别列为中国茶叶产量前十名。2013 年国内茶叶产量最多的 5 个省份分别是：福建（34.7 万吨）、云南（30.2 万吨）、湖北（22.2 万吨）、四川（22.0 万吨）、浙江（16.9 万吨）。2013 年茶叶产量增长绝对值最多的 5 个省份分别是云南、福建、湖北、四川、湖南，其中福建增幅为 5.1 万吨，排名第一位的云南 6.37 万吨。由此可知，各省茶叶产量与茶园面积的排位略有差别，原因主要在于很多新兴产茶大省开辟了大量新茶园却没有及时投产，因此导致面积的增长和产量的增长并不同步。

（3）主要茶类普遍增产。中国红茶生产曾于 20 世纪 90 年代走向低谷，而在近几年里产量呈现上升趋势。乌龙茶主产于中国福建省，在过去十年期间，乌龙茶产量一直呈现良性的稳步增长趋势。云南作为茶树的原产地，是中国茶园面积最大的省份。2007 年，云南普洱茶产业遭受重创、跌入低谷，目前进入恢复性增长期，而云南茶产业整体规模一直处于稳步增长的势头。湖南是中国黑茶的主要生产省份，近十年来，黑茶不再是传统边销产品，也成为都市时尚饮品，消费逐渐普及，促成黑茶产业呈现出良性、稳定、快速的增长势头，"黑茶时尚风"拉动了广西六堡茶、四川藏茶产量的快速增长。

据中国农村统计年鉴统计数据显示，2012年六大茶类中白茶和黄茶略有减产，其他四大茶类都实现了增产，以红茶和黑茶增幅最大。其中，绿茶总产量 1 247 823 吨，同比增加 10.3%；红茶 132 416 吨，同比增加 16.5%；乌龙茶总产量 217 879 吨，同比增加 9.7%；黑茶总产量 79 836 吨，同比增加 25.8%；白茶 10 244 吨，同比下降 28.7%；黄茶 179 吨，同比下降 54.2%；六大茶类之外的其他茶类产量达到 101 337 吨，同比增加 7.8%。

从不同茶类占茶叶总量的比重来看，绿茶和乌龙茶作为近年来中国的主导茶类，所占比重分别由 2011 年的 70.1% 和 12.3% 下降到 69.72% 和 12.17%，红茶比重则由 7% 上升到 7.4%，黑茶作为近年来的亮点，比重由 3.91% 上升到 4.46%，白茶和黄茶作为小众茶类，占总量的比重仍然很低。但值得关注的是，近几年随着人民生活水平的进一步提高，国内兴起的绿色健康的生活理念与白茶独特的保健功效相契合，使白茶逐渐成为消费者的新宠；同时，在中国茶叶经济迅猛发展的大形势下，国内外金融资本大量涌入业内，轮番运作各大茶类板块，作为优质小盘的白茶也得到了快速发展机遇；此外，白茶可以存储陈放的特点也受黑茶收藏炒作的影响而放大，收藏白茶成为很多收藏家与投资者关注的新焦点。综合多种相关因素，白茶迎来了全产业转型发展的黄金时期。

从茶叶生产的区域分布来看，2012 年大多数茶区的茶叶产量和茶类结构保持稳定，只有个别省份突出重点大力发展优势茶类，如云南绿茶由 172 411 吨增加到 199 817 吨，增加 27 406 吨，增幅为 15.9%；云南红茶由 25 433 吨增加到 30 731 吨，增加 5 298 吨，增幅为 20.8%；福建乌龙茶由 157 450 吨增加到 172 690 吨，增加 15 240 吨，增幅为 9.7%；湖南黑茶由 37 652 吨增加到 48 010 吨，增加 10 358 吨，增幅为 27.5%。

（4）茶叶产值继续增加。据统计，在良好效益驱动下，我国茶叶总产值增长速度不断加快。从 2001 年的 97 亿元上升至 2013 年的 1 000 亿元，我国茶叶产值年平均增长率高达 21.5%，并在 2013 年我国茶叶产值首次突破 1 000 亿大关。

如表 7-2 所示，2010—2012 年全国各茶区的产值都有所增加，年平均增长率介于 8.4% 和 75.7%，其中河南省茶叶产值年平均增长率最大，为 75.7%，甘肃省茶叶产值年平均增长率最小，为 8.4%。除此之外，高于全国年平均增长率的省份有安徽（31.2%）、福建（34.4%）、山东（29.6%）、湖北（27.5%）、广西（24.5%）、海南（24.0%）、贵州（58.9%）、云南（34.4%）和陕西（49.8%）。值得关注的是，传统茶叶大省如四川、江西，其茶叶产值与产量在全国茶叶主产区的位次并不相当，关键原因在于品牌影响力不够，直接导致四川茶叶亩均效益不到 2 000 元，远远低于浙江和福建3 000多元的效益水平。据统计，2012 年湖南黑茶产量规模近 5 万吨，综合产业规模高达 50 亿元，产值从 2006 年 3 亿元左右上升至 2012 年 50 亿元左右，年平均增长率约为 60%。这是湖南黑茶以健康、文化和科技多元素的综合作用推动了其快速地、稳步地增长的结果。

综上所述，在茶叶生产种植领域呈现良好发展势态的背后，依旧存在着茶园的面积增长与产量增长的不平衡；茶园的面积和产量增长与茶园的效益提升不平衡；有机茶园的面积增长与有机茶的市场需求不平衡；茶园作业于机械水平与茶产业劳动力匮缺的现象不平衡这四大现象。因此，未来的茶产业在生产领域必须朝着由面积增长型向产量增长型、质量增长型和效益增长型发展，以实现中国茶产业的可持续发展。

表 7-2　2010—2012 年我国各省茶叶产值（万元）

地区	2010 年茶叶产值	2011 年茶叶产值	2012 年茶叶产值	年平均增长率（%）
江苏	160 000	201 319	230 254	20.0
浙江	860 000	1 060 000	1 150 000	15.6
安徽	360 000	450 000	620 000	31.2
福建	830 000	1 100 000	1 500 000	34.4
江西	169 665	209 665	231 678	16.9
山东	129 654	216 374	217 784	29.6
河南	250 000	590 500	772 000	75.7
湖北	520 000	580 000	845 000	27.5
湖南	400 000	426 000	486 658	10.3
广东	163 000	190 000	208 000	13.0
广西	120 000	152 000	186 000	24.5
海南	3 680	3 786	5 662	24.0
重庆	60 933	65 500	75 325	11.2

续表

地区	2010 年茶叶产值	2011 年茶叶产值	2012 年茶叶产值	年平均增长率（%）
四川	670 000	820 000	980 000	20.9
贵州	272 470.	418 827	688 142	58.9
云南	393 500	551 000	710 935	34.4
陕西	213 110	245 348	478 000	49.8
甘肃	9 240	8 660	10 860	8.4
合计	5 585 252	7 288 979	9 396 298	29.7

数据来源：农业部种植业管理司

2. 中国茶叶加工现状

（1）茶叶生产机械化水平不断提升。我国茶叶产业技术水平与先进产茶国相比，存在较大的差距，不少茶叶加工厂长期存在设备落后、厂房破旧、卫生状况差的情况，难以达到食品生产的卫生要求。由此造成的结果，一是茶叶卫生质量不能保证，二是茶叶品质很难稳定和提高。

近年来，国家出台了一系列农机补贴政策，茶叶机械进入农机补贴目录。此外，随着劳动力的加速转移，茶叶加工对劳动力技术和熟练水平的要求不断提高，劳动密集型的茶产业借助科技和机器开展茶叶栽培、管理、采摘、加工等劳作，越来越多茶企加快了利用茶叶机械来替代劳动力的步伐，使中国的茶叶机械化水平不断提升。

然而，我国茶叶科技创新水平与先进产茶国的差距仍然明显，现有茶叶加工设备水平仍不能满足茶叶品质提升和产品创新对于机械设备的要求。在日本，茶叶加工厂和加工设备已经达到了自动控制的水平，即使在斯里兰卡等发展中国家，茶叶加工也已实现生产连续化。而我国茶叶加工机械设备的生产却一直是粗放式的生产，茶机更新换代慢、加工性能不足、加工期间不稳定、费用高昂，这种现状正日益制约着中国的茶叶加工水平的提高。因此，要努力加大创新力度，强化现有产品的升级换代，使茶叶机械设备与市场需求紧密结合，全面提升茶叶生产机械化水平，从而确保茶叶的加工品质和加工质量。

（2）茶叶深加工产业方兴未艾，茶产品呈现多元化。随着茶叶天然生物活性物质在医药与食品等行业的广泛应用，茶叶深加工与综合利用也已成为茶学学科的重要分支和未来茶产业的主要内容。如今，我国的茶产品多数属于低级、初级加工，深加工产品只占3%左右，仍然存在加工技术落后、产品技术含量和附加值过低的问题。茶叶的深加工技术和装备普遍落后发达国家10~20

年，各种高新加工技术的应用并不普遍。

近几年来，中国对茶叶深加工产业的投入逐渐加大，茶叶的综合利用得到广泛开展。目前中国茶叶有效成分的制备，主要集中在茶多酚的制备和提取上，已初步实现了商品化生产；其次是咖啡因、茶多糖、茶色素，制备技术已经具备，但应用领域和技术的开发涉及不多；与此同时，我国已掌握单体儿茶素的制备技术，但工业化生产和应用技术尚待进一步研究和开发；茶氨酸的制备技术也还有待进一步完善。在下一阶段，将运用超临界二氧化碳萃取技术、微波和超声辅助提取技术、低温连续逆流提取技术、膜分离技术和柱色谱分离技术等多种创新技术加大对茶叶深加工领域的开发力度。

以高新技术成果为依托的茶叶深加工产业拓展了茶叶的用途，茶叶深加工产品成为食品、日用化工和医药工业中的重要原料。如茶多酚对油脂具有优异的抗氧化活性，是一种天然的食品抗氧化剂；茶皂素是一种优异的表面活性剂，在日化、建材、冶金、饲料等行业有广阔的应用前景。因此，茶叶深加工产业的发展促进茶产业链的延伸，大批新产业原料的拓展，是茶产品多元化发展的重要途径。

我国在茶叶新产品研究开发方面已取得较大进展，这些新产品顺应自然、健康的消费理念，市场前景广阔，经济效益显著。相信随着科学技术不断进步和高新技术在茶叶深加工领域的应用，茶叶新产品将层出不穷，用途将更为广泛，必将在促进茶叶产业发展方面发挥巨大的作用。

（3）名优茶加工实现科学化发展，茶叶资源有待高效利用。改革开放以来，我国茶产业结构得到不断调整。近几年名优茶产业发展迅速。据农业部种植业管理司统计，2011 年全国茶园面积 234.4 万公顷，茶叶总产量 155.7 万吨，其中名优茶产量 67.6 万吨，约占茶叶总产量的 43.4%，干毛茶总产值 729 亿元人民币，名优茶产值 560 亿元，占总产值的 76.9%，名优茶在一定时期内仍将是中国茶产业的主导产品。

名优茶种类繁多，但产量不大，无法形成大商品竞争。同时 60% 以上的名优茶加工企业尚处于无标准的生产状态，导致产品质量参差不齐，严重制约着名优茶市场的发展和产业化优势的形成。针对以上问题，各茶区努力采取了各种必要的调控措施进行改进。如积极引导名优茶生产向标准化、清洁化、机械化、连续化方向发展，减少名优茶的品类和等级，避免同一类名优茶名称多样；分门别类制定各类名优茶的产品加工标准，统一加工工艺，实现了标准化和规格化生产，逐步使每一类名优茶都形成一定的生产量和销售量，增强了名优茶的市场竞争力。

不容忽视的是，近几年在茶叶过度包装，炒作礼品茶、豪华奢侈茶的影响下，老百姓喝得起、并喜欢喝的中档茶市场却有所疲软。2012 年茶叶市场的整体情况出现了明显的两极化发展：名优茶持续发力，市场份额不断扩大，中低端产品则夹缝求生。

同样值得关注的是，各地都把发展名优茶生产作为茶叶加工的重点，采的都是一个芽头或一芽一叶，而更多的一芽二、三、四、五叶和夏秋茶资源并没有得到很好地利用。因此，若能在下一阶段进一步优化产品结构，拓展精深加工来提升茶叶加工领域茶叶资源的利用率和效率，对于提高茶叶生产整体效益，有效增加茶农收入，推动茶产业的健康发展，将发挥重要作用。

（4）清洁化生产进程加速，质量安全水平提升。为了保障茶叶的品质安全，当前世界范围内对茶叶生产过程中产生的有害微生物、磁性物、非茶类夹杂物及重金属等的污染越来越重视。欧盟、美国、加拿大已将有害微生物限量标准作为试验项目；俄罗斯和日本等国除要求检测铅、铜外，还要求检测砷、汞等重金属。而我国的传统茶叶加工尤其是初制加工，多数条件简陋。目前茶叶卫生标准中尚未将有害微生物和限量标准作为检验项目，仅规定紧压茶、茯砖茶中非茶类夹杂物的标准值为小于 1%，其他茶类尚未作出规定。我国现行的茶叶卫生标准对重金属只限定了铅和铜两项指标，其中国家标准中对铅的最大残留限量标准规定为 2 mg/kg，与国际上有关国家的规定相比又过于严格，造成国内和出口茶叶检测发现的铅超标较严重，对我国茶叶产品的出口和国内销售影响较大。

为此，普及安全清洁化生产技术，实现茶叶的清洁化加工，是我国近阶段茶叶加工业应攻克的技术重点和难点之一。2013 年 3 月 1 日卫生部和农业部联合发布《食品中农药最大残留限量》，其中涉及的对茶叶的农药残留检测由 9 项增加到 25 项，菊酯类由 5 项增加到 8 项，加速了我国茶叶生产清洁化进程。为保证生产出符合要求的茶叶产品，相关部门还发布了茶叶产地环境条件、茶叶生产技术规程、茶叶包装、茶叶运输和储藏通则等标准，对茶树的生长环境和农业投入品的使用实行全程监控，通过监测产地环境质量，并进行综合评价，并保证茶叶最终产品的质量安全放心。

另一方面，通过监控生产过程，基地生产严格遵循无公害、有机茶的生产技术操作规程，肥料、农药、除草剂、植物生长调节剂等投入品得到合理施用，茶农积极采用增施有机肥技术，提高土壤肥力，有效减少生产过程中不合理的经济行为对资源的破坏和对环境的污染，有利于美化、保护农业生态环境，减少化工资源的投入，有效地降低茶叶生产成本，推进茶叶的可持续发展。其次，从原料采摘、存放、工艺加工到成品包装、仓储到销售过程全面推广全程清洁化管理，提升茶叶质量安全水平。

目前我国茶叶的内在质量和安全状况有明显好转，但仍存在着一些不容忽视的问题，如茶叶中农残、重金属含量、有害微生物、非茶异物和粉尘污染以及监管漏洞，茶叶清洁化生产工作还任重道远。

综上所述，我国茶叶加工正逐步朝机械化、规模化、清洁化方向发展。我国传统的茶叶生产多以家庭为单位，茶叶加工企业规模小而分散，加工方式以传统手工作坊为主。大规模产业化生产，有利于提高茶叶企业的生产效率，建立自有品牌，更有效地保证茶产品质量稳定、安全。

3. 中国茶叶流通现状

近几年，我国的规模化茶叶市场建设逐步完善，在茶叶集散货环节发挥了重要作用，而专卖店、超市、茶馆则成为茶叶销售终端的重要载体。除此之外，随着"O2O"模式的兴起，电子商务凭借低成本、高覆盖等特点异军突起，成为连接买方和卖方的一条重要渠道。

（1）流通主体多样，构成复杂，流通多渠道。目前，活动在城乡的茶叶流通主体主要有：茶农、茶叶流通企业、茶厂（场）、地方茶叶协会、地方政府建立的旨在为茶农服务的机构或实体。从总体来看，茶农是我国茶叶流通的主体。我国茶叶的流通渠道主要有八种，见表7-3。

表7-3　我国茶叶的流通渠道

名称	特征说明
前店后园	在产区建立销售点，茶园生产，自产自销，这是我国茶农采取的主要经营方式
茶庄	目前中国茶叶销售的主渠道。茶庄主要分布在县、市以上城市，有茶农自建的，也有其他人建的。地点多选择在居民集中地。据不完全统计，在城市每3 000人左右就有一家茶庄
茶叶连锁店	这是近几年茶叶发展的新型物流形式，有新茶商建立的，也有"老字号茶庄"发展和加盟的
超市茶叶专柜	茶商普遍采取的是：垄断租赁超市柜台，买断超市经营权。另一种情况是，茶商向超市付一定"进店费"，茶叶代销，不定期（或定期）结算
批发市场	茶叶批发兼零售
集团购买	主要作为单位节假日福利发放形式之一，这在大中城市是一个相当大的市场

续表

名称	特征说明
茶叶配送体系	主要是为特殊消费群体提供的服务，如中茶网建立的为宾馆、酒店及会员店等统一配送体系等
网上销售	目前做得比较成功的是中茶网设计的网上全球订货系统，成本低，效益好

（2）茶叶流通的市场体系基本形成。茶叶流通的市场体系基本形成，规模化茶叶市场建设逐步完善，茶叶批发市场已经成为我国茶叶流通领域的一道特别的风景线。一是数量多，中等以上的城市都有茶叶批发市场，大城市有5~6个；二是全国茶叶市场类型丰富，主要有以下几种类型：

① 产地交易市场。如福建安溪茶叶批发市场、安徽芜湖茶叶市场、浙江茶叶市场等。

② 销地批发市场。如北京马连道市场、上海大不同茶叶市场。

③ 以交易为主的交易市场。

④ 网上交易市场。如中茶网建立的：www.teanet.com.cn 网上交易市场。

根据各批发市场批发茶叶的种类不同，有专业化茶叶市场和综合茶叶批发市场，如以批发乌龙茶为主的安溪茶叶批发市场，以批发龙井为主的新昌龙井茶叶市场就是专业批发市场。北京茶叶批发市场、济南茶叶批发市场等属于综合茶叶批发市场，茶叶、茶具样样俱全。还可根据其加工环节，分为茶叶加工市场如广西西南茶叶市场、原料市场和成品销售市场。

虽然我国茶叶流通市场发展很快，但值得注意的是，2011 年全国 27 家规模茶叶市场的 21 517 个摊位中，年末实际出租的仅为 11 437 个，摊位空置率达 47%，尤其是在浙江，1.2 万个摊位中，近 1 万个摊位没有被有效地出租出去，说明我国的茶叶市场也存在一定程度的盲目建设，重建设轻经营造成较高的空置率。

（3）电子商务发展迅猛。随着劳动力工资和店面租金的不断攀升，以实体店建设为主的传统销售渠道和销售终端越来越多地陷入发展瓶颈，有针对性的开辟新的销售渠道以吸引新的茶叶消费人群，成为茶企经营转型的必由之路。同时，电子商务作为一种低成本、高覆盖的新模式，越来越多的品牌茶企开始采用该模式在天猫、淘宝、京东、1 号店等第三方平台上开设旗舰店，品牌茶企电商化成为品牌企业拓展销售途径的新方向和必然选择。

根据易观智库统计数据显示，2012 年茶叶 B2C 网上零售交易规模为 39 亿元，较之 2010 年的 12 亿元和 2011 年的 22 亿元又有显著增加，到 2014 年，茶叶 B2C 网上零售规模达到 77 亿元。目前，从茶叶 B2C 网上零售的交易规模上看，天猫、京东、当当等综合电商平台占到了整个交易规模的 90%，而垂直网站仅占到了 10%。

从淘宝数据监测工具数据魔方获得的资料显示，2013 年"双十一""天猫"茶叶类目的销售前十依次为龙润、大益、艺福堂、中闽弘泰、八马、彩程、宏源馨、新益号、天福茗茶、中茶。2014 年"双十一""天猫"网购各茶叶销量前十名的主力军依然为知名品牌旗舰店（图 7-3）。普洱茶中，2013 的"黑马"龙润表现差强人意，而 2013 的亚军大益在 2014 年荣登销量排行榜首位，彩程、茶马世家发展势头较为迅猛；互联网茶叶领导品牌艺福堂的表现仍然堪称"人气和销量之王"。

	茶叶全类别品牌排行	成交金额	成交商品数	成交人数	客单价
1	大益	￥14,065,025.00	137,725	29,866	￥470.94
2	艺福堂	￥9,955,450.00	285,741	128,566	￥77.43
3	八马	￥6,761,300.00	64,678	19,841	￥340.77
4	中闽弘泰	￥4,940,050.00	96,256	56,845	￥86.90
5	天福茗茶	￥4,108,093.00	38,727	14,882	￥276.04
6	彩程	￥3,668,441.00	114,749	12,414	￥295.51
7	茶马世家	￥3,452,429.00	30,509	6,569	￥525.56
8	新益号	￥3,212,945.00	136,210	31,110	￥103.28
9	谢裕大	￥3,097,246.00	58,933	19,299	￥160.49
10	LUZHENGHAOTEA/卢正浩	￥2,617,697.00	31,441	16,959	￥154.35

图 7-3 2014 年"双十一""天猫"网购茶类销量前十名

数据来源：淘宝数据魔方

图 7-3 数据显示，2014 年前十名中超过一半的店铺所销售的茶叶客单价都比较高，能够在"双十一"进入前十名，说明消费者对品牌认可度高。由于中国有庞大的茶产品消费群体，加之网购用户的年龄分布逐步向中高龄倾斜，预计茶类 B2C 市场仍有巨大的增长空间，电子商务领域在快速扩张的同时将继续朝品牌化方向发展。

4. 中国茶叶消费现状

（1）内销市场现状。茶叶作为中国传统的天然饮品，有着悠久的消费历史，国内茶叶内销数量一直保持稳定增长趋势（如图 7-4），从 2003 年的 50 万吨，增长至 2012 年的 130 万吨，年均增长率超过 11%。如图 7-5 所示，2012 年我国茶叶内销总量中绿茶为 71.5 万吨，乌龙茶为 18.2 万吨，绿茶、乌龙茶约占 70%，可见大宗优质茶市场潜力巨大。据国际茶叶委员会统计，消费量最大的英国、爱尔兰年人均消费量为 2.2 千克。尽管在过去的 20 年时间里，我国人均茶叶消费量增加了近3倍，但现在，我国人均年茶叶消费量仅为0.4千克，还不到世界人均0.5千克的消费水平，远低于英国及爱尔兰。这也说明，茶叶消费在我国仍存在较大的发展空间。随着人们对茶叶养生保健功效的进一步认识，我国茶叶消费市场还将扩大。

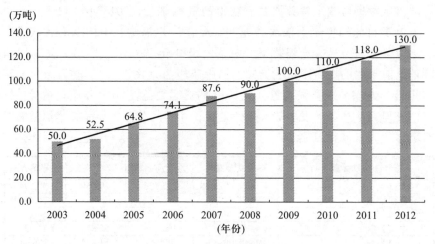

图7-4　2003—2012年我国茶叶内销量

资料来源：中国茶叶流通协会

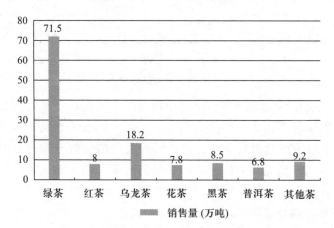

图7-5　2012年内销市场上各茶类销售情况

资料来源：中国茶叶流通协会

我国茶叶消费结构主要呈现出以下几个特点：

① 南方以绿茶、乌龙茶为主，少量花茶。北方以花茶为主，绿茶为辅。乌龙茶、黑茶快速发展。

② 随着人们消费水平的提高和对健康的渴求，保健茶、名优绿茶快速

发展。

③ 随着农村城镇化步伐加快及农民收入的提高，农村茶叶消费将增长迅速。

④ 消费结构由低、中、高向中、高、低转变。低档茶叶将逐渐被淘汰出消费市场。花茶减少，绿茶、白茶增长，黑茶增长迅猛，保健茶总体平衡，茶饮料将加快分割饮料市场。特色茶、中档茶也将随着人们生活水平的提高，其市场正在扩大。礼品茶、高档茶受宏观政策和消费理性回归影响，市场比重显著下降。

从近几年中国茶叶发展的总体情况来看，内销茶已经占茶叶销售的绝对比重。国内茶叶消费潜力巨大，增长加速，消费结构因地域不同而各具特色。在我国茶叶出口基本稳定的情况下，稳步提升的茶叶内销成为拉动我国茶产业发展的主要因素。

（2）国际市场现状。近几年，由于金融危机及酷暑、严寒、干旱、洪涝等一系列极端天气的影响，全球茶叶受灾减产。然而全球茶叶消费增长强劲，世界茶叶市场供应越来越紧缺，进一步刺激了茶叶出口量的增长和价格的提升。

如表 7-4 所示，2007—2012 年间，中国茶叶的出口量、出口金额、平均单价基本呈现逐年上升的良好态势。2012 年，中国出口茶叶数量为 313 483.7 吨，同比下降 2.8%，金额为 10.4 亿美元，同比增长 8.0%，平均单价为 3 324.4 美元/吨，同比增长 11.1%。值得注意的是，在出口量小幅回落的情况下，茶叶的出口额却因为茶叶出口单价的上涨而显著增加，凸显出中国的茶叶出口正在逐步由依靠数量向依赖品质转变。

茶叶进口国不断修改和制定更为严格的农残标准，是造成我国茶叶出口同比下降的主要原因。2012 年随着欧盟、日本相继修改可溶性农药及三唑磷、氟虫腈等具体农药的检测标准，我国茶叶出口企业的经营风险进一步加大，对日本和欧盟的茶叶出口到显著影响。此外，茶叶价格的上涨也影响签约成交。由于我国通过行业协会和进出口商会来规范和引导茶叶出口秩序，茶叶出口恶性价格竞争明显减少，出口茶叶质量明显提升。但近年来劳动力、原料等生产成本提高，茶叶价格逐年攀升，导致茶叶采购商难以接受，进一步减少茶叶出口量。

表 7-4　2007—2012 中国茶叶出口统计

年份	出口（万吨）	出口金额（万美元）	平均单价（美元/吨）	出口国数量（个）
2007	28.94	60 706	2 097	—
2008	29.69	68 240	2 298	—

续表

年份	出口（万吨）	出口金额（万美元）	平均单价（美元/吨）	出口国数量（个）
2009	30.30	70 495	2 327	110
2010	30.25	78 412	2 593	—
2011	32.26	96 500	2 991	120
2012	31.35	104 200	3 324	—

数据来源：中国统计局，中国食品土畜进出口商会茶叶分会

① 出口市场格局。非洲是中国传统的茶叶出口市场，中国对非洲的茶叶出口量占出口总量的比例一直保持在50%左右。在2012年中国茶叶出口中，非洲和亚洲仍然是主要地区。

据国家商务部统计数据显示，2012年中国对非洲和亚洲分别出口茶叶152 376.3吨和91 681吨，出口金额分别为4.9亿美元和2.8亿美元，出口额较之2011年都有一定程度的增加。接下来依次为欧洲、北美洲、大洋洲、南美洲。

从国家和地区来看，中国茶叶国际贸易市场分布较为集中。从茶叶出口额的分布来看，中国茶叶出口国家主要集中于摩洛哥、美国、日本、俄罗斯、乌兹别克斯坦、毛里塔尼亚、阿尔及利亚、多哥和德国等国家和地区。其中，摩洛哥市场是中国茶叶出口的行业风向标，2012年中国对摩洛哥出口茶叶数量为55 763吨，同比下降12.3%；金额为18 256.7万美元，同比下降3.7%；平均单价为3 274美元/吨，同比增长9.8%。

② 各类茶出口情况。绿茶出口是中国茶叶出口持续快速增长的重要保障，出口量增幅较大。据海关统计，2012年，中国绿茶出口首次出现下降，出口24.87万吨，同比下降3.41%，金额为7.56亿美元，同比上升6.98%。中国红茶是国际茶叶贸易中的绝对主角，但红茶出口一直面临国际红茶主产国的强力竞争，其自身竞争力需不断提高。此外，2012年绿茶、乌龙茶等茶类的均价同比增长幅度都显著大于红茶的增长幅度，这主要是由于中国作为绿茶和乌龙茶主要的生产国，在除红茶外的其他茶类生产上也都具有较强的竞争力，国际市场上对各类茶叶需求的不断增加，对我国扩大茶叶出口有一定的积极影响。

③ 主要出口省份情况。2012年，中国茶叶出口量和出口额位居前三位的省份依次为浙江、湖南、安徽。其中茶叶出口第一大省浙江茶叶出口15.43万吨，金额为4.76亿美元，同比分别下降9.3%和2%；湖南省茶叶出口仍然保持快速发展势头，茶叶出口量和出口额分别达到4.07万吨和1.07亿美元，同

比分别上升 10.1% 和 23.2%；安徽省茶叶出口较之 2011 年也出现大幅增加，出口数量为 3.32 万吨，金额为 1.07 亿美元，同比分别增加 14% 和 34.7%。此外，福建、上海的茶叶出口量和出口额也都位居全国前列。

④ 出口企业性质情况。随着我国茶叶出口经营体制的放开，私营茶叶企业无论在茶叶出口量还是出口额上都成为我国茶叶出口的主要力量，而国有企业的出口额和出口量则明显下降。

5. 第三产业发展现状

（1）茶业协会助推产业，新型茶业服务组织快速发展。近十年来，在茶叶生产与消费增长的推动下，茶叶产区、消费区纷纷成立茶业协会，在规范行规、协调管理、组织建设、行业自律、行业维权、反映诉求、信息与技术服务、培训与咨询、普及法律法规等方面作出了一定的贡献，但因为多数协会缺乏专门人才和专业的服务平台和服务手段，造成众多茶业协会职能、功能、服务还远远不能满足茶业发展的实际需要。茶业的快速发展迫切要求社会化的中介组织提供服务。

（2）茶业会展经济火爆。就整体影响力而言，目前会展经济空前繁荣是中国茶产业最突出的特点。已经形成规模、连续举办的如广州茶博会、国际茶业大会（杭州）、武夷山茶博会、济南茶博会、北京国际茶业博览会、香港茶博会等；首开先河的如贵州石阡茶博会、浙江义乌茶业博览会等。而且，红红火火的茶会展一直办到岁末年尾，前所未有。从实际效果看，广州茶博会消费者参会购物较踊跃，香港茶博会为参展商提供的服务最到位，国际茶业大会规格与研讨水平最高，其经验特别值得借鉴、推广。

（3）茶企业纷纷组建研发机构。2011 年，贵州省国品黔茶研究院、大益茶道院、广东岭南茶叶经济研究院纷纷挂牌，开始改写了中国茶企业缺乏研发机构的历史，表现出茶产业进一步走向成熟。2011 年 12 月 24 日，中国社会科学院茶产业发展研究中心专家委员会在京成立，刘仲华、高麟溢、于观亭、李闽榕、杨江帆、张世贤、鲁成银、郑国建、王岳飞、邵宛芳、沈冬梅、胡晓剑、陈兴华、舒曼、汪健、邵长泉等专家担任重要职务。

（4）服务体系有待产业化。从服务体系的主体来看，没有专门部门和企业从事茶业服务工作。兼职服务多，专业化服务机构少。服务活动多，有效服务少。准政府协会多，企业化实体少，政府支持的少。我国茶业服务体系建设正处于起步阶段。

（5）中国茶文化与旅游联系更加紧密。最近几年，延续之前茶旅游业的快速发展和茶文化的不断传播，茶文化和旅游之间的结合更加紧密，特别是随着游客对传统文化需求的上升，文化助力旅游发展，旅游推动茶文化普及，成为中国茶产业向产业链前端延伸的重要途径。

张艺谋一部以武夷山为主题的《印象·大红袍》作品，将武夷山优越的旅游资源、茶产品及文化和光影结合在一起，通过旅游与茶文化的"双剑合璧"，树立起茶文化中的一个重要品牌。据统计，2012 年全年《印象·大红袍》共实现演出 390 场，接待观众 54.3 万人，占该年 876 万中外游客的6.4%，营业收入为 6 980.09 万元，仅占全部旅游收入 150.7 亿元的很小一部分，但是对武夷山当地的旅游和茶产业 GDP 的拉动贡献率，至少超过 5%。

（6）茶馆经营和文化活动有机结合。随着茶叶消费形式的多样化和人们日常交际的需要，茶馆成为茶叶消费的一个新去处。从往年的仅仅提供茶叶消费到通过差异化的文化表演或文化活动自身特点，中国茶馆经营正在走出一条与文化表演紧密结合的道路。

根据市场调查机构中创顾问的报告，过去 5 年内，中国茶馆数量的增幅为4%，2012 年达到 50 984 家，较之 2007 年的 48 842 家增加 2 142 家（调研机构称茶馆数量增长远低于咖啡店），且大多数茶馆主要分布于北京、上海、成都等茶叶消费地区。以 2011—2012 年全国百佳茶馆的名单为例，北京、上海和浙江作为我国茶叶的主要消费区分别有 13 家、14 家和 9 家入选，而福建、云南和安徽三省都各有 1 家入选，这说明我国的茶馆目前主要集中于茶叶消费区，茶叶产区的茶馆发展仍然较为滞后。

进一步对我国的茶馆进行对比分析，可以看出，销区的茶馆大多能够紧密结合多种文化活动。如北京的老舍茶馆通过举办形式多样的文化普及和推广活动，每天穿插进行曲艺、戏剧等各界名流的精彩表演，以茶馆这一特殊的文化载体传承并弘扬了中国的民族文化以及传统艺术；上海的湖心亭茶馆则以弘扬中国茶文化为己任，通过围绕湖心亭品牌精心策划和连续举办"上海豫园国际茶文化艺术节"活动，邀请全国各地优秀茶企茶商展示茶文化，积极探索资本与茶馆的结合。

（7）茶艺表演日益多样化和特色化。随着各地茶馆的不断普及、全国性茶艺表演大赛的举行，茶艺表演作为一种展示烹茶饮茶的艺术逐渐深入人心。特别是不同地区的茶文化表演能够实现中国传统茶文化和不同民族风情的完美融合，推动不同地区的文化交流，进一步丰富中国茶文化的内涵。

2012 年，"马连道杯"全国茶艺表演大赛中，来自多个少数民族地区的茶艺表演队伍带来的诸如《乌撒烤茶》等茶艺表演，充分围绕"弘扬茶文化、繁荣茶经济、促进国际化、推动茶发展"的理念，让消费者领略了一种古老而时尚的生活方式，彰显了灿烂悠久的中华茶文化。《傣族竹筒茶》等不同民族的茶艺表演随着连续 6 届全国民族茶艺茶道表演的举行，也不断为消费者所知。

除了国内不同地区的茶艺表演不断推陈出新，我国的茶艺表演还不断通过走出国门或是请人进来，实现了国内外茶艺表演的交流。2012 年，我国先后邀请韩国茶文化研究会与杭州茶艺表演队的茶艺师们同台表演，邀请日本静冈县的茶道联盟赴浙江省举行茶艺表演；另一方面，我国的茶艺表演也走出国门，先后赴印度尼西亚、阿联酋、泰国、美国、俄罗斯等国家和地区通过茶艺演绎中国茶文化，助推中国茶产品走向国际。

（8）中国茶文化的国际影响力式微。中国茶文化起源发展已有三千年之久，茶文化源远流长。不过，近几年来，我国整个茶产业链及茶文化的发展在国际上遇到了瓶颈。究其根本，是茶作为一种饮品受到了市场和现代文化的冲击，导致了茶产业在国际贸易环节受创，继而不断削弱中国茶文化的国际影响力。

如何突破流通环节阻塞，全面升级茶产业链，弘扬并振兴中国茶文化，使中国茶文化与日本茶道、韩国茶礼、英国下午茶等世界其他饮品文化一起，成为沟通各国文化的桥梁，促进交流与和平的使者，这对中国茶产业的发展而言有着深远的意义。

第二节　茶与现代人的生活

"开门七件事，柴米油盐酱醋茶"。茶是中国人日常生活中不可缺少的必需品。在"茶为国饮"的号召下，现代人已越来越理性地认识到，茶是一种天然健康的饮料，既是物质的，更是精神的，它有益于身心的健康，可以预防因"吃得多、动得少"的生活习惯而引发的某些疾病，协调因"压力大、节奏快"的生活方式而造成的某些不良心理和情绪，以及可从茶文化中感悟获得心灵慰寂和精神家园感。茶都起着其他饮料无法替代的积极作用。

一、现代人饮茶的价值诉求

1. 茶能增进食欲

通过饮茶能增进食欲、促进消化。特别是在西北少数民族地区，当地的人们以游牧生活为主,饮食则主要是肉食和奶类,缺乏蔬菜、水果等。这样的饮食结构,既不易消化,又缺乏维生素等营养成分,饮茶是解决这一问题的有效方法。在边疆消费区流传的"其腥肉之食,非茶不消;青稞之热,非茶不解";"一日无茶则滞,三日无茶则病"等谚语,充分肯定了茶对他们生活的重要性,既是帮助消化的良药,也是补充人体所需的维生素、微量元素等的重要方式。内蒙古、新疆一些少数民族的奶茶至今还采取先煎茶而后兑入牛奶、马奶、羊奶,再加糖作为甜食,或加盐作为咸食饮用的习俗。

此外,全国各地城乡形成的吃早茶、喝晚茶、酒间茶、饭后茶,以及加入各种助食之品的槟榔茶、橘皮茶、葱白茶、盐豉茶、凉拌茶等,无不包含着对茶助食增欲功能的运用。

2. 茶是基本药物

茶作为药物治病,是中医的法宝,几乎历代医籍中都有记载。新中国成立后编纂的《中药大辞典》综合了各家之说,总结出茶具有清头目、除心烦、化痰、消食、利尿、解毒等六大功能,并专门用于对头痛、目昏、嗜睡、心烦、口渴、食积、痰滞、泻痢、疟疾的治疗。古方中驰名的如《赤水玄珠》中治风热上攻、头目昏痛的茶调散;《万氏家藏方》中治各种喉症的茶柏散;《圣济总录》中治霍乱后烦躁不安的姜茶散;治小便不通、脐下满闷的海金沙散等。

当前,茶的功能成分与保健功能的研究已成为焦点,英国相关研究人员认为,坚持每天喝 1 杯或更多的茶,患心脏病的机会比喝其他饮料者减少了44%;两杯茶抗氧化作用的能力与 4 个苹果或 5 个洋葱、7 个橙子、两杯红葡萄酒相等。美国的研究人员说,在对茶抗癌功能的 28 项研究中,已有 17 项证明其具有抗癌作用,特别是对肠、胃、膀胱、皮肤等部位的抗癌症效果最好。饮的茶越多,癌症的发病率越低。我国专家对茶的现代研究、运用更广泛,其中对细菌性痢疾、阿米巴痢疾、急性胃肠炎、伤寒、急性传染性肝炎、羊水过多症、稻田皮炎、牙质过敏症等的治疗,已分别取得初步的、显著的、或有突破性的效果。

3. 茶为养性之物

时至今日,茶与咖啡、可可并称为三大饮料,但茶被奉为中华民族之国饮。唐代刘贞亮在饮茶十德中言"以茶可养性",足见中国人对茶养性之功的认识由来已久。如今,在经济高速发展,生态环境日遭破坏,人的生存空间发生危机的今天,茶道所具有的"雅心""敬客""行道""抒情"等功能正是应对缓解压力,协调人际关系,调和身心的良药,在"俭、清、和、静"的茶道精神引领下,人们在一啜一饮中感受大自然的真趣,领悟"天人合一"

之境，陶冶纯洁真我的性情。

二、茶产品在日常生活中的渗透

1. 食品领域

（1）茶食品。利用夏秋茶季鲜叶原料提取茶多酚类化合物，并添加到各种食品中发挥其抗氧化功能，或利用鲜叶加工成不同细度的茶粉，其翠绿的色泽和抗氧化功能使得各种食品具有不同的保健功能，产生明显的经济效益。

含有茶叶的食品既有主食，也有副食和零食。茶米饭、茶面包、茶点心、茶饼干等已经面市，受到消费者的广泛认可。食用比喝茶更能全面地摄取有效成分，更有利于人们养生延年。加工并推广茶食品，可以有效解决中低档茶出路，同时能有效提升茶叶附加值、延伸茶产业链。

（2）茶饮料。利用夏秋季的茶叶原料进行茶饮料生产是一个促进消费、增加产值的有效措施。我国茶饮料生产从 1997 年起步，产量从 20 万吨到 2011 年近 1 600 万吨，用 6% 的中低档原料产生了茶叶总产值 50% 以上的产值。随着我国旅游业的进一步发展，以及功能性茶饮料的开发，茶饮料的生产预期还会有更大的发展前景。

① 速溶茶固体饮料。速溶茶又名萃取茶，是在传统加工基础上发展的具有原茶风味的粉末或粒状产品。现代生活节奏的加快使速溶茶成为目前广受欢迎的茶叶制品。其特点是冲水即溶，浓淡易调，还可按个人喜好加奶、白糖、香料、果汁、冰块等，热饮冷饮皆宜，原料来源广，既可直接取材于中低档成品茶，亦可利用鲜叶或半成品，进行机械化、自动化、连续化生产。目前主要有纯味、调味、茶与其他功能制品混合等系列速溶茶。纯味速溶茶包括速溶红茶、速溶绿茶、速溶花茶等。调味速溶茶又称"冰茶"，它是在速溶茶的基础上发展的配制茶，起初用作清凉饮料，加冰水冲饮，故称冰茶。

② 即饮茶饮料。即饮型罐（瓶）装茶饮料以茶叶为主要原料，不含酒精，具有茶叶风味，兼具营养、保健功能，不添加着色剂，不用香精赋香，酌情添加调味物质，是一种风靡世界、安全多效的多功能饮料，主要有冰红茶、冰绿茶、奶茶、蜜桃茶、冰茶、花旗参茶、葡萄茶、冬瓜茶、柠檬茶以及蜂蜜茶饮料、碳酸汽茶、薄荷清凉茶饮料等 40 多种产品，可分为纯茶饮料、调味茶饮料（以茶饮料为基质，加入糖、酸、果味物质等配制而成）、含汽茶饮料和保健茶饮料（在茶饮料中添加中草药等原料加工而成）4 大类。

（3）茶酒。茶与酒在人类文化生活中并驾齐驱。茶属温和饮料，酒是刺激性饮料，以茶为主料酿制或配制的饮用酒独具风味。茶酒是我国首创，至今研制开发的茶酒约 10 余种，一般酒精含量在 20% 以下，属低度酒，按加工工艺分为发酵型、配制型（模仿果酒的营养、风味）和汽酒等。

（4）茶肴。即用茶叶入肴后烹成的菜肴。茶叶入肴，一般有四种方式：一是将新鲜茶叶直接入肴，二是将茶汤入肴，三是将茶叶磨成粉入肴，四是用茶叶的香气熏制食品。茶肴好吃，但翻遍食品烹饪的历史古籍，恐怕用茶入肴的菜肴只是凤毛麟角，因为一经烹、煮、饰、烟，茶叶特有的色、香、味、形难以保持。如绿茶一经煮过，立刻呈现菜色，香气溢发无剩，味甘苦，难以咽嚼，形态也各异。因此，茶肴的制作并不像制其他菜肴那样简单，须掌握茶叶的特性，合理地和菜肴结合起来，经烹饪后，仍能展示茶叶香、形等特色。广为人知的著名茶肴，如杭州的龙井虾仁、孔府名菜茶烧肉以及最大众化最流行的五香茶叶蛋和茶叶豆腐干等深受人们的青睐。

2. 日用化工领域

（1）日用品。类茶植物（包括茶叶、茶花、茶籽、茶树干、茶树皮、茶树根茎）具有除臭、抗菌、抗氧化、去油脂、安定神经等功能及清新自然的香气，被做成诸多日用品融入现代人的日常生活中，如茶树精油、茶树香水、茶叶枕、茶洗发精、茶皂、茶籽粉、茶洗洁精、绿茶牙膏、茶洗面乳、茶面霜、茶美发油、茶树沐浴乳等。

在内衣、袜、鞋加工的棉织物中添加茶多酚类化合物可以杀灭鞋、袜中的皮肤病真菌、消除异味。

（2）化妆品添加剂。由于茶多酚的抗氧化作用，在防晒霜中加入茶多酚，可以保护皮肤免受紫外线的辐射伤害，减少引起皮肤癌的可能性。此外，茶多酚还能抑制酪氨酚酶的活性，进而控制皮肤色素斑生成历程，是一种理想的美白化妆品添加剂。

（3）天然保鲜剂。茶叶中所含的茶多酚是一种优良的天然抗氧化剂，对霉菌生长具有很强的抑制能力，可从茶叶中大量提取，广泛应用于动植物油脂和含油食品。这种天然保鲜剂可代替目前广泛使用的化学保鲜剂，用来生产对人体安全又符合环境和保健要求的绿色食品，是今后食品工业发展的方向。

3. 医药工业领域

（1）药品开发。从茶叶中提取出来的茶多酚、儿茶素和咖啡因等，本身就是药用价值很高的成分。茶多酚、儿茶素可以作抗菌抑菌药物和抗癌降脂药物。咖啡因可用于制作一种中枢兴奋药安钠咖（苯甲酸钠咖啡因），加强大脑皮层兴奋过程，用于神经衰弱和精神抑郁状态。咖啡因小剂量能振奋精神、祛除瞌睡疲乏，使动作敏捷，改善思维活动，提高工作效率，医药上可用作心脏和呼吸兴奋剂。咖啡因也是配制复方乙酰水杨酸和氨非咖片等的主要原料。因此，茶叶具有很高的营养保健功效和药用价值，对药茶系列产品的开发具有重要的意义。

（2）保健品。茶多酚是一种抗氧化剂，茶多酚含片和片剂可增进口腔健康、减少口腔中龋齿细菌和预防口腔癌。茶黄素是红茶中的一种茶多酚类化合物。茶黄素片也具有减肥降脂功效。茶氨酸是茶叶中特有的一种氨基酸，具有松弛人体紧张、解除疲劳的功效。茶氨酸片可消除神经紧张和增强人体免疫力。

4. 其他领域

（1）手工艺品。茶的现代化应用也衍生在艺术上的表现及运用方面。如茶染制品就是其最佳运用之一，其做法是以加热煮茶汤方式，将包扎折叠的布料，如棉、麻、丝绸、皮革等，或绑或扎，浸入不同种类的茶汤中，利用不同茶汁的不同颜色变化的天然茶色素，染印渗透到布料里面，进行无限联想的艺术创作。经茶染后的布料可制成茶席、桌布、餐巾、钱包、手提袋，甚至围巾、手巾等使用，或制作壁画作品，挂在墙上，呈现出天马行空的艺术想象。

（2）饲料添加剂。茶多酚鸡饲料既可以提高鸡肉中的维生素和肌酸含量，又可以明显降低鸡蛋中的胆固醇，可为胆固醇患者和老年人提供更为健康的鸡蛋；茶多酚猪饲料可使肥肉率降低，瘦肉率提高；茶多酚宠物饲料可以减轻宠物饲养的异味。由于多酚类化合物的抗氧化作用可以减缓体内的脂质过氧化作用，还可以提高肉食性动物的寿命和健康水平。

（3）空气净化器。空气净化器采用萃取茶叶中具有抗氧化、抑菌、除臭的茶多酚制成，专门针对卧室、车内及封闭式公共场所设计，可有效清除室内、车内等公共场所各种异味、有害细菌。日本生产的 40% 空调机中加有茶多酚，最令人耳目一新的莫过于日本松下集团研发的空调克菌清滤网。该公司与台湾北里环境科学中心经 6 年苦心研发，利用茶叶中儿茶碱的除臭、抗菌、抗氧化等功能，萃取茶叶中的克菌清，可抑制小至 0.01 微米的滤过性病毒达99.9%，有效降低感冒发生机会。这种克菌清滤网可水洗并重复使用，已获得英、美、日等国专利。

三、求同存异的现代茶文化

最近 20 多年来，茶文化这一具有悠久历史的文化现象以全新的面貌出现在人们面前，以强劲的发展势头形成新时期的文化亮点，备受社会关注。

茶文化是一种休闲文化，一种艺术化的生活方式，给个性张扬以极大的空间，每个人都可以从茶文化活动中获得物质生活的享受和身心的舒适自由。茶文化的这一本质属性迎合了当代人文主义思潮复归的社会潮流。当"轻轻松松享受每一天"成为时尚口号之际，社会向休闲产业提出了一份庞大的订单，旅游、娱乐、保健、餐饮等行业成为了朝阳产业，茶文化产业从餐饮业脱颖而出，以极大的渗透力深入上述各个产业部门，成为时代的宠儿。茶文化以优雅、平和、文明、礼貌等文化特点，区别于别的餐饮消费形式，满足现代人的消费心理。随着时代的进步，茶文化进一步强调健康、交流等时代理念，做到与时代同步发展。更重要的是，茶文化具有丰富的文化内涵，她几乎可以与所有文人雅事联系起来，唤起人们对优雅情调的体味，满足人们对儒雅、悠闲生活的向往。就是在健康和文明的交点上，茶饮、茶艺、茶文化获得了广阔的发展空间，使这一休闲产业具有了时代文化内涵。

茶文化是一种审美文化，它积淀了中华传统文化的精华，中华民族文化的价值观和审美观都在茶文化中得到体现。进入新时期以来，文士化的茶文化因为与尊重知识崇尚文明的时代氛围相吻合，重新受到重视。而代表平民文化的日常茶饮则始终与人民的日常生活相伴，为中华茶文化提供生存土壤和发展空间。当前，以知识分子为代表的主流文化引导着时代的发展方向，随着全民文明素质的普遍提升，社会价值观念逐渐超越了过去片面强调的为工农兵服务的层次，消费者告别了用粗瓷大碗茶满足口腹之欲的时代，他们有权利要求提升休闲活动的文化品位。茶艺馆的出现适逢其时，它填补了大众茶馆的服务空缺，适应了正在迈向文明富裕时代的中国人的要求。从文化发展层次看，茶艺馆显然高于大众式茶馆和乡村茶棚。同时，茶艺馆的消费模式对家庭和社会茶饮活动也起到示范带动作用。例如，现代茶艺馆以高水平的音乐演奏代替了传统的说书，以优雅茶艺代替了堂倌的跑堂，以舒适典雅的室内装饰设施代替了条凳木桌，集中体现了当代先进文化发展状态，成为传播精神文明的场所。

茶文化是一种养生文化。随着社会文明程度的提高，人们普遍追求健康的生活方式，绿色消费成为时尚。经过大量的科普宣传，茶的保健防病功能逐渐被人们所了解。同时，茶的自然品质也符合了当代社会崇尚自然、回归自然的风气。茶与酒精饮料、碳酸饮料相比，具有明显的优势。过去，人们将烟酒茶相提并论，其实，无论从文化价值还是实用价值上看，烟酒都不能与茶相比。吸烟有害健康，这是一个不争的事实；饮酒过量导致酒精中毒，也是大家公认的道理；各种交际媒介物中，唯有茶最安全文明。在我国赠茶敬茶早已形成民俗，今天，这一优秀传统正在茶文化大旗下得到弘扬。因为有大众的广泛参与，茶文化的发展才有了广阔的空间，并形成多样化的风格。

茶文化是一种交际文化。当今社会城市化进程日益加快，过去田园牧歌式的乡村社会生活被激烈的竞争、工作的压力等现代社会病所侵扰，人际关系的陌生化使得交往变得越来越困难，无论是上班族还是居家的老人都需要一个聚会、交际、倾听和倾诉的场所，以便获取对社会的了解和沟通。城市茶馆和茶艺馆正好发挥了其传统的功能，为人们的互动了解搭建了一个平台。

茶文化是一种大众文化。让茶回归生活，让茶文化渗透到大众生活，茶文化才有了群众基础。因此，要深入挖掘茶的精髓，将其优良的品质，通过多种形式并且是以大多数人能接受的形式表现出来。既符合大众的需求，又适应大众的消费能力。

综上所述，科学地引导人们进行茶叶消费，让茶成为时尚，成为工作、休闲的伴侣，让茶文化更好地融入现代人的生活方式，是中国茶行业未来的奋斗目标。

第三节　茶道的未来走向

近几年，在茶叶行业逐步走向成熟，竞争加剧、消费市场波澜起伏，各类资金注入行业，包括上游生产、下游消费终端，在品牌化运营之后，将逐步进入微利时代。那么，中国茶产业与中国茶道的未来又将如何发展呢？

一、茶叶生产与消费日趋现代化

1. 茶叶生产方式将趋向规模化、产业化、机械化

我国传统茶叶加工多以家庭为单位，茶叶加工企业规模小而分散，加工方式以传统手工作坊为主。这类企业技术与管理水平较低，产品质量不稳定，无品牌或品牌知名度低，且营销能力较弱，在竞争中处于劣势。

进行大规模产业化生产，有利于提高茶叶企业的生产效率，建立自有品牌，更有效的保证产品质量稳定安全。随着下游客户和消费者对产品品牌、质量要求的日益提高，规模化、产业化、机械化生产方式将成为茶叶行业发展的必然趋势。

2. 茶衍生产业往纵深发展，茶饮料市场潜力大

随着越来越多的商家进入茶产业，茶产业的衍生产业也越来越向纵深发展。未来几年，茶餐饮、茶文化推广、茶具行业、书画行业等一批围绕茶行业

衍生的产业会更加迅猛地发展。

近些年，饮料消费的增长加快，从目前来看，有些饮料虽然口感味道不错，但从健康角度考虑的话则不尽然。由于消费者越来越重视健康和科学饮食，这就为茶饮料产业的发展提供了一个良好的发展前景和广阔的市场空间。

3. 消费需求将会进一步增强

茶叶已成为我国居民日常生活的必需品之一，国民经济的增长将进一步推动茶叶消费。随着收入水平的不断提高，人们的健康消费理念和消费能力也不断增强。茶叶作为一种传统饮料，其天然、健康的特性将会越来越受到消费者的喜爱，茶叶消费量也将随着消费理念的改变而进一步增加。除传统的口感需求以外，消费者对于茶叶品牌和质量等需求也会不断加强。

4. 茶叶消费习惯的区域性将逐渐淡化

传统上，由于交通运输不便，茶叶生产受地域限制，人口流动性小，下游客户在品种的选择上多以当地或邻近产地的产品为主，茶叶消费也因此呈现出一定的地域性特征。

近年来，交通运输与物流业的快速发展，以及人员在各地域间的迁徙、流动越发频繁，逐步带动了茶叶产品在产地外区域的推广。茶叶企业的销售半径不断扩大，运输时间缩短，消费者可以更方便、快捷地购买到各品种茶叶。因此，茶叶消费的地域性正在逐渐被打破，品饮习惯的区域性特征将会逐步淡化。

5. 茶叶消费人群呈年轻化倾向

曾几何时，喝茶爱茶一直被认为是中老年人的专利，年轻人偏爱的则是碳酸饮料、咖啡等时尚饮料，但这种习惯正在被逐渐打破，越来越多的年轻消费群体加入了这一消费潮流。消费群体年轻化不仅拉动消费，而且也带来消费观念和口味的明显改变。

随着健康理念的深入，上班喝咖啡、喝奶茶已经不再风靡，而高品质袋泡茶越来越受到白领的青睐，商家也在袋泡茶上做足了工夫，例如简洁大方的茶包设计、选用可降解的环保纸袋外包装，为爱美的女性量身打造具有美颜功效的花果茶等，给都市白领带来新鲜体验，并逐渐引领一种时尚新式的当代茶生活。

事实上，现在的年轻人颇为喜爱传统文化，而茶文化作为传统文化的代表之一，也得到充分认可。尤其是这几年随着市场对茶文化推广力度的加大，茶在年轻人生活中也占有越来越重要的地位。

二、文化营销引领茶业潮流

1. 出口型、原料型茶企向内销型、品牌化转向

中国是世界第一产茶大国，绿茶和红茶出口占世界前列。近年来，中国茶叶出口遭遇严重"绿色壁垒"，欧盟、美国、日本等国家和地区不断修改或制订更严格、更广泛的标准，导致越来越多传统的出口型企业开始转战国内市场。另外，消费者收入水平的提高将逐步带动消费升级，下游客户对茶叶消费的要求也不断提升。随着人们消费水平的提高和对健康的关注，消费者对茶叶质量、品牌将会日益重视，茶叶销售向品牌企业集中的速度加快。

许多传统的生产型企业看到茶叶品牌运作的力量，纷纷实施生产、流通两条腿走路的战略，加大品牌建设的力度。预计在未来，茶市会出现越来越多的新品牌、新面孔，而各企业品牌之间的竞争也越演激烈，会有一大批小品牌被市场淘汰，而一批运作得当、宣传得力的品牌将成为更大的赢家。

2. 单一经营继续向多元化经营模式过渡

目前的传统模式难以成就的企业，多元而完善的销售渠道能够提升品牌知名度，是消费品生产企业形成市场竞争优势的关键。与传统的单店单一经营模式相比，连锁经营可通过复制销售终端式，塑造企业品牌在该品类茶叶中的形象与地位，也能保证"客单价"和提高客户忠诚度，更有利于产品推广。从市场发展来看，大规模连锁经营等复合销售模式是茶叶销售的必经之路。从茶文化角度来看，多元化销售模式可促进健康、科学的饮茶方式的推广和茶文化的推广，进而提升茶企的核心竞争力。

3. 文化营销仍然是茶叶营销的主要手段，茶业电子商务蓬勃发展

如今，人们生活质量的提高和消费意识的转变，使得消费者的消费行为追求的不仅是某种物质需求的满足，更是一种精神的享受和寄托，消费需求正从物质型消费转向文化型消费。追求体验化、休闲化、大众化、艺术化、高雅化的茶文化营销突破了早期狭隘的营销视野，对原本单一的茶叶产品赋予了全新的、丰富多彩的文化意蕴和审美享受，适应人们新的需求特点，符合当前消费趋势。茶文化营销的传播过程有着"润物细无声"的效果，能潜移默化、长久地影响到消费者的消费心理，进而影响其购买决策行为，是未来的主要营销手段。

与此同时，和淘宝网、京东商城等网络商城出现的火爆形式一样，在未来的几年，茶业电子商务将呈现蓬勃发展的趋势，而真正掌握电子商务销售技巧的企业将成为未来销售的赢家。

4. 茶企业上市将进入高峰期

继天福茗茶、龙润、大益、武夷星等茶企业进入股市，一些品牌影响力巨大、基础雄厚、运作得当的企业也相继向股市迈进。未来的趋势，茶企业的盘子将越来越大，而茶产业有望成为烟、酒行业之后，中国消费品行业的又一巨头。

5. 茶叶店转盘频繁，茶文化会所数量激增

因为茶市火爆，越来越多的人开始进入这个行业。但是也有很多人为此交纳了巨额的学费，其中茶叶店转盘频繁，就是一大表现。另外，茶文化会所激增也是这个行业迅猛发展的一大表现。许多企业将更多地以会所的形式在一地安营扎寨，以此实行企业文化和品牌的软推销，使茶文化会所成为茶叶销售的前沿阵地，成为品牌推广的前沿阵地。

6. 各大城市兴建茶城，茶叶地产泡沫产生

目前，在全国主要的大中城市都建有规模不等的茶叶批发零售交易市场，这些市场在一定程度上反映了消费者对茶叶持续增长的消费热情。但与此同时，过热的地产建设也势必催生茶业地产泡沫，随着茶叶销售渠道的多样化，传统的茶叶店批发零售的形式是否能够满足新的消费需求，茶企业为此负担的巨额房产租金是否在一定程度上增加了企业的销售成本，已经成为商家探讨的新问题。

三、中国茶产业与茶文化任重道远

1. 茶产业日渐成为主要产茶地的支柱产业

中国从中原到南方共有十七个产茶省，茶产业模式不断转型升级，从第一产业为主转变为第二、三产业为主，在产茶区的支柱性日趋明显。其中，这种情况在安溪、信阳、武夷山、安化、云南等茶叶资源优势明显的地区尤为突出。

2. 茶文化成为弘扬中国传统文化的一个支点

党的十八大报告指出，要将文化产业培育成为国民经济支柱性产业，扎实推进社会主义文化强国建设。今天随着中国国力的上升，社会风尚的转化，"和而不同"、"与邻为伴、与邻为善"精神的弘扬，茶文化的张力显于无形之中，成为烘托中华文明的重要文化传载物之一。作为一个横跨农业、机械制造、贸易、文化等各个产业的综合性产业，对于立志弘扬中国传统文化的文化产业来说，茶文化产业是其不可忽视的一个重要支点。文化强国，茶道先行，在发展文化产业的大形势下，中国的茶产业一定会获得更大的发展空间和更多的发展机遇。

复习思考题

1. 试论中国茶产业发展的现状。
2. 举例说明茶在生活中的运用。
3. 试论中国茶道产业发展的趋势。
4. 谈一谈如何挖掘和运用茶道文化促进茶产业的发展？

主要参考文献

［1］江用文. 我国茶叶产销现状与居民消费水平［J］. 中国食物与营养，2003，9（1）：38-40.

［2］丁俊之. 盘点世界茶叶产销做强我国茶业［J］. 广东茶业，2013（5）：2.

［3］周智修，段文华，吴海燕，等. 中国名优茶消费需求调查分析［J］. 浙江农林大学学报，2013.30（3）：413.

［4］龚永新. 略论新时期茶文化产业化趋势——由以虚为主向以实为主的茶文化产业发展［J］. 三峡大学学报（人文社会科学版），2006，28（2）：61-63.

［5］《中国茶业年鉴》编辑委员会. 中国茶叶年鉴2011［M］. 北京：中国农业出版社，2012.